CONSTITUTION

DE

L'ESPACE CÉLESTE

BRUXELLES,

F. HAYEZ, IMPRIMEUR DE L'ACADÉMIE ROYALE DES SCIENCES, DES LETTRES ET DES BEAUX-ARTS
DE BELGIQUE,

Rue de Louvain, 108.

CONSTITUTION

DE

L'ESPACE CÉLESTE

PAR

G.-A. HIRN

119.047

> Bien au-dessus du Temps et de l'Espace,
> agit une sublime Pensée vivante; et si, en un
> éternel trouble, tout incessamment tournoie,
> un Esprit paisible dure a travers le trouble.
>
> SCHILLER.

COLMAR,	PARIS,
EUGÈNE BARTH,	GAUTHIER-VILLARS & FILS,
Grand'rue.	Quai des Augustins, 55.

1889

A sa Majesté

Dom Pedro d'Alcantara

EMPEREUR DU BRÉSIL

Témoignage de reconnaissance

et de haute sympathie,

G.-A. HIRN.

PRÉFACE

———

Je commence la Préface de l'Ouvrage que j'offre aujourd'hui au monde savant en reproduisant la lettre que j'ai eu l'honneur d'adresser à Sa Majesté l'Empereur du Brésil, parce qu'elle exprime ma pensée intime, avec mes craintes et mes espérances quant au sort de l'OEuvre que j'ai osé entreprendre.

A sa Majesté **Dom Pedro d'Alcantara**, *Empereur du Brésil.*

SIRE,

Votre Majesté me permettra-t-elle de lui offrir un témoignage de ma reconnaissance pour l'honneur qu'elle a bien voulu m'accorder il y a deux ans, et de lui demander en même temps une faveur à laquelle j'attacherais le plus haut prix ?

Je viens de terminer et de mettre sous presse un grand Ouvrage auquel je travaille depuis plus de dix années et qui paraîtra sous le titre :

« La Constitution de l'Espace céleste »

J'ai osé aborder dans cette OEuvre quelques-uns des problèmes les plus élevés et les plus importants qui, en ce moment, font l'objet des méditations de tous les savants s'occupant de Science cosmogonique. Je suis de plus parvenu à traiter sous une forme presque élémentaire quelques questions de Mécanique céleste réputées, avec raison jusqu'ici, les plus difficiles qu'ait eu à traiter l'Analyse mathématique. Je crois pouvoir dire sans vanité que cette OEuvre comptera parmi les plus complètes qu'il m'ait été donné de produire dans ma carrière scientifique.

M'autoriserez-vous, Sire, à vous offrir cet Ouvrage à titre d'hommage, et à vous le dédier ?

Votre nom mis en tête de mon OEuvre lui portera bonheur, j'en suis certain, et diminuera en moi les craintes qui obsèdent tout homme un peu modeste, lorsqu'il présente au monde savant un travail qui, sous plus d'un rapport, sort des idées généralement reçues et accréditées.

Mon livre, j'en ai la conviction, ne fera pas honte au nom du grand Monarque qui voudra bien en accepter l'hommage.

Agréez, Sire, l'expression de mon profond respect et de ma gratitude.

De votre Majesté et de ses OEuvres comme chef d'un grand État,
le plus sincère admirateur,

G.-A. HIRN.

Colmar, Alsace, 10 octobre 1888.

La lettre précédente, à laquelle Sa Majesté DOM PEDRO a bien voulu répondre immédiatement sous la forme la plus gracieuse, pourrait, à elle seule, servir de Préface à l'Ouvrage que j'offre au monde scientifique, et j'aurai peu de chose à y ajouter pour la rendre complète.

Il m'a fallu, on me l'accordera volontiers, une foi robuste et courageuse en mon œuvre, que dis-je! il m'a fallu la conscience d'un devoir à remplir, pour oser éditer moi-même un travail d'aussi longue haleine, dont l'Introduction déjà, quoi que j'aie pu faire, semblera d'un bout à l'autre bien sérieuse, bien âpre. Un roman fortement naturaliste aurait certes, par le temps qui court, plus de chance de trouver des lecteurs qu'un exposé de Philosophie scientifique et de Mécanique céleste. Je ne me reconnais pourtant pas non plus le droit de penser qu'il ne se trouve pas, à notre époque, un millier d'hommes de bonne volonté consentant à poursuivre la solution de l'un des problèmes les plus graves qui se puissent offrir à l'esprit humain.

Je dis : un des problèmes les plus graves. Il me sera facile de légitimer cette épithète.

Dès mes premiers travaux de Thermodynamique, j'ai cherché à montrer que la grande majorité du public scientifique s'est laissé entraîner dans une fausse voie, en attribuant tous les phénomènes possibles de l'Univers à des mouvements de l'atome matériel. J'ai montré que l'étude impartiale des faits purs et simples nous amène à admettre au moins trois natures d'existences différentes : l'ÉLÉMENT MATIÈRE, l'ÉLÉMENT DYNAMIQUE ou de relation, l'ÉLÉMENT ANIMIQUE ou vital. Des rapports des deux premiers Éléments dérive tout l'ensemble des phénomènes physiques. De l'intervention du troisième, divisible en espèces et en unités, relève tout l'ensemble des phénomènes du Monde organique ou vivant. J'ai exposé ces faits, dans leur ordre logique et avec tous les développements nécessaires, dans l'ANALYSE ÉLÉMENTAIRE DE L'UNIVERS (1868).

La gravité des conséquences de telles assertions scientifiques, au point de vue même de la validité des lois morales de nos Sociétés civilisées, ne peut échapper à aucun esprit clairvoyant. L'existence d'un Élément spécifique distinct donnant lieu aux phénomènes de la Pensée, à partir de ses manifestations les plus élémentaires jusqu'à son plus haut développement, implique forcément l'idée d'une Pensée régulatrice supérieure, et l'on ne persuadera jamais à aucun homme sensé qu'il soit indifférent d'admettre que le splendide spectacle de l'Univers qui se déroule devant nous dans l'Espace et dans le Temps, dérive du conflit perpétuel des atomes de la Matière se heurtant et s'unissant au hasard ou « que bien au-dessus du Temps et de l'Espace agit une sublime Pensée vivante ».

Que le lecteur se rassure, je me hâte de le dire. Ce n'est point de discussions dogmatiques, ou de quoi que ce soit qui y ressemble même de loin, qu'il est question dans cet Ouvrage. A mon avis, l'assertion renfermée dans la belle strophe du grand penseur-poète auquel j'ai emprunté l'épigraphe de mon Livre doit découler spontanément des faits, et non de démonstrations prétendues poétiques comme celles auxquelles se sont livrés tant d'écrivains célèbres. Pour le savant, la meilleure manière de démontrer Dieu, c'est de n'en pas parler, et de bien coordonner les faits sur lesquels seuls peut reposer une conviction scientifique solide. Je n'ai eu qu'une seule fois l'occasion d'aborder la question à ce point de vue, en attaquant le problème de l'éternité ou de la non-éternité de la Substance en général dans l'Univers. Je l'ai fait sans dévier, rejetant à dessein tout ornement littéraire, discutant en algébriste plus qu'en philosophe, et laissant au lecteur lui-même le soin de conclure.

Dans le présent Ouvrage, je me suis tenu à peu près exclusivement à l'étude des phénomènes du Monde physique et aux conclusions qui découlent de cette étude. Comme physicien, je pourrais légitimement regarder comme terminée la discussion que j'ai eu à soutenir pendant tant d'années sur l'existence de la Force considérée à titre d'Élément spécifique distinct de la Matière. Il n'est plus possible aujourd'hui de rapporter à l'atome matériel en mouvement les phénomènes de l'électricité, du magnétisme, de lumière, d'attraction,..... ainsi que prétend le faire l'École dite du Matérialisme. L'œuvre pourtant restait à compléter sous une face, et peut-être sous la plus élevée.

On a tant discuté, qu'on me pardonne le mot, on a tant *ergoté* sur le mot Force, que l'objet auquel il se rapporte a fini par sembler une espèce d'entité métaphysique, un être de convention. L'idée de faire de la Force quelque chose de spécifiquement distinct a semblé à bien des personnes, non pas du tout l'énoncé pur et simple des faits comme elle l'est réellement, mais une sorte d'expression théorique presque mystique. Des critiques, de la bienveillance desquels je n'ai jamais pu douter, m'ont reproché, en termes parfois peu détournés, de poursuivre l'incognoscible, de chasser des chimères. Comme il m'était facile d'apercevoir que ces jugements dérivaient bien plus d'anciennes notions préconçues que de l'examen du fond des choses, je ne m'en suis nullement alarmé, et je me suis surtout préoccupé de ramener la question sur son vrai terrain.

La conclusion finale de tout ce Livre, celle de chaque Chapitre pour ainsi dire, c'est que dans l'Espace céleste la Matière n'existe qu'à l'état sporadique, qu'à l'état de Corps distincts : Soleils, Planètes, Satellites, Comètes, Aérolithes, Nuées ou Poussières cosmiques.......... Elle n'existe à l'état de diffusion ou de dilution extrême que dans les Nébuleuses (peut-être ?) encore en voie de condensation. Partout ailleurs, l'Espace en est complètement vide aujourd'hui, ou du moins, ce qui peut en rester ne suffit plus pour expliquer les relations d'Astres à Astres, les phénomènes d'attraction, de radiation luminique ou calorifique, etc., etc. Comme ces relations sont des faits, on est obligé de remplir l'Espace de quelque chose d'autre, qu'on donne maintenant à ce quelque chose le nom qu'on voudra. Il n'y a en tout cela ni hypothèse, ni incognoscible, ni chimère quelconque ; il n'y a que l'expression d'un fait. Je dis : on est obligé de remplir...... A moins toutefois d'inventer pour la Matière des propriétés absolument inconnues jusqu'à présent. On se l'est permis, je le sais, et souvent même ; comme les physiologistes, par exemple, le font journellement, lorsqu'ils essaient, avec la Matière seule, de bâtir un être vivant, un *mécanisme-pensant*. J'aurai plus d'une occasion de revenir sur ce sujet. Mais de telles inventions, disons-le bien haut, sortent complètement du domaine de la Science. Dans cet Ouvrage, où l'on ne trouvera ni système ni idée préconçue, j'ai fait tous mes efforts pour ne jamais quitter ce domaine.

Par concision, je ne mentionne dans les lignes précédentes que l'objet le plus élevé de ce Livre. Il s'en faut pourtant de beaucoup que je m'en sois tenu à ce but unique. En Mécanique céleste, en Astronomie physique et en Physique générale, le lecteur trouvera, je l'espère, des aperçus neufs dont l'exactitude et l'importance le frapperont.

TABLE RAISONNÉE DES MATIÈRES

INTRODUCTION

BUT, PLAN & CONCLUSIONS DE CET OUVRAGE.

CONSTITUTION de l'ESPACE CÉLESTE.

CHAPITRE PREMIER

CHAPITRE DEUXIÈME

ACTION QU'AURAIT UNE TRÈS FAIBLE RÉSISTANCE D'UN MILIEU MATÉRIEL
SUR LE MOUVEMENT DES SATELLITES

CHAPITRE TROISIÈME

EXAMEN DES CONSÉQUENCES QU'AURAIT UN MILIEU RÉSISTANT QUANT A TOUT L'ENSEMBLE DES PHÉNOMÈNES QUE PRÉSENTENT LES COMÈTES.   197

CHAPITRE QUATRIÈME

CHAPITRE CINQUIÈME

Fin de la Table des Matières.

INTRODUCTION

BUT, PLAN & CONCLUSIONS DE CET OUVRAGE.

Le but de ce travail est très net à définir.

Les Astres, depuis les Soleils aux dimensions gigantesques jusqu'au plus minime des Aérolithes qui errent dans l'Espace, sont en rapports continus d'attraction, de lumière, de chaleur, de magnétisme....

L'Espace céleste est donc rempli à l'infini de *quelque chose* qui établit ces rapports, ces relations.

Dans une lettre à BENTLEY, lettre mémorable que l'on devrait avoir toujours présente à l'esprit et que pourtant bien des personnes semblent avoir entièrement perdue de vue, NEWTON, en parlant de la gravité, dit :

« ..... Soutenir que la gravité est inhérente et essentielle à la Matière,
» de telle sorte qu'un corps puisse agir sur un autre, à distance, à travers
» le *vide* sans quelque chose d'intermédiaire qui détermine ou transporte
» cette action réciproque, me semble une absurdité telle que pour y tomber
» il faudrait être absolument incapable de toute discussion philosophique.
» — La gravité doit être causée par un Agent agissant sans cesse suivant

» de certaines lois. — Mais cet Agent est-il matériel ou immatériel ? C'est
» ce que je laisse au lecteur à décider (1). »

Ce que NEWTON dit de la gravité s'applique à bien plus forte raison aux
relations de lumière, de chaleur, d'électricité, ... et la question qu'il pose
reste la même.

Devons-nous, comme c'est la tendance générale des esprits aujourd'hui,
considérer ce *quelque chose*, cet Agent de relation indispensable, comme de
la Matière pondérable à l'état de gaz diffus, aussi rare qu'on voudrait, et
attribuer toutes les relations, quelles qu'elles soient, d'Astres à Astres, à ce
milieu matériel ?

Ou devons-nous considérer ce qui remplit nécessairement l'Espace, comme
un ou plusieurs Éléments absolument différents en nature de la Matière
proprement dite ?

La question posée sous forme dubitative par NEWTON et résolue certainement sous forme tacite par ce grand génie, peut-elle être attaquée et résolue
sous forme définitive à l'époque actuelle ?

C'est ce que j'ai pensé fermement, et je ferai tous mes efforts pour le
rendre évident.

Procédant à l'inverse de ce qu'il est d'habitude de faire dans les Ouvrages

---

(1) LETTER III. — *For* M. BENTLEY, *at the Palace at Worcester.*

. . . .
. . . .
. . . . That gravity should be innate, inherent, and essential to matter, so that
one body may act upon another at a distance through a *vacuum*, without the mediation of
any thing else, by and through which their action and force may be conveyed from one to
another, is to me so great an absurdity, that I believe no man, who has in philosophical
matters a competent faculty of thinking, can ever fall into it. Gravity must be caused by
an agent acting constantly according to certain laws; but whether this agent be material
or immaterial, I have left to the consideration of my readers.

. . . .
. . . .

Cambridge, Feb. 25, 1692-3.

qui ont la prétention de devenir classiques, sautant par-dessus toutes les démonstrations qui vont être accumulées et que peu de lecteurs, peut-être, auront la patience de suivre jusqu'au bout, je commencerai par formuler la conclusion finale comme Proposition fondamentale :

L'analyse scrupuleuse des faits les plus divers, dévoilés aujourd'hui par la Science, permet de répondre par la négation la plus absolue a la première question : ce n'est point de la matière diffuse qui remplit l'Espace et qui établit les relations entre les Corps célestes.

Le fait ainsi énoncé a une importance capitale à un triple point de vue : celui des méthodes et des voies par lesquelles nous y parvenons, celui de la stabilité de l'existence des Corps célestes, et celui de la Physique générale. L'ordre logique de cet exposé semblerait commander de nous placer d'abord au premier point de vue, et de montrer comment, à l'aide des données actuelles de la Science, on peut arriver à décider une question sujette pendant si longtemps à tant de doutes, à tant de controverses. Mais, d'une part, nous reconnaîtrons bientôt que les doutes et les discussions dérivent bien plutôt d'un parti pris chez certaines personnes et des besoins d'une cause insoutenable qui domine pourtant encore aujourd'hui, que de considérations réellement scientifiques; d'autre part, les conséquences de notre Proposition sont tellement générales et élevées qu'elles concernent tout l'ensemble de nos Sciences physiques. Je romprai donc, en ce sens aussi, l'ordre naturel et, en apparence, logique de mon Exposé pour suivre celui qui répond au degré d'importance des diverses parties du sujet.

PREMIÈRE DIVISION

CONSÉQUENCES DE NOTRE PROPOSITION FONDAMENTALE.

Les conséquences générales de notre Proposition se divisent, pour ainsi dire d'elles-mêmes, en deux ordres :

1° Les unes sont relatives à la Philosophie naturelle et atteignent, par suite, toutes nos Sciences ayant pour objet l'étude de la Nature ;

2° Les autres sont relatives à la Physique générale et à la constitution des Astres.

Occupons-nous d'abord, comme il convient, des premières.

SECTION PREMIÈRE

CONSÉQUENCES RELATIVES A LA PHILOSOPHIE NATURELLE.

§ I

DÉNOMINATION LA PLUS CONVENABLE DU MILIEU INTERSTELLAIRE. —
ABUS QUE L'ON FAIT AUJOURD'HUI DU MOT HYPOTHÈSE.

Ce *quelque chose* qui remplit l'Espace à l'infini, ce *quelque chose* dont, ·
aux yeux de NEWTON, la négation était un symptôme d'ineptie intellectuelle,
ce *quelque chose,* disons-nous, n'est point de la Matière pondérable, soit à
l'état de repos, soit à l'état de mouvement. Nous, savants du XIXe siècle,
nous pouvons aujourd'hui compléter le verdict de NEWTON, nous pouvons
dire que ce serait faire preuve d'ineptie que d'attribuer encore la cause de
la gravité, des attractions et répulsions électriques, magnétiques, à l'intervention d'un Agent matériel.

Mais quel nom devons-nous donner à cet Agent intermédiaire, dont
NEWTON n'avait pas voulu désigner la nature, de crainte, sans doute, de
trop étonner ses contemporains et de n'être plus compris?

Avant de répondre, nous devons faire une digression critique étendue. ·
La désignation la plus logique se présentera ensuite d'elle-même à nous.

Disons-le, quelle que soit la singularité de l'expression : il est aujourd'hui
de *bon genre* d'employer à tous moments le mot hypothèse. On se croit
d'autant plus prudent, d'autant plus profond qu'on l'applique plus souvent.
Ce qui, dans nos Sciences de la Nature, constitue, de fait, une interprétation, correcte ou incorrecte, de tel ou tel phénomène, devient hypothèse,
dans le dictionnaire de la prudence. Dans la langue d'où on l'a tiré, il
signifie : base, fondement, argument, plan de conduite, système, prétexte,
supposition. C'est dans cette dernière acception qu'il est pris, à peu près

uniquement, dans notre langue, et, en Mathématiques, on l'emploie en ce sens, mais pour arriver ensuite, soit à une affirmation, soit à une négation radicales. Lorsque, dans la démonstration d'une proposition de Géométrie, par exemple, l'auteur nous dit : « Admettons, par hypothèse, telle chose », nous savons à l'avance qu'il va, ou la démontrer, ou la réfuter absolument. Dans le langage ordinaire, le mot se prend aussi dans l'acception d'une supposition, mais dans le sens le plus dubitatif; il est devenu presque l'équivalent d'une négation. Lorsqu'on l'entend employer, par exemple, au sujet de Dieu, de l'Ame, de la Force, ..., on peut être certain que celui qui y recourt ne croît point à l'existence de ce qu'il désigne ainsi, et qu'il ne fait que masquer prudemment une négation. Tant qu'il ne s'agit que d'opinions philosophiques, fausses ou justes d'ailleurs, mais discutables, l'emploi du mot hypothèse est assez indifférent et ne peut avoir grand inconvénient. Mais l'usage fautif et abusif que bien des personnes ont fait de ce mot a conduit réellement à l'absurde. On en est venu à confondre les faits les plus positifs, les mieux constatés, avec les suppositions qu'on a imaginées pour les expliquer.

L'Attraction newtonienne, l'inertie de la matière, la force centifruge, ..., entend-on répéter à tous moments, sont des hypothèses. Newton, va-t-on jusqu'à dire, n'a lui-même considéré sa découverte que comme une hypothèse. (Le fragment de lettre, cité plus haut, ne semble pas précisément l'indice d'un doute dans l'esprit de l'homme de génie !) De pareilles assertions, fausses au point de vue des faits purs et simples, le sont aussi au point de vue de leur développement historique.

La démonstration du fait de l'Attraction terrestre est, en quelque sorte, une question de Géographie. Lorsqu'il fut prouvé que la Terre est une sphère, libre dans l'Espace, que la nappe des mers, bien loin d'être plane, est sphérique aussi, qu'aux antipodes les corps pèsent comme chez nous, mais dans un sens opposé au nôtre, que la direction du fil à plomb vers l'Espace est autre en chaque lieu, il fut bien constaté que tout ce qui se trouve à la surface terrestre est sollicité vers le centre, en direction. Si personne ne s'est trouvé pour formuler le fait, cela prouve seulement combien, au début, les notions les plus correctes sont lentes à se développer. Devant ce fait, Newton s'est demandé si la pesanteur des corps cesse d'exister à une certaine distance de la Terre, ou si bien plutôt elle ne s'étendrait pas indéfiniment et, par suite, jusqu'à la Lune, en diminuant d'intensité. Telle est vraiment la seule *supposition*, la seule hypothèse, qu'il ait posée d'abord. Lorsqu'il eut reconnu qu'il fallait admettre que l'intensité de la pesanteur diminue comme croît le carré des distances, et que cette loi, étendue aux mouvements des Planètes autour du Soleil, se confirme parfaitement, la supposition perdit pour lui son caractère hypothétique pour devenir une vérité acquise; il fut hors de doute pour lui que la Matière tend vers la Matière, quel que soit l'intervalle de séparation. L'expérience de Cavendish est venue ensuite donner à cette vérité le caractère d'un fait presque brutal.

Deux masses de matière séparées par un espace, vide *en apparence*, tendent l'une vers l'autre. A quelque cause qu'on rapporte cette tendance, quelque nom qu'on lui donne, le fait subsiste. L'Attraction ne peut être réputée une hypothèse que si l'on donne au mot un sens *explicatif*, que si l'on sous-entend qu'il signifie, par exemple, quelque chose qui, de loin, ressemblerait à un ressort tendu entre les corps et les attirant comme nous attirons, avec un de nos membres, un corps que nous voulons rapprocher de nous .... Je ne pense pas qu'il y ait aujourd'hui un seul astronome à qui une pareille idée vienne à l'esprit, quand il parle de la Gravitation.

Si, en ce qui concerne le seul phénomène de la Gravitation, l'emploi irréfléchi du mot hypothèse a conduit déjà à de regrettables conséquences, il en est bien pis quand il s'agit de la notion de Force, en général. Au lieu de se borner à établir les faits, on s'est mis à expliquer et à définir, et comme une explication *figurative* était impossible, on en est venu à donner à la Force le titre d'hypothèse, mais dans le sens le plus négatif; et, en réalité, ce qui est bien plus regrettable encore, on a transformé en énigme une des questions les plus claires qui se puisse offrir à notre examen.

Il est peu de mots de nos langues vivantes qui ait un plus grand nombre d'acceptions que le mot Force (*Kraft*, allemand ; *Force*, anglais). Dans nos Sciences physiques, et lorsqu'il est accompagné d'une épithète, son sens est, en général, précis et ne laisse place à aucune controverse. C'est ainsi que les termes de force vive, force centrifuge, force motrice, force accélératrice, ... ont le sens le plus net; on peut, pour quelques-uns d'entre eux, discuter sur la convenance du substantif ou de l'adjectif; mais la signification de la réunion des deux mots ne laisse prise à aucun doute.

En Mécanique, et lorsqu'on emploie le mot sans épithète, Force désigne *toute cause de mouvement* de la Matière pondérable. La pesanteur, la dilatation des gaz enflammés de la poudre, nos efforts musculaires, ... sont, en ce sens, des Forces. Cette dénomination semble donc s'étendre à un nombre considérable, à un nombre presque illimité de circonstances du mouvement. Examinée de près, elle est, au contraire, étonnamment limitée; et, de plus, elle ne présente aucun caractère hypothétique.

Il est tout d'abord évident que s'il était des cas où un mouvement déjà existant se communique directement, de telle sorte qu'en s'éteignant en un point il reparaisse en quantité égale en un autre point, le mot Force ne serait plus à employer. Lorsqu'une bille de billard en heurte une autre immobile sur le tapis, celle-ci se met en mouvement, et, selon les circonstances ou le mode de la percussion, la première perd une partie ou la totalité de son mouvement. Il semble qu'en ce cas, le mouvement de l'une des billes ne fait que passer dans l'autre, à peu près comme le fait un liquide que nous versons d'un verre plein dans un verre vide. Il est clair que s'il en était effectivement ainsi, le mot Force serait, en ce cas, déplacé. Il ne viendra jamais à l'esprit de personne de dire que le liquide que nous transvasons soit une *cause de liquide!* C'est à ce cas pourtant qu'une École entière, dont l'origine remonte à la plus haute Antiquité et qui, aujourd'hui, est plus vivace que jamais, veut ramener tous les phénomènes dynamiques possibles de l'Univers. Lorsque nous voyons un corps tomber, lorsque la poudre enflammée chasse le boulet, lorsqu'avec nos membres nous mettons un mobile en mouvement, ... ce sont, nous dit cette École, des mouvements d'atomes invisibles qui, à notre insu, se communiquent aux corps mis en mouvement, et les choses se passent absolument comme dans le choc des billes du billard.

Pour cette École, la Force *n'existe pas;* elle n'est pas même l'hypothèse qu'en ont faite d'autres Écoles, en s'évertuant à expliquer et à définir. Et c'est effectivement la prétention qu'a, de tous temps, affichée l'École matérialiste, d'expliquer tous les phénomènes par les seuls mouvements de l'atome.

En dehors de toute discussion d'École, ce qui précède nous conduit déjà à une définition beaucoup plus limitée de la Force. En Mécanique, nous ne pourrons donner ce titre qu'à une cause capable de mettre la Matière en mouvement *sans l'existence d'un mouvement antérieur*.

Existe-t-il de telles causes dans la Nature? — Le doute, à cet égard, ne peut subsister un instant.

Lorsqu'une bille de billard frappe normalement la bande et que le joueur l'a poussée sans faire ce qu'on appelle un *effet de queue,* elle rebrousse chemin normalement aussi, avec une perte de vitesse d'autant moindre que la bande est mieux faite, est plus élastique. Il y a donc un moment très court pendant lequel la bille est *au repos absolu.* De même, lorsque deux billes animées d'une même vitesse, mais de directions contraires, se choquent de front, elles rebroussent chemin avec une perte d'autant moindre de vitesse qu'elles sont de meilleure qualité, qu'elles sont *toutes deux plus élastiques.* Il y a donc un moment très court où toutes deux, aussi, arrivent au repos absolu. Il se trouve, par conséquent, dans la bande du billard et dans les billes elles-mêmes, une *puissance d'élasticité* qui tend à faire reprendre à la bande et aux billes, *déformées pendant le choc,* leur forme primitive, et qui ainsi fait renaître le mouvement un instant suspendu. Il existe, tout au moins en apparence, dans la bande et dans les billes, une cause capable de faire *naître* le mouvement : il y existe une FORCE.

A l'assertion précédente, qui a le caractère de l'évidence, l'École citée répond que, pendant le choc, le mouvement des billes passe simplement dans les atomes et devient un moment insensible, pour se recommuniquer ensuite à la totalité des billes. Il saute aux yeux que si telle était la vérité, on serait obligé d'admettre *a priori :* 1° que l'atome matériel est fini (ce qui est d'ailleurs fort possible et même probable); 2° et qu'il est, de plus, parfaitement *élastique,* autrement dit, qu'il renferme en lui-même une puissance d'élasticité capable de lui faire reprendre sa forme, momentanément modifiée par le choc. Deux atomes se heurtant de front se trouveraient, effectivement, dans le cas de nos deux billes ; il faudrait qu'ils renfermassent en eux-mêmes une cause capable de faire renaître le mouvement momentanément détruit pendant le choc. Il faudrait qu'ils renfermassent une Force proprement dite.

La question se réduit à savoir : si cette Force est inhérente à l'atome matériel, de telle sorte que l'élasticité en serait une simple propriété, ou si elle est externe et répandue dans l'Espace.

Il n'y a, en tout cela, rien qui prête un seul instant à l'emploi du mot hypothèse. A moins de faire de la Matière et de la Force un seul tout, partout répandu et divisible à l'infini, hypothèse proprement dite, qui, aujourd'hui, heurte de front les données les plus élémentaires de nos Sciences expérimentales, on est bien obligé de reconnaitre qu'on se trouve devant un dilemme dont l'un ou l'autre terme répond à la vérité.

L'École matérialiste n'hésite pas dans la solution du dilemme. C'est l'atome-limite qui est élastique et qui est en mouvement de toute éternité ; et, comme il est assez difficile de concevoir comment une pensée peut être constituée par des chocs d'atomes, quelques adeptes, tout modernes, n'ont pas hésité non plus à doter l'atome *d'intelligence à l'état de germe*. De la sorte, il n'est pas difficile de prouver que les opérations les plus élevées de notre intelligence dérivent des propriétés de la Matière pondérable.

L'élasticité de l'atome matériel est aujourd'hui absolument insoutenable. C'est là un fait que j'ai surabondamment mis à nu dans plusieurs de mes travaux antérieurs ; il est inutile d'y revenir. La question se présente à nous sous un tout autre point de vue, et nous pouvons quitter, au moins temporairement, notre discussion critique et digressive sur l'abus du mot hypothèse.

Nous disons que le milieu qui établit entre les Astres les diverses relations qui les rendent, en quelque sorte, solidaires, qui les *révèlent* les uns aux autres, n'est pas de la Matière.

L'épithète d'immatériel qu'on donnerait à ce milieu serait cependant mal choisie, en raison du sens vague et presque arbitraire qui s'attache à ce mot dans le langage ordinaire. Pour la plupart des personnes, en effet, ce qualificatif enlève, pour ainsi dire, aux êtres auxquels on l'applique la réalité de l'existence. On ne l'emploie, en général, que quand on parle de l'essence des êtres animés et doués d'intelligence. Nous disons, par exemple, que *notre*

Ame est *immatérielle;* mais alors, pour la concevoir, nous nous hâtons de lui prêter une forme, de la faire, sinon tangible, du moins visible. Le titre d'immatériel donné à l'un des Éléments du Monde physique apparait presque comme une hérésie, même à une bonne partie du monde lettré et érudit.

Encore bien moins pourrions-nous, sans de graves inconvénients, laisser à cet Élément, partout répandu, l'ancienne dénomination d'Éther. On a tant usé et abusé de ce mot, qu'aujourd'hui il n'a plus de sens arrêté pour qui que ce soit. Les Physiciens, qui ont recouru et qui recourent encore à l'existence de l'Éther pour expliquer les phénomènes de radiations lumineuses et calorifiques, sont tous, à peu près sans exception, tombés dans le même travers. On commence par dire que c'est un Élément distinct, et de nature autre que la Matière pondérable; mais bientôt, pour les besoins de la mise en équation des problèmes, on le dote de masse, d'atomes; on y intercale une Force pour donner l'élasticité. Il ne reste alors plus qu'une matière très diluée, très rare, qu'on dote et qu'on prive alternativement des qualités les plus antagonistes, sans se dire un instant que ces qualités sont forcément réunies. Quelque expressif, quelque élevé, quelque poétique même que soit le mot Éther, on se voit contraint de le bannir définitivement de la langue scientifique, si l'on ne veut s'exposer aux malentendus les plus regrettables.

Si nos Planètes, si la Terre, pouvaient être arrêtées dans leurs courses et rendues immobiles, elles se mettraient aussitôt à tomber vers le Soleil, qu'elles atteindraient, en effet, au bout d'un temps qu'il est aisé de déterminer. De même, si les Satellites, si la Lune, étaient arrêtés et rendus immobiles par rapport aux Planètes, ils se mettraient aussitôt à tomber vers elles. Le milieu de l'existence duquel, avec raison, Newton avait fait une vérité douée du caractère de l'évidence, ce milieu a donc tous les caractères de ce qu'en Mécanique on appelle une Force; il est capable de tirer la Matière du repos sans aucun mouvement antérieur nécessaire. C'est, au surplus, ce que rend évident le mouvement elliptique même des Planètes et des Satellites, etc., sans qu'il soit nécessaire de faire une supposition impossible : l'arrêt de ces mobiles. Ces Corps, en effet, changent continuellement de vitesse sur leur orbite ; ils accélèrent en s'approchant du Soleil, ils ralentissent en s'éloignant : ils reçoivent ou perdent donc sans cesse du mouvement.

On pourrait, d'après ce qui précède, penser que le titre de Force, donné à ce milieu, serait le plus convenable. Toutefois, en y regardant plus attentivement, on reconnait que cette dénomination serait trop restreinte. Bien que la chaleur, la lumière, l'électricité, dans leurs divers modes de manifestations, se comportent comme de vraies Forces, les relations d'Astres à Astres sont pourtant de genres trop multiples pour que nous puissions, sans inconvénient, donner un nom de sens limité au milieu qui sert de *véhicule* à ces rapports. Les notions que nous apporte, par exemple, sur les Astres la lumière directe ou réfléchie, sont si différentes des relations qui constituent, entre autres, l'Attraction, qu'une dénomination trop spécifiée conduirait à des méprises. Ce sera, d'ailleurs, une des grandes conquêtes de la Science de déterminer si le milieu interstellaire est complexe ou simple.

Par ces diverses considérations, la dénomination d'Élément dynamique, d'Agent intermédiaire ou, si l'on veut, d'Agent de relation, est mieux choisie.

§ II

L'ÉLÉMENT DYNAMIQUE PRIS EN GÉNÉRAL EST UNE RÉALITÉ
OBJECTIVE ET PHYSIQUE.

Quoi qu'il en soit des dénominations, on voit que l'assertion, posée dès le début de cette Introduction, jette un jour tout nouveau sur le caractère réel des plus grands phénomènes de l'Univers.

A force de s'occuper des mots plus que des faits qu'ils désignent, à force de fausser leur sens même, on en est arrivé maintes fois à faire de l'Attraction une hypothèse, à faire de la Force une sorte d'entité métaphysique, dénuée de toute réalité d'existence, pour décréter ensuite que la Force n'existe pas. Ce sont là, disons-le bien haut, de tristes exercices de mots. Ceux qui s'y livrent ne semblent pas même s'apercevoir qu'ils quittent la seule voie par laquelle l'esprit humain peut arriver à la connaissance des phénomènes et de leurs causes. Au lieu de sortir d'eux-mêmes pour étudier la Nature dans la Nature, ils rentrent, au contraire, en eux et se mettent à *créer*. Il est aisé de prévoir les résultats auxquels doit conduire une telle méthode. — Pour établir l'origine des phénomènes, restons sur le domaine des phénomènes.

Deux masses de matière distinctes dans l'Espace tendent l'une vers l'autre et, si elles sont libres, elles se mettent en mouvement l'une vers l'autre. — Le bon sens de NEWTON s'est révolté à l'idée qu'on pût attribuer ces phénomènes à une *propriété* de la Matière seule, qui s'exercerait à travers le vide. —·Le quelque chose interposé, qui établit la relation que nous appelons Attraction newtonienne, Gravitation, est de nature absolument différente de celle de la Matière; il joue, entre autres, le rôle de ce que nous appelons en Mécanique une FORCE. Je dis toujours : entre autres; nous verrons pourquoi. — Tels sont les faits, purs et simples; il n'y a en tout cela aucune hypothèse : l'hypothèse ne commence que quand on se met à expliquer comment s'exerce l'action réciproque de la Matière pondérable et du quelque chose interposé.

Que cette action relève d'une réciprocité de propriétés entre la Matière et la Force, cela est évident; mais de ce que l'une ne pourrait pas être séparée de l'autre, il ne résulterait nullement que la Force gravifique soit une *propriété* de la Matière, ni, comme on l'a dit (par antinomie, sans doute), que la Matière soit une propriété de la Force, ni bien moins encore, comme on l'a dit maintes fois aussi, que la Matière et la Force gravifique ne soient qu'une même chose. Se servir, en ce sens, du mot propriété, désigner par lui une sorte de possession, d'appartenance, c'est mésuser de ce mot autant qu'on abuse du mot hypothèse. — Pendant des siècles et des siècles, l'Électricité était *inconnue ;* sa connaissance scientifique est un fait relativement moderne. Elle joue dans la Nature le rôle d'une Force, au même titre que la Gravitation. Nous ne savons pas si elle peut être *séparée* des corps; nous savons seulement qu'à tous moments elle se manifeste comme une *dualité,* qu'elle peut croître en intensité en un point et en un autre séparés par un intervalle, et avec signes contraires, comme si elle diminuait ici pour croître là. Ce serait cependant, je pense, mériter le titre d'insensé que de dire qu'elle est une *propriété de la Matière.* Jusqu'ici, l'intensité de l'Attraction

newtonienne, l'énergie de la tendance de deux masses de Matière l'une vers
l'autre n'a pu être modifiée. Le poids d'un même corps en un même point de
la Terre, par exemple, semble une qualité immuable, presque immanente. Il
serait cependant téméraire d'affirmer qu'il en est nécessairement ainsi : nous
ne le savons pas. Mais, quand cela serait, nous n'en demeurerions pas moins
en droit d'affirmer désormais que la Force, considérée en général et comme
espèce, est une réalité physique aussi bien que la Matière elle-même. De
quelque façon qu'on s'évertue à expliquer le mode d'action des Forces (Gravitation, Calorique, Électricité, ...) sous toutes leurs formes, le mot hypothèse est désormais à bannir, quant à l'existence de l'Élément dynamique et
quant à sa nature transcendante.

L'hypothèse, disons-nous, ne commence que quand nous essayons
d'expliquer *comment* s'exerce l'action réciproque de la Matière pondérable
et du quelque chose, de nature distincte, interposé. On ne s'est pas fait
faute de proposer explications sur explications. Toutes ont tristement,
quelques-unes — honteusement — échoué. En tête de ces dernières, il est
certainement permis de placer la plus vivace encore, celle qui s'est posée le
plus pompeusement et avec les plus hautes prétentions, expliquant par des
chocs d'atomes, non pas seulement les phénomènes physiques, mais encore
ceux de la vie et de l'intelligence. Si même il n'était si facile de prouver que
jamais le mouvement ne passe *directement* d'un corps dans un autre, il
faudrait du moins au préalable, et avant de faire du mouvement de l'atome
le Dieu de l'Univers, nous apprendre ce qu'est le mouvement et ce qu'il y a
de plus ou de moins dans un corps qui se meut que dans un corps en
repos.

Une comparaison et un parallèle plus utiles seraient à faire entre les
déductions qui découlent aujourd'hui naturellement de l'étude directe et
expérimentale des faits, et les principes de Philosophie qu'a créés, en
quelque sorte de toutes pièces, une École célèbre au Moyen âge. Plusieurs
savants distingués de notre époque essaient de faire revivre et de traduire
en langage moderne, l'ensemble de la Doctrine de Saint Thomas d'Aquin.
Que la modestie de M. Zanon et du Père Lamey me pardonne si je les cite en
première ligne comme promoteurs de cette restauration. Quel que soit le

sort réservé à cette tentative, elle aura le résultat utile de montrer ce que peut et ce que ne peut pas le génie de l'homme livré à ses seules forces propres. Par la comparaison dont je parle, on serait frappé tout à la fois des ressemblances et des dissemblances profondes qui existent entre deux Doctrines, l'une découlant presque spontanément des faits acquis, l'autre, au contraire, sortant tout entière du cerveau humain. Une telle comparaison, toutefois, serait, je pense, prématurée et hors lieu ici. Je ne ferai qu'une réflexion générale, qui, je l'espère, n'étonnera ni ne blessera personne. Quelque génie qu'ait un homme, il lui faut pourtant posséder la connaissance d'un certain nombre suffisant de phénomènes, s'il veut déterminer les lois de la Nature, et les causes en activité. Hors de là, il ne peut que *deviner*, juste ou faux d'ailleurs. A l'époque de Saint Thomas, la Gravitation, l'Électricité, le Calorique, ..., étaient, *scientifiquement*, inconnus. Les effets de ces Forces, sans doute, ont été observés de tous temps, mais sans que personne ait seulement pu présumer à quoi les rapporter. On pouvait, sans contre-sens ostensible, faire de la chaleur, de la couleur, ... des *qualités* des corps. La persistance de la masse d'un même corps, les poids chimiques ou atomiques, ... n'étaient pas soupçonnés. On pouvait sans contre-sens considérer comme continuellement et essentiellement variables, non seulement les corps, ce qui, en un sens, serait exact, mais la matière même des corps, c'est-à-dire ce qui nous apparaît aujourd'hui comme ce qu'il existe de plus stable, de plus immuable. Dans de telles conditions, le génie le plus puissant ne pouvait que *deviner, inventer*, mais non *fonder scientifiquement*. Ce qui aujourd'hui a passé à l'état élémentaire était, il y a six siècles, non seulement insurmontable, mais inabordable, *scientifiquement*. Combien ne voyons-nous pas, à notre époque, apparaître de systèmes, de théories de l'Univers, affectant un caractère vraiment insensé, par cette simple raison que leurs auteurs ne se sont pas donné la peine d'*apprendre* ce qui est connu et hors de doute! Et quels pas de géant ne ferions-nous pas d'un moment à l'autre, si nous connaissions la forme réelle de tel ou tel phénomène dont nous ne faisons encore que soupçonner l'existence! Affirmons-le hardiment : si un génie comme Saint Thomas pouvait revenir tel quel, il serait le premier à transformer sa Doctrine et à l'approprier aux faits conquis de nos jours, et c'est parmi les disciples modernes de SAINT THOMAS du treizième siècle qu'il trouverait ses opposants. Il pourrait ainsi, à bon droit, leur reprocher d'être *plus royalistes que le roi.* En m'énonçant ainsi, je ne fais certainement que donner une preuve de mon respect pour la mémoire et pour les œuvres de ce grand philosophe.

Arriverons-nous jamais à savoir *comment* l'Élément dynamique, considéré en général, agit sur l'Élément Matière? — Dans un aperçu des plus remarquables sur la Gravitation en particulier, D'ALEMBERT, avec le bon sens qui le caractérise, dit que si nous connaissions la réalité des choses, nous la trouverions très simple. C'est en effet probable; et d'ailleurs on trouve toujours simple ce que l'on *sait.* Mais nous sommes encore bien loin de savoir. Sans me livrer à aucune tentative de cette espèce, je me permettrai pourtant de montrer : 1° quelle utilité il y a à poursuivre de telles recherches, dussent-elles même toujours échouer; 2° quelles sont les routes qui nous éloignent du but; 3° quel chemin considérable on peut, à bon droit, regarder comme fait déjà.

I. — Une École moderne, qui affiche la prétention de ne s'occuper que des choses abordables et en quelque sorte tangibles, dit, et avec pleine raison d'ailleurs, que l'homme ne pourra jamais pénétrer et concevoir l'essence des réalités du Monde externe, mais elle conclut qu'il est dès lors inutile de s'en occuper. Partie d'un principe qui semble commandé par la simple prudence, cette École a promptement abouti à une Doctrine de négation radicale; et il n'en pouvait être autrement. Nous ne pourrons jamais, cela est bien certain, disons, cela est presque évident, nous ne pourrons jamais concevoir l'essence, la manière d'être de la Matière, de la Force, de l'Ame ou Élément vital, de Dieu : mais suit-il de là que nous ne puissions scientifiquement constater ces existences et surtout qu'il soit inutile de nous en occuper? — Une telle conclusion serait aussi absurde que l'assertion première est correcte; et, en tous cas, ses conséquences sont fort claires. Dire que l'on n'a pas à s'occuper de tel ou tel être, parce qu'on ne peut le comprendre dans son essence, c'est admettre *a priori* qu'on peut se passer de cette notion : de là à nier cette existence, il n'y a qu'un pas. Pour se convaincre combien facilement ce pas est franchi, il n'est nullement nécessaire de se tenir dans nos Écoles de Philosophie, quelles qu'elles soient; il suffit de considérer un instant l'étrange mélange que présentent nos sociétés modernes, de foi, de crédulité, de superstition d'un côté, d'insouciance, d'incrédulité, de négations *fanatiques* aussi, de l'autre côté. Et si, de ce dernier côté, on questionne l'homme le plus simple ou le lettré le plus érudit, la réponse, pour le sens, est : « Je ne comprends pas, donc je ne crois pas et je ne m'en soucie pas. »

Mais à défaut de la conception plus ou moins claire, plus ou moins diffuse, disons même, nulle, que nous nous formons de l'essence des choses, n'est-ce point déjà un pas immense et des plus utiles, disons, plus que suffisant, de constater la réalité d'une existence? — Prenons un exemple élevé qui nous touche de plus près, car il nous concerne nous-mêmes.

Laissons de côté les esprits systématiques ou mus le plus souvent par des motifs absolument étrangers à la Science, et ne nous occupons que des hommes sensés, qui cherchent sincèrement, qui sont profondément troublés, et qui doutent de leur propre âme, parce qu'elle n'est ni tangible, ni saisissable, ni visible, parce qu'elle *semble* disparaître à jamais avec la cessation de la vie organique. Combien, parmi ces derniers, ne se tiendront pas pour satisfaits et heureux si, par une voie scientifique et sans chercher d'ailleurs le moins du monde à pénétrer l'essence des choses, on leur démontre la réalité de ce qui est devenu pour eux un objet de doute cruel? Chez qui les doutes mêmes, et les plus pénibles, ne se dissiperont-ils pas, si, par exemple, un physicien, un chimiste quelque peu modeste, leur affirme qu'avec toutes les Forces réunies du Monde physique on ne saurait fabriquer une simple cellule organique, qu'avec toutes ces Forces réunies, et étant données des cellules, on ne saurait bâtir un être organisé et vivant; que des chocs de tant de milliards de billes élastiques qu'on voudra loger dans un cerveau il ne saurait sortir une pensée; qu'il faut, pour expliquer logiquement le moindre des phénomènes du Monde vivant, admettre un Élément de plus que dans le Monde physique; que pour que cet Élément devienne une réalité, il n'est nullement nécessaire qu'il soit tangible, saisissable, puisque, dans le Monde physique déjà, il se trouve une classe d'Éléments dont l'existence est incontestable et qui, pourtant, échappent à nos perceptions, et n'ont aucun des caractères de ce qui nous apparait comme tangible? Quel est celui d'entre ces hommes qui ne se tiendra pas pour hautement satisfait, quand il saura positivement que son cerveau n'est pas une espèce de jeu de billard où des milliards de billes élastiques s'entrechoquent et produisent ainsi la Vie et la Pensée; qu'il n'est pas un simple mécanisme commandé par des forces aveugles? Quel est celui qui dira encore qu'il n'y a pas lieu pour lui de s'occuper de son âme, par cette seule raison qu'il n'en conçoit point l'essence?

Disons-le bien haut, des investigations dont le résultat, en quelque sorte accessoire, est la constatation de la réalité et de la nature de certains Éléments constitutifs de l'Univers, ne sauraient être considérées comme inutiles et comme superflues, ces investigations dussent-elles échouer à jamais quant à leur but direct et ce but dût-il fuir comme un mirage à mesure que nous cherchons à nous en approcher.

II. — S'il nous est difficile, peut-être impossible, de concevoir l'essence même des divers Éléments constitutifs de l'Univers, ou même seulement leur mode d'action les uns sur les autres, il nous est du moins facile de reconnaitre quelles routes nous éloignent rapidement de ces notions. Et c'est là déjà un pas utile de fait.

Tandis que la partie tangible, saisissable, des corps, tandis que la Matière qui en fait partie est essentiellement limitée dans l'Espace, de quelque manière d'ailleurs qu'elle le remplisse, l'Élément dynamique, au contraire, a pour caractère essentiel de n'affecter ni forme ni limite. Ainsi, par exemple, et pour spécifier, l'intermédiaire qui donne lieu au phénomène de la Gravitation, se trouve répandu à l'infini et agit partout simultanément. C'est peut-être un des plus beaux titres de Laplace d'avoir montré que l'action de la Pesanteur, *si elle se propage,* a tout au moins une vitesse de plus de cent millions de fois supérieure à celle de la Lumière. Pour Laplace, et je pense pour tout homme sensé, cela revient à dire qu'elle ne se propage pas, mais qu'elle est partout à la fois. Il est extrèmement probable qu'il en est absolument de même des attractions et des répulsions électriques (je ne parle pas, cela s'entend, des courants électriques, mais seulement des actions à distance, ce qui est fort différent).

Il suit directement de ce qui vient d'être dit, que la notion dont nous parlons sort complètement de l'ordre de ce qu'uon peut appeler *idées repré-sentatives* ou *figuratives*. En essayant de nous *figurer* l'action d'une Force, nous la détruisons dans son essence même. Et, soit dit en passant, c'est peut-être là une des principales raisons qui porte tant d'esprits, élevés d'ailleurs, à nier l'existence de la Force comme Élément du Monde physique.

Au point de vue subjectif, à celui de notre manière de penser, l'Élément dynamique ou intermédiaire rentre dans l'ordre des choses qu'en Mathéma-tiques, par exemple, on appelle transcendantes : celles dont, entre autres, la notion de l'infini ne peut être séparée sans un contre-sens flagrant.

On sait à quelles discussions à perte de vue a donné lieu la Métaphysique du Calcul infinitésimal. Quelques mathématiciens, et des plus éminents, ont fait des efforts incroyables pour exclure l'idée de l'infini de l'assise sur laquelle repose ce magnifique instrument d'investigation. Ces efforts ont tristement échoué ; ils eussent eu des conséquences regrettables pour la Science, sans cette circonstance fort heureuse, qu'un analyste peut être très fort en Calcul infinitésimal et en faire, en Mécanique, l'emploi le plus correct, sans s'occuper de sa métaphysique, de même qu'un astronome peut faire les plus splendides découvertes dans sa belle science, sans se préoccuper outre mesure de la nature de la Gravitation.

Mais il n'est pas nécessaire de nous élever jusqu'au Calcul infinitésimal pour reconnaitre que la notion de l'infini est, en quelque sorte, inhérente aux Mathématiques et que la Géométrie élémentaire n'aurait pas d'existence, si l'esprit humain ne pouvait arriver à cette notion.

MONTFERRIER (DICTIONNAIRE DES MATHÉMATIQUES) appelle avec raison la Lumière un Principe transcendant du Monde physique. Avec tout autant de justesse, il appelle le point géométrique un élément transcendant de l'étendue.

On dit en Géométrie (LEGENDRE) : la ligne est une longueur sans largeur ni hauteur. Les extrémités de la ligne sont des points. Le point n'a donc aucune étendue.

Il est visible que dans cette manière de s'énoncer, on part du tout pour arriver à la partie, tandis qu'en bonne logique, c'est le contraire qu'il faut faire. Un point que nous faisons, par la pensée, aller d'un lieu en un autre de l'Espace, engendre ce que nous appelons une ligne. La ligne est donc, de fait, une sommation infinitésimale de points. Elle n'a de grandeur réelle que suivant l'une des trois dimensions.

De même une ligne droite que, par la pensée, nous faisons mouvoir parallèlement à elle-même engendre une surface plane. Cette surface est donc, de fait, constituée par la sommation d'une infinité de lignes droites parallèles.

De même encore, un plan que nous faisons se mouvoir parallèlement à lui-même engendre un volume. Celui-ci peut donc être considéré comme la sommation d'une infinité de plans sans épaisseur.

Le point est, comme le dit Montferrier, un élément transcendant de l'Espace ; il l'est par rapport aux trois dimensions de l'Espace ; la ligne ne l'est que par rapport à deux dimensions ; le plan ne l'est que par rapport à une seule. Par leur côté transcendant, ils sortent complètement de l'ordre des idées figuratives ou représentatives. En essayant de nous *représenter* un point, nous lui donnons forcément une étendue, nous le détruisons dans sa nature même. Un point n'est pas simplement, comme on le dit parfois, une fraction de ligne ; il est d'une autre nature que la ligne, puisque pour lui faire engendrer celle-ci nous sommes obligés d'y superposer l'idée d'un mouvement, ou celle d'une sommation infinitésimale. Il en est de même de la ligne par rapport au plan, du plan par rapport au volume.

Ces considérations, dans lesquelles la notion de l'infini entre, en quelque sorte, comme partie intégrante, sont tellement naturelles, tellement simples, qu'il n'est, pour ainsi dire, personne qui ne puisse les saisir. Il n'est pas un élève un peu sagace qui, sur les bancs mêmes de l'école, ne sente instinctivement que s'il attachait autre chose qu'un sens idéal aux points, aux épaisseurs des traits à la craie tracés sur le tableau noir, la démonstration du professeur deviendrait fautive. Je dis : *instinctivement*. La notion de l'infini se montre ici, sans doute, sous forme non raisonnée, sous forme latente, mais elle n'en est pas moins présente et indispensable ; et, sans elle, il n'y aurait pas même de Géométrie élémentaire possible.

Si je m'étends, sous forme élémentaire, sur des questions aussi élémentaires que celles que nous venons d'examiner, ce n'est assurément pas pour établir l'analogie, même la plus lointaine, entre les grandeurs tout à fait idéales, tout à fait subjectives des Mathématiques et les *réalités du Monde externe*. De pareilles analogies, qu'on n'a admises que trop souvent, ne peuvent exister et, en les acceptant, on ne peut aboutir qu'à des erreurs. Combien de fois, pour ne citer qu'un exemple, combien de fois n'a-t-on pas soutenu cette énormité : que, parce que nous ne pouvons assigner aucune limite à la divisibilité d'un volume, il n'est pas soutenable que la Matière soit constituée par des *atomes-limites* indivisibles ? Ne saute-t-il pas aux yeux qu'on confond ainsi une réalité *externe*, que nous ne pouvons qu'accepter telle quelle et qu'étudier par tous les moyens scientifiques à notre disposition, avec une réalité purement *interne*, dont nous faisons ce qui nous plaît ?

Si j'ai cherché à montrer que la notion de l'infini nous est, à notre insu même, aussi familière, aussi nécessaire que la notion, en apparence si nette, que nous avons du fini, c'est simplement pour montrer que si, dans les réalités du Monde externe, nous rencontrons des Éléments dont la conception implique pour nous l'idée de l'infini, de l'indéfini, de l'absence de forme et de figure, nous n'avons aucune raison plausible, même à un point de vue tout subjectif, de douter de la réalité de cette existence.

Le Matérialisme nie forcément l'existence d'un Élément autre que la Matière et rentrant par sa nature dans l'ordre transcendant, parce qu'en reconnaissant à l'homme des notions de cet ordre, on est condamné à reconnaître en lui aussi un Élément supérieur à la Matière. Je ne parle naturellement que du Matérialisme scientifique et raisonné, de celui qui est professé et enseigné comme tel. Celui qui s'ébat dans nos sociétés civilisées a d'autres origines.

Quoi qu'il en soit, il est visible que toutes les tentatives qu'on fera pour *représenter*, pour *figurer* l'action de l'Élément dynamique sur la Matière, nous éloigneront rapidement du but que nous poursuivons.

Il est une autre route qui nous éloigne peut-être plus rapidement encore d'une idée correcte que nous pourrions nous faire de l'action de l'Élément dynamique.

Plusieurs philosophes distingués de notre époque ont avancé que la notion de Force est née chez l'homme du sentiment que nous avons des effets de notre volonté sur nos membres et de l'expérience que nous avons des mouvements ainsi provoqués en dehors de nous dans les corps distincts. La connaissance de la Force nous serait ainsi venue du *dedans au dehors*, et non du dehors au dedans. Je n'essayerai pas de contredire cette opinion ; mais ce qu'il va m'être facile de mettre en évidence, c'est que la notion de la Force ainsi engendrée est nécessairement fautive.

Lorsque, dans l'état normal de santé et de force musculaire, nous faisons mouvoir un de nos membres, les doigts, les mains, les bras, nous n'éprouvons nullement le sentiment d'un *obstacle à surmonter*, d'un *effort* quelconque à exercer. Par un exercice convenable, nous pouvons arriver à des mouvements d'une extrême rapidité, sans qu'il naisse en nous l'impression d'une peine, d'une difficulté physique surmontée. Le virtuose, par exemple, qui, sur un instrument de Musique, sur le piano, sur le violon, exécute les traits les plus prodigieux de vélocité, n'a aucunement le sentiment d'un labeur quelconque ; son jeu ne devient même irréprochable qu'à la condition que les auditeurs n'y aperçoivent non plus aucun semblant d'effort. — Les mouvements des membres, que nous opérons ainsi, ne nous semblent relever que d'une action directe, et sans aucun intermédiaire, de notre volonté ; nous n'avons absolument aucune conscience de la façon dont la volonté agit. Il a fallu des études anatomiques et physiologiques des plus délicates et des plus approfondies pour montrer d'où part l'ordre donné par notre volonté, comment il se transmet et comment il donne finalement le mouvement à la masse matérielle qui constitue nos membres.

Si nous partions de ce qui nous semble se passer en nous dans les cas précédents pour juger de ce qui a lieu hors de nous, de ce qui a lieu, par exemple, quand nous voyons un corps tomber, ou une masse matérielle recevoir une impulsion de la part d'un ressort, etc., etc., nous pourrions être très portés à conclure que nous assistons aussi à une sorte d'acte de volonté s'exerçant d'une façon tout aussi invisible sur les corps mis en mouvement.

C'est certainement par une interprétation de ce genre que le mouvement, dans la Nature, est devenu, pour les esprits incultes, la preuve d'une sorte de vie, et que, pour bien des Mythologies, il est le témoignage d'une animation universelle.

Mais le jugement précédent n'est pas le seul qui naisse en nous, à la suite des actes de notre volonté. Lorsque nous nous servons d'un de nos bras, par exemple, soit pour lever de terre un poids quelconque, soit pour le projeter en avant avec une certaine vitesse, nous éprouvons le sentiment de ce que nous appelons un *effort;* cet effort grandit avec la masse du corps à déplacer; il finit par devenir pénible, et si la masse devient trop considérable, nous *n'avons plus la force* de déterminer le mouvement du corps. Nous risquons alors, en essayant de dépasser nos moyens, de nous faire ce que le bon sens populaire a très expressivement appelé *un effort :* nous risquons, soit de déchirer des fibres musculaires, soit de briser un de nos os.......

Si maintenant nous partons de ce second mode d'impression pour juger ce qui se passe hors de nous, nous arrivons à nous figurer que c'est aussi par suite d'un effort qu'une flèche est poussée par la corde de l'arc tendu, ou qu'un boulet est poussé par les gaz enflammés de la poudre; nous nous substituons par la pensée à l'arc, ou à la poudre, et par la grandeur de l'effort que nous *devrions* exercer dans ce dernier cas, nous jugeons de la grandeur colossale de l'*effort* exercé par les gaz. Si de là nous portons nos réflexions sur les effets de la Gravitation universelle, de la Pesanteur, nous en arrivons encore très promptement à concevoir l'Attraction comme une sorte d'*effort* qui s'exerce réciproquement entre les deux masses matérielles en relation. Par la pensée, nous nous plaçons entre les deux corps en regard, et nous les *tirons* l'un vers l'autre.

Quelle est la plus fautive, la plus incorrecte de ces deux manières de juger? C'est ce qu'il n'est pas facile de décider. La première, du moins, ne fait de l'Attraction, par exemple, qu'un acte; et si de cet acte nous éliminons l'idée de volonté pour ne laisser en place que celle d'un mode particulier d'action entre deux Éléments du Monde physique, action dont la grandeur numérique ne peut être appréciée que par comparaison avec une autre semblable, nous nous plaçons au moins sur la voie qui nous *conduira* à la vérité. Dans la seconde manière d'apprécier, nous assimilons un acte physique à une de nos sensations, à peu près comme quand nous jugeons des propriétés et de la nature du Calorique d'après les sensations de chaleur et de froid. Une fois sur cette pente, il est clair que nous devons bientôt considérer l'Attraction comme une hypothèse.

III. — Nous venons de reconnaître par quelles routes nous nous éloignons de la notion correcte du mode d'action réciproque de l'Élément Matière et de l'Élément dynamique ou intermédiaire. Après cet examen, passablement décourageant, si utile qu'il soit d'ailleurs, il nous est permis aussi de constater l'immensité du chemin qu'on peut, à bon droit, regarder comme fait, et sur lequel il n'est plus possible de changer de direction sans rétrograder.

Plusieurs faits, qui ne peuvent plus être niés que d'après des idées systématiques et préconçues, se dégagent aujourd'hui des données de l'expérience et de l'observation, en même temps que se montrent plus nettement aussi les problèmes nombreux qui nous restent à résoudre.

L'Espace est rempli à l'infini d'un Agent qui établit entre les corps, solides, liquides ou gazeux, qui s'y meuvent, les relations multiples d'attraction, de lumière, de radiation calorifique, de magnétisme, d'électricité..... Cet Élément intermédiaire ou dynamique est de nature absolument différente de celle de la Matière qui fait partie des corps. Que nous comprenions ou que nous ne comprenions pas le mode d'action réciproque des deux espèces d'Éléments, cela n'y change rien, et de là ne peut, pour aucun esprit sensé, découler le droit de convertir un fait en une hypothèse. Les difficultés purement subjectives, qui ont toujours prédominé, dont on a toujours tenu trop compte, doivent être reléguées à l'arrière-plan.

Accentuons aussi nettement que possible la différence qui existe entre l'Élément intermédiaire ou dynamique, et l'Élément Matière.

L'Élément dynamique se trouve dans les corps comme en dehors d'eux. L'Attraction newtonienne traverse les corps pour s'adresser à chaque atome matériel en particulier comme si tous les autres atomes n'existaient pas. Il en est ainsi, avec les modifications convenables dans l'énoncé, des attractions et des répulsions magnétiques, électriques. Les radiations calorifiques et luminiques traversent certains corps presque librement, et il est désormais insoutenable que ce soit la Matière qui vibre dans ces cas.

L'Élément dynamique remplit l'Espace, comme tout ce qui a une existence réelle; mais ceci ne signifie nullement qu'il occupe un certain espace défini, dans le sens habituel de cette expression. Quatre sphères A, B, C, D, placées dans un même plan, de telle façon que les lignes de jonction de A à B et de C à D se coupent à angle droit (par exemple), s'attirent deux à deux comme si les deux autres n'existaient pas. L'action de A sur B n'altère ou ne modifie, en aucune façon, celle de C sur D avec laquelle elle se croise. Ce fait, que l'on peut présenter de bien des façons différentes, est admis *a priori* dans les équations de la Mécanique céleste, et comme ces équations traduisent admirablement les phénomènes célestes, on peut regarder le fait comme démontré directement. Ainsi que nous l'avons dit, dès le début, le caractère essentiel de l'Élément dynamique est d'être dégagé de toute forme, de toute délimitation nette, de ne pouvoir être traduit en aucune idée figurative ou représentative. — C'est précisément le contraire qui est le caractère de l'Élément matière.

Les Astres, de quelque espèce qu'ils soient, qui se meuvent dans l'Espace, sont limités plus ou moins nettement dans leurs contours. La Matière pondérable qui constitue leur masse ne s'étend pas au delà de certaines limites, définies pour chacun. Mais ce caractère n'est pas seulement propre à la délimitation externe et visible des corps; il s'étend à leur constitution interne. C'est ce qu'il s'agit de montrer bien clairement.

La conception d'un atome matériel indivisible remonte à la plus haute antiquité dans l'histoire de la Philosophie naturelle. S'il en est une cependant qui ait tardé à recevoir un caractère scientifique, à sortir du royaume des rêves et de l'arbitraire pour revêtir celui d'une réalité inattaquable, c'est bien celle-ci. Il est peu de questions où l'arbitraire, en tous sens, se soit donné plus libre carrière que dans celle qui concerne la constitution intime de la Matière. Il en est peu aussi qui montrent plus combien les idées préconçues, systématiques, sont fatales au progrès de la vérité.

D'après une École philosophique, qui a régné en plein pendant le siècle dernier et qui a eu des adhérents éminents, la Matière *existerait* (!!!!) en vertu de deux Forces : l'une allant du dedans au dehors, l'autre allant du dehors au dedans; si la première pouvait prédominer, la Matière se dissiperait dans l'Espace infini, ou plutôt *cesserait d'exister ;* si la seconde, au contraire, prédominait, tous les corps de l'Univers se réduiraient en un point géométrique. Lorsque deux corps se combinent chimiquement, ils se pénètrent à l'infini, pour produire un troisième corps, qui n'a plus rien de commun avec eux, et qui est tout aussi bien qu'eux un corps simple.

Si de pareilles fictions n'avaient pour résultat que de contre-balancer celles de l'Atomisme sous la forme où il se produisait jusque-là, l'inconvénient eût été très petit; mais, résultat frappant, et beaucoup plus regrettable, que fait très bien ressortir Berzélius, elles ont retardé d'un bon nombre d'années la connaissance de la loi des proportions chimiques, qui pourtant sortait directement de l'expérience. « L'idée d'atomes, dit le grand chimiste suédois, repousse celle de pénétration à l'infini. » Mais le contraire est tout aussi vrai : l'idée de pénétration repousse celle d'*atomes indivisibles ;* et c'est ce qui nous fait comprendre comment une fiction sortie toute entière de l'imagination a pu entraver l'adoption de faits positifs découlant de l'observation.

La découverte des équivalents chimiques, la découverte de ce fait capital : qu'un même corps, chimiquement défini, se combine toujours suivant un même poids ou des multiples de ce poids avec d'autres corps, que l'oxygène, l'hydrogène, le carbone, l'azote, ... lorsqu'ils se combinent entre eux ou avec d'autres corps, entrent toujours dans les combinaisons avec les poids ou les multiples des poids chimiques, 100 ; 12,5 ; 75 ; 175 ; .... cette découverte, dis-je, a pour conséquence forcée l'existence d'unités indivises, d'atomes matériels limites. Cette découverte, sans doute, ne nous apprend pas, et bien loin de là, si ce que nous appelons aujourd'hui éléments chimiques sont réellement des êtres simples, et si, par conséquent, ce que nous appelons leurs atomes sont simples, et ne sont pas des *molécules* ou combinaisons d'autres atomes simples. Ici encore, toutefois, la belle loi de Dulong et Petit jette la plus vive lumière sur le problème. Si l'un quelconque de nos corps élémentaires est vraiment simple, les autres le sont aussi; si l'un d'eux est complexe, ils le sont tous et sont du *même ordre* de combinaison (1).

L'examen des lois de compressibilité des diverses espèces de corps met en lumière un autre fait de la plus haute importance. Les gaz et les vapeurs, tout le monde le sait, sont les corps les plus compressibles, ou, pour parler plus correctement, ce sont ceux dont les volumes éprouvent les plus grandes variations, pour de mêmes changements de pression. Les liquides sont loin d'être incompressibles ; mais des changements considérables de pression n'y produisent pourtant plus que de faibles variations de volume. A plus forte raison en est-il ainsi des solides. Leur prétendue incompressibilité a conduit, en Mécanique rationnelle, à l'énoncé d'erreurs monstrueuses, et, en Mécanique appliquée, à des fautes graves de construction ; mais ce qui est tout aussi certain, c'est que les solides, en général, convergent rapidement vers une limite où toute compressibilité cesserait, où une pression infinie ne produirait plus aucune réduction du volume effectif. L'existence d'un volume atomique immuable, quel qu'il soit d'ailleurs en lui-même et comme valeur absolue, est hors de doute aujourd'hui, et la somme de tous les volumes atomiques partiels donne lieu, pour chaque corps, à un volume atomique total inaltérable. — J'ai démontré depuis longtemps que même pour l'eau à l'état encore fluide et à 0°, ce volume total s'élève presque aux quatre-vingt-quinze centièmes du volume apparent.

Cette partie de la question rentre en plein dans le domaine de l'expérience. Les recherches qui ont été faites sur la compressibilité des liquides, par REGNAULT entre autres, ont été limitées à des variations de pression relativement très petites. Grâce aux ressources que la Marine met aujourd'hui au service des savants pour l'étude de l'Océan aux plus grandes profondeurs, il serait facile de faire des recherches sur la compressibilité des liquides sous des charges de cinq à six cents atmosphères.

L'assertion finale de ce paragraphe recevrait ainsi des faits une sanction définitive.

----

(1) Voyez mon EXPOSITION ANALYTIQUE ET EXPÉRIMENTALE DE LA THÉORIE MÉCANIQUE DE LA CHALEUR ; 3me édition, tome II ; Paris, librairie Gauthier-Villars.

§ III

ORDRES DE FAITS QUE NOUS SOMMES OBLIGÉS D'ACCEPTER
QUE NOUS LES COMPRENIONS OU NON. — LES ÉLÉMENTS CONSTITUTIFS DE L'UNIVERS
N'EXISTENT PAS DE TOUTE ÉTERNITÉ.

J'ai cherché à montrer que, de ce que nous ne pouvons concevoir l'essence
même des Éléments constitutifs de l'Univers, il ne découle nullement que
nous ne puissions pas fort utilement nous occuper de cet ordre de questions,
ni, ce qui est plus important encore, que nous ne puissions pas arriver à
constater avec certitude l'existence de tel ou tel Élément et en déterminer
la nature. Avant de nous placer au point de vue de la Physique générale,
relevant directement de l'expérience ou de l'observation, il convient de
montrer, encore une fois, que nous sommes obligés d'admettre bien des
faits, que nous les comprenions ou que nous ne les comprenions pas.

Je prendrai pour les discuter deux exemples fort différents : l'un concernant un phénomène des plus familiers, dont peu de personnes d'ailleurs se
préoccupent; l'autre de l'ordre le plus élevé.

Il est peu de personnes, parmi les plus indifférentes mêmes, qui, lorsqu'elles se trouvent en présence d'un de ces puissants générateurs de lumière
électrique qu'on construit aujourd'hui, ne soient saisies d'un profond étonnement, presque de stupeur, quand on leur montre les effets prodigieux
d'attraction et de répulsion des électro-aimants de ces machines, quand, à
deux ou trois mètres de distance de l'un des pôles magnétiques, elles sentent
un morceau de fer doux, une clef, une pince, qu'elles tiennent en main,
chercher à s'échapper pour se précipiter vers le centre d'attraction. L'étonnement, très légitime d'ailleurs, de ceux qui s'intéressent, en général, le
moins aux phénomènes physiques, dérive de ce que nous n'éprouvons absolument aucune sensation particulière à l'approche des aimants; de ce que
l'air ambiant est parfaitement tranquille et ne semble non plus éprouver la
moindre modification, de ce qu'en un mot nous n'apercevons rien qui puisse
nous expliquer ce qui se passe entre les aimants et les pièces de fer, qui se

trouvent à distance. — Il est pourtant un autre phénomène tout aussi étrange, dans lequel nous nous trouvons tous en jeu, dont nous sommes parfois les *victimes,* mais dont nous ne nous préoccupons guère, précisément à cause de sa généralité.

Tout ce qui nous entoure de tangible est *pesant, tend* vers la Terre ; nous pesons nous-mêmes et nous savons ce qu'il en coûte parfois de nous laisser choir (*au moral* comme au physique). Nous sommes tellement habitués à ces effets, que nous ne nous en étonnons plus nullement. Quand nous voyons un corps tomber, cela nous semble très naturel : c'est parce qu'il est lourd (*quia est in illo virtus gravifica.....*). A l'époque où la forme de la Terre était inconnue, où on la tenait pour le centre de l'Univers, où on la croyait immobile dans l'Espace, la pesanteur des corps, leur tendance à descendre, était réputée une simple propriété. Le haut était la voûte du Ciel ; le bas était ce qui se trouve au-dessous de nous. Il semblait naturel que tout ce qui est en haut tende à tomber. Cette idée de haut et de bas était sans limite. Dans une magnifique description, MILTON nous montre les légions innombrables des Anges rebelles, fuyant épouvantées devant le char embrasé du Fils de Dieu et se précipitant par une brèche qui s'entr'ouvre dans la voûte céleste. Cette chute de neuf jours de durée est si admirablement peinte que le lecteur oublie volontiers pour un moment ses éléments de Cosmogonie pour s'abandonner à l'imagination du poète, et pour suivre avec elle la fuite des exilés vers leur sombre séjour inférieur.

Depuis qu'on sait que la Terre est sphérique, qu'elle tourne sur elle-même, qu'il n'y a, par conséquent, ni *haut* ni *bas,* depuis que le génie de NEWTON a montré la pesanteur sous son vrai jour, l'indifférence pour quiconque réfléchit un seul instant, fait place aussi à l'étonnement. Ici encore, comme pour les attractions électriques et magnétiques, nous nous trouvons en présence d'un Agent mystérieux dont aucun sens ne nous révèle directement l'existence, dont notre corps *subit* l'action sans que nous ayons la moindre idée de ce qui se passe.

Que nous comprenions ou que nous ne comprenions pas la Gravitation, nous la subissons. Une École de Philosophie aura beau nous conseiller de ne pas nous en occuper, parce que nous ne la comprenons pas ; aucun homme sensé ne suivra volontiers un tel conseil; aucun surtout ne se permettra de nier *une existence,* parce qu'il n'en saisit pas le comment.

Mais élevons-nous bien plus haut encore, s'il est possible. Le problème de l'origine des Êtres est, comme de raison, un de ceux qui ont, de tous temps, le plus préoccupé l'esprit de quiconque pense sur cette Terre (parfois même de ceux qui ne pensent guère). Comme bien d'autres problèmes, celui-ci a subi l'action du progrès des Sciences physiques. Quelle qu'en soit la solution, il se pose aujourd'hui plus nettement, mais tout autrement que jadis. Nous allons voir si, sur ce domaine aussi, il ne se dégage pas un fait qui s'impose à nous, et que nous subissons, que nous le comprenions ou non.

Avec des formes bien variées d'ailleurs, deux solutions ont presque de tous temps marché de front.

Le Monde a été créé à un moment donné par une Puissance infinie et intelligente.

Le Monde existe de toute éternité et par sa seule force propre.

Dans les deux solutions, nous sommes obligés aujourd'hui de substituer au singulier un pluriel sans limite, et de dire : les Mondes sans nombre éparpillés dans l'Espace infini. En tant que s'appliquant *aux formes actuelles* que nous avons sous les yeux, nous sommes obligés aussi : dans la première solution, de supprimer les mots : *à un moment donné;* dans la seconde solution, de supprimer les mots: *de toute éternité.* L'Univers, tel qu'il s'offre à nous, est le résultat d'un développement gradué et successif, qu'un de nos plus grands astronomes a récemment assimilé avec raison au développement des êtres du Règne organique. Si profondes que soient déjà les modifications ainsi imposées à nos solutions par les progrès des Sciences physiques, il est une autre modification bien plus radicale encore qui s'impose aussi et qui, à son tour, nous impose l'une des solutions à l'exclusion de l'autre.

Tout le monde connait la grande conception de Laplace sur le développement de notre système solaire et de tous les autres systèmes stellaires répandus dans l'Espace. Mon ami, M. Faye, a montré qu'il faut introduire des modifications profondes dans l'idée première de Laplace, pour la faire concorder avec les faits. Ces modifications, cependant, n'infirment pas le fond. C'est par la condensation d'une nébuleuse, c'est-à-dire d'un amas immense de matières gazeuses, que s'est formé notre Soleil ainsi que tous les autres sphéroïdes soumis à son attraction. La conception de Laplace a été tirée du domaine des hypothèses par l'observation directe. Nous avons, en effet, sous les yeux des nébuleuses en voie de condensation où, en dépit de la durée en quelque sorte infinitésimale des phénomènes dont l'astronome peut être témoin, on aperçoit pourtant des changements notables. Dans son remarquable travail sur L'Age des étoiles, M. Janssen a montré que nous avons devant nous des Mondes de tous les âges possibles : depuis les Soleils près de s'encroûter jusqu'à ceux qui sont encore dans tout l'*éclat de leur jeunesse.*

On raconte que lorsque parut l'Exposition du Système du Monde, Napoléon demanda à Laplace pourquoi il n'était pas question de Dieu dans tout ce Livre. « Sire, aurait répondu Laplace, c'est que je n'ai pas rencontré cette hypothèse sur ma route. » — Ce récit mériterait confirmation ; tenons-le provisoirement pour vrai. En nous plaçant entre les deux limites où s'est mis implicitement Laplace, entre la nébuleuse primitive incandescente et notre système solaire tel qu'il est aujourd'hui, il nous est facile de reconnaître que la réponse à Napoléon n'impliquerait nullement une preuve d'incrédulité chez l'auteur de la Mécanique céleste ; fort loin de là, elle supposerait, au contraire, une idée bien autrement élevée de la Puissance créatrice que celle qu'on voit se produire en général, même chez les personnes qui se donnent pour très pieuses.

Pour la plupart des hommes, ce qu'on appelle la création du Monde consiste surtout dans la production des *formes* que nous avons sous les yeux, dans l'arrangement, dans la disposition des matériaux constitutifs des êtres. Toute horloge suppose un horloger. Un jardin suppose un jardinier. Un monument suppose un artiste et un architecte. Tels sont à peu près les raisonnements qu'on a considérés comme les plus convaincants quant à la nécessité de l'intervention d'une Volonté créatrice. Dans cette manière d'interpréter les choses, Dieu aurait plutôt *arrangé* que créé l'Univers ; il aurait mis en œuvre des matériaux de l'origine desquels on ne se préoccupe pas et que quelques philosophes ont même dits éternels comme lui.

Tel n'est certainement pas le point de vue sous lequel seul la Science nous force à nous placer aujourd'hui.

Laplace affirme qu'une intelligence suffisamment complète et pénétrante, qui aurait *vu l'état interne et externe* de la nébuleuse primitive avec laquelle se sont formés les Corps de notre système solaire, aurait pu y lire tous les phénomènes futurs, dans leurs moindres détails, tels qu'ils se sont produits et tels qu'ils se produiront encore dans la succession des siècles.

Beaucoup plus récemment, Huxley renchérissant sur l'affirmation de Laplace et la précisant encore plus, a dit qu'un œil suffisamment clairvoyant aurait pu lire dans la nébuleuse primitive l'état de la faune en Angleterre au dix-neuvième siècle.

Si nous posions l'affirmation de Laplace comme absolument générale et sans nulles restrictions, elle serait inqualifiable d'audace, et, ce qui est plus scientifique comme expression, elle serait fausse. Si, au contraire, nous la bornons aux seuls phénomènes physiques considérés en eux-mêmes et indépendamment de tous les autres, si nous la limitons aux phénomènes qui, sur notre Terre et sur d'autres Planètes, ont précédé l'apparition de la Vie organique, elle reste une des plus magnifiques vérités qu'ait pu entrevoir le génie d'un homme.

Je dis : si nous bornons .... Quelque opinion qu'on ait sur la constitution des êtres organisés, et quand on irait jusqu'à les tirer tous, par voie de transformisme successif jusqu'à l'homme inclusivement, du *mucus-générateur* (*Urschleim,* du bon Ocken), ou du *protoplasme* créé par quelques philosophes modernes, toujours est-il qu'avec l'apparition de la Vie organique sur une Planète commence un ordre de phénomènes qui échappe complètement aux Mathématiques et à l'Analyse la plus pénétrante. Non seulement ces phénomènes ne peuvent être prévus en eux-mêmes, mais ils no peuvent non plus l'être dans les conséquences qu'ils ont pour ceux du Monde physique considéré à lui seul. A bien plus forte raison en est-il ainsi quant aux phénomènes du Monde organique où commence à se manifester une volonté proprement dite, ne fût-ce qu'à l'état de germe. Ainsi que l'a démontré récemment et sous la forme la plus claire, M. Charles Lagrange, tous les actes physiques qu'accomplit sur cette Terre la volonté de l'homme, par exemple, tous les déplacements de matériaux, toutes les combinaisons ou décompositions chimiques que nous suscitons, rompent l'équilibre général *sur* notre Planète, et *de* notre Planète. Cette rupture, sans doute, est de l'ordre des extrêmement petits; mais quand l'intégration porte sur des millions de siècles, l'effet cesse d'être négligeable.

L'École matérialiste, je le sais, soutient qu'il n'existe pas de volonté proprement dite et que, même chez l'être qui se prétend le plus indépendant, le moindre des actes physiques comme les plus sublimes de nos pensées sont commandés par des phénomènes physiques externes ou internes. Une telle assertion heurte si violemment le bon sens le plus élémentaire de chacun de nous, qu'il n'y a pas lieu de s'y arrêter, même un instant, sans s'exposer à perdre son temps.

Les bornes que dicte le bon sens étant ainsi posées à l'assertion de LAPLACE, elle reste une splendide vérité. Tout notre système solaire, tel qu'il s'est développé à travers la succession des siècles, se trouvait, *en virtualité*, dans la nébuleuse primitive et il ne pouvait en sortir autrement que cela n'a eu lieu effectivement. Ce que nous disons de notre système s'applique visiblement à tous les autres. Dans ces limites, LAPLACE a pu dire, sans qu'on l'accuse du moindre sentiment d'incrédulité : « Je n'ai pas rencontré cette hypothèse. »

Mais, qu'on le remarque bien maintenant, LAPLACE est parti de l'une des périodes bien déterminées de la formation des Mondes, et nullement de leur *origine*. C'est commettre la plus étrange des méprises que de chercher autre chose dans la magnifique conception de ce grand homme. Depuis, la Thermodynamique est venue, en vertu d'un principe tout neuf de Physique, reculer l'origine de la nébuleuse primitive elle-même. Les atomes de la Matière, disséminés dans l'Espace, ont, dit-on, obéi à l'action de la Gravitation; ils se sont peu à peu rapprochés en prenant des vitesses de plus en plus grandes. C'est de ce rapprochement et de ces vitesses que serait née l'incandescence de la nébuleuse dans sa forme primitive. A cette nouvelle affirmation cependant, et je le dis au nom même de la Thermodynamique, nous devons opposer un grand *peut-être*. On a, en effet, par trop gratuitement assimilé les conditions relatives et réciproques des atomes à celles qui leur sont imposées dans l'état gazeux ; et c'est à une sorte de compression résultant alors de leur rapprochement, que l'on a attribué l'incandescence de la nébuleuse. Acceptons cependant encore cette assertion toute gratuite ; nous n'aurons fait que reculer de quelques milliers de siècles, mais toujours d'un espace de temps *fini*, l'origine des Mondes.

La question, je l'ai dit, se pose autrement, et d'une façon plus nette. Nous nous trouvons, en effet, en face d'une proposition dont l'évidence ne peut échapper à qui que ce soit.

Si les Éléments du Monde physique, si la Matière, si les Forces, existaient de toute éternité, ils eussent de toute éternité aussi réagi les uns sur les autres suivant les lois qui leur sont propres, et les Mondes, qui sont les *résultats finaux* de ces réactions, *seraient éternels aussi*.

Pour arriver à une conclusion autre, il faudrait admettre :

1° Ou que les Éléments n'ont commencé à réagir les uns sur les autres qu'à un moment donné, ce qui impliquerait forcément l'intervention d'une cause active et spéciale ;

2° Ou que l'une ou l'autre des périodes de développement des Mondes eût exigé un temps indéfini.

Or, c'est tout le contraire de cette supposition qui ressort de l'étude et de la comparaison des phénomènes. Si, par exemple, nous partons de notre système solaire en particulier, nous avons beau entasser des millions d'années sur d'autres millions, nous arrivons toujours à une limite finie et définie, où, sous l'action des Forces, ont *commencé* les mouvements des atomes matériels qui ont, peu à peu, déterminé les formes actuelles. Les philosophes qui comparent la marche primitive des atomes, et, par conséquent, la formation des Mondes, à la marche d'une branche d'hyperbole par rapport à son asymptote, confondent encore une fois un fait tout géométrique et de l'ordre idéal avec un fait de l'ordre réel, comme on l'a fait si souvent quant à la divisibilité de la Matière. L'observation directe contredit, d'ailleurs, cette assertion. Ainsi que je l'ai déjà rappelé, depuis le peu de temps qu'on observe les nébuleuses proprement dites, on a pu constater déjà des changements notables dans quelques-unes d'entre elles. La marche des phénomènes y est donc relativement beaucoup plus rapide qu'elle ne l'est plus tard dans les Mondes déjà formés. Il n'y a aucune raison plausible pour admettre qu'il en ait été autrement avant la formation de la nébuleuse devenue visible. Remarquons-le d'ailleurs; rien absolument ne nous autorise plus à soutenir que l'Univers soit fini, comme on l'a avancé jadis en partant de certaines théories préconçues; tout, au contraire, tend à prouver que les Mondes s'étendent à l'infini dans l'Espace. Il résulte de là visiblement que ce n'est pas de l'infini que sont arrivés les atomes destinés à former les Corps célestes. Dès lors aussi le temps qui s'est écoulé jusqu'à leur jonction est fini.

On a avancé que le spectacle du Ciel étoilé, tel qu'il est aujourd'hui, pourrait bien être une des répétitions à l'infini de Ciels analogues antérieurs; que des systèmes solaires, par suite de collisions et de. chocs réciproques, auraient été gazéifiés, réduits à l'état de nébuleuses, et se seraient reconstitués de nouveau, par suite d'un refroidissement gradué. — Disons-le hardiment, une pareille hypothèse est bien certainement l'invention la plus gratuite et la plus fausse qui ait pu sortir de l'imagination. Ainsi qu'on sait, aucune Étoile n'est fixe; notre Soleil lui-même se déplace, et rapidement, dans l'Espace. L'immobilité qu'on leur a pendant si longtemps attribuée provient de ce que, en raison des distances considérables qui existent entre tous ces Corps, leurs déplacements relatifs ne peuvent devenir sensibles qu'au bout d'années nombreuses. Il se pourrait donc que quelques-uns des Soleils éparpillés dans l'Espace se rapprochassent les uns des autres, par suite de leur attraction réciproque. Un peu de réflexion, cependant, suffit pour nous convaincre que ces cas ne peuvent être que très exceptionnels. Mais, dans ces cas exceptionnels même, il y a encore des milliards de probabilités contre une que de ces rapprochements il ne résultera point de chocs, et que les Astres décriront seulement des courbes définies les uns par rapport aux autres, pour s'éloigner ensuite de nouveau. Admettons pourtant le cas presque impossible d'un choc. Deux Soleils se heurtant avec des vitesses relatives de quelques cent mille kilomètres à la seconde seraient certainement réduits instantanément en vapeur par la chaleur due à ce conflit. Mais il nous est facile de nous assurer qu'en aucune hypothèse la chaleur développée ne pourra être égale à la chaleur de la nébuleuse d'où ces Soleils étaient nés. Et, à chaque rencontre, la somme de chaleur reproduite ira en diminuant. Dans cette hypothèse, qu'on ne peut s'empêcher d'appeler fabuleuse, les répétitions à l'infini seraient donc encore impossibles.

La conclusion finale très nette à laquelle nous condamne l'étude comparée de tout l'ensemble des faits les mieux acquis est, en résumé, celle-ci : les Éléments du Monde physique ont commencé à exister à un moment donné et c'est de ce moment que date la formation graduée des Mondes. C'est le *Fiat lux* étendu à toutes les existences de l'Univers qui constitue la Création. La formation des Mondes n'a été ensuite qu'une évolution naturelle. L'apparition, à un moment donné, de la Substance, en général, a été un fait primordial nécessaire.

Que nous comprenions ou que nous ne comprenions pas, cela n'y change rien. L'assertion solennelle de la Science moderne reste debout, inattaquable.

De ce que nous ne comprenons pas, il ne résulte non plus qu'il n'y ait pas lieu de nous en occuper. Je me permettrai toutefois une réflexion sur ce côté tout subjectif de la question.

Nous ne comprenons certainement pas l'essence de la Puissance créatrice ; mais nous ne comprenons pas davantage celle de la Matière, des Forces, de l'Élément animique en général. Nous pouvons donc, en toute indépendance d'esprit, chercher de quel côté est la vérité, chercher ce qui existe ou non. Mais ce qu'un enfant comprend, et peut-être mieux qu'un philosophe, c'est qu'une Intelligence douée de liberté et de volonté illimitée, peut, quand et comme il lui plait, se manifester de telle ou telle manière. Ce qu'un esprit, de force tout ordinaire, mais *sensé,* comprend, c'est que cette Volonté intelligente, placée par sa nature même en dehors des conditions finies du Temps et de l'Espace, peut, *sans pour cela cesser d'être active,* ne pas se manifester sous forme de phénomènes *tangibles,* tandis que des Éléments dénués absolument de volonté consciente, tels que la Matière et les Forces, ne pourraient, au contraire, pas cesser un seul instant d'agir les uns sur les autres, suivant les Lois fatales qui les régiraient de toute éternité.

SECTION DEUXIÈME

CONSÉQUENCES RELATIVES A LA PHYSIQUE GÉNÉRALE.

Bien que dans les pages précédentes je me sois, à plusieurs reprises, éloigné considérablement *en apparence* de notre sujet, personne, assurément, n'aura jugé ni digressives, ni déplacées les questions que j'ai examinées avec mes lecteurs. Elles sont, au contraire, liées si intimement au sujet principal, que je n'aurais pu que les *éluder*, et de parti pris. Au surplus, en pareille matière, un exposé ne prend l'apparence digressive que quand l'auteur ne sait pas coordonner et présenter clairement ses idées. En ce sens, je cesse d'être juge et je dois m'en rapporter à mes lecteurs.

Nous pouvons rentrer au cœur même du sujet principal.

L'Espace infini est, disons-nous, rempli d'un Élément absolument différent en nature de la partie pondérable et tangible de ce que nous appelons corps : solides, liquides ou gazeux, peu importe.

Lorsque nous pénétrons par la pensée dans l'intérieur des corps, en nous basant sur les faits, presque innombrables, mis en lumière aujourd'hui, nous arrivons encore à conclure que le volume interatomique est rempli par le même Élément dynamique, modifié toutefois, et souvent profondément, dans ses modes de manifestation.

§ I

L'ÉLÉMENT DYNAMIQUE EST-IL SIMPLE OU MULTIPLE ? —
PRINCIPE GÉNÉRAL DE L'ÉQUIVALENCE ET DE LA SUBSTITUTION DES FORCES
LES UNES AUX AUTRES.

Un premier point d'interrogation se pose de lui-même. Cet Élément est-il simple ou complexe ?

Dans le courant de ces quarante dernières années, il s'est manifesté parmi les savants une tendance presque générale à identifier toutes les Forces. Nombre d'ouvrages, d'ailleurs fort intéressants et dignes d'attention, ont paru, qui pourraient recevoir tous un même titre, donné effectivement à quelques-uns d'entre eux : l'unité des Forces du Monde physique. Pour peu qu'on y regarde de plus près, on ne tarde pas à s'apercevoir que le titre convenable serait : l'*abolition* des Forces .... Après avoir montré que la chaleur, la lumière, l'électricité, le magnétisme, ... sont tout un, on rapporte toutes ces manifestations à la seule Gravitation universelle. Et puis, comme il faut tout expliquer, on n'hésite pas à rapporter cette Force, devenue purement explicative, à des mouvements des atomes matériels. Il est évident que par ce procédé sommaire tout est interprété et identifié; mais de Force proprement dite, il n'en reste plus de trace.

Il n'est plus possible aujourd'hui, à moins de fouler aux pieds tous les faits connus, de rapporter encore à des mouvements de la Matière les phénomènes électriques, de quelque espèce qu'ils soient et en quelque lieu qu'ils se manifestent. Il ne l'est pas davantage de rapporter à de tels mouvements les phénomènes de la radiation calorifique ou luminique, soit dans l'Espace infini, soit dans les corps diathermanes ou diaphanes. J'ajoute, enfin, qu'il ne l'est pas davantage d'assimiler à de tels mouvements les phénomènes de ce qu'on appelle la *chaleur sensible* dans les corps. Il m'est permis de rappeler la longue discussion que j'ai eue à soutenir au sujet de la théorie dite *cinétique* des gaz, discussion que plus d'un physicien, je le sais, regarde comme non terminée. Quelques-uns de mes contradicteurs ont opposé des arguments tellement faibles que je n'ai pas cru devoir y répondre ; d'autres, j'ai le regret de le dire, ont passé à côté de mes objections, comme si elles n'existaient pas : de cette façon l'erreur la plus radicale est toujours à l'abri de la réfutation. Je ne rappellerai ici qu'une seule de mes objections; elle est tellement péremptoire qu'elle eût empêché la fondation même de la *théorie cinétique,* si certains esprits ne tenaient pas à interpréter les phénomènes coûte que coûte. Dans un milieu discontinu, formé d'intervalles vides et d'atomes élastiques, en repos ou en mouvement, peu importe, la vitesse de propagation des ondes sonores devient forcément une fonction de l'*intensité* de l'*impulsion :* un son *fort* s'y propagerait *plus vite* qu'un son *faible*, ce qui est absolument contraire aux faits. Ce que je dis du son s'applique identiquement à la propagation des ondes lumineuses ou calorifiques dans un milieu discontinu. La vitesse de propagation de la lumière et de la chaleur y serait d'autant plus grande que l'intensité d'impulsion à la source de lumière et de chaleur serait plus considérable.

Si je suis revenu encore une fois sur cette tendance à tout unifier, c'est parce qu'elle a incontestablement un point de départ élevé. Cependant, en mettant même de côté l'affirmation finale, réellement absurde, celle de l'identité des Agents appelés autrefois *impondérables* avec des mouvements de la Matière même, on est frappé de ce fait : c'est que les auteurs de ces théories d'unification se sont toujours beaucoup plus préoccupés des ressemblances que des dissemblances des Agents transcendants du Monde physique. Or, il est aisé de s'assurer que ces dernières sont au moins aussi nombreuses que les premières.

La parenté des Principes intermédiaires ou des Éléments dynamiques saute *aujourd'hui* aux yeux. Je souligne à dessein le mot aujourd'hui. Cette constatation scientifique et complète de parenté est, en effet, moderne et constitue une des grandes découvertes de nos temps. Elle est liée directement à la découverte de l'équivalent mécanique de la chaleur.

On sait que dans la production de ce qu'on appelle le travail mécanique, sous quelque forme que ce soit, les Forces en jeu peuvent se substituer les unes aux autres ; que quand l'une apparaît, l'autre disparaît en quantité équivalente. Une machine électro-dynamique, par exemple, soulève une masse matérielle à une certaine hauteur ; si nous laissons cette masse retomber de toute cette hauteur, il apparaît, au moment où le mouvement cesse, une quantité de chaleur répondant exactement à la dépense primitive en électricité. Il y a ici, visiblement, équivalence et substitution entre trois Forces. On a déduit de là que l'électricité se *transforme* en gravité et celle-ci en calorique. Il faut bien l'avouer, cette transmutabilité est une invention absolument gratuite, que pas un fait n'a jamais justifiée. Dans tout l'ensemble des phénomènes connus aujourd'hui où se manifeste l'équivalence des puissances mécaniques, la parenté, l'analogie de nature des Agents dynamiques en jeu saute aux yeux, je le répète ; mais d'aucun des phénomènes de cet ordre, au contraire, on n'est en droit de conclure à une identité.

Il existe un cas bien frappant où cette substitution d'une manifestation dynamique à une autre semble faire complètement défaut, ou du moins, nous est encore complètement inconnue, si elle a lieu. Je l'ai cité implicitement tout à l'heure.

Voyons d'abord ce qui se passe dans un autre cas qui est analogue et qui a été très bien étudié. — Lorsqu'on approche ou qu'on éloigne des pôles d'un aimant l'armature en fer doux entourée d'une hélice conductrice isolée, un courant électrique s'établit dans ce circuit pendant tout le temps que dure le mouvement de l'armature. C'est même sur ce phénomène que repose, comme tout le monde sait, la construction des machines électro-dynamiques de quelque espèce qu'elles soient. Il y a ici une dépendance intime entre le travail dépensé ou donné par l'armature quand elle s'éloigne ou s'approche des pôles et l'état de l'équilibre électrique dans tout le système. Le principe de l'équivalence et de la substitution s'applique d'une façon manifeste.

Je passe maintenant au cas, bien différent quant aux résultats, dont je parle. — Lorsque, d'une façon ou d'une autre, nous lançons, en direction verticale et de bas en haut, une masse matérielle, un projectile quelconque, cette masse, abstraction faite même de la résistance de l'air, est graduellement ralentie dans son mouvement et finit par s'arrêter sous l'action de la pesanteur. Toute l'action dynamique que nous avions dépensée pour lui donner son impulsion semble perdue au moment où le mouvement cesse. De même pour soulever lentement la même masse, il nous faut dépenser une certaine somme d'action dynamique (chaleur, électricité, ...) et cette action semble perdue quand nous avons accompli le transport du corps à une certaine hauteur. On a coutume de dire qu'il n'y a aucune dépense réelle en ce cas, puisque le corps pesant que nous avons soulevé peut, en redescendant, nous restituer toute la dépense d'action que nous avions faite. Je n'ai pas besoin de faire remarquer combien ce raisonnement est fautif. Il laisse, en effet, la restitution complètement au futur et elle ne se présente pas comme devant nécessairement avoir lieu. On dit aussi que la dépense que nous avons à faire relève de ce que nous éloignons le corps pesant de son foyer d'attraction; mais ceci n'explique rien et n'est que la répétition du fait en d'autres termes.

Ce qui précède étant compris, que se passe-t-il dans le projectile qui, sous l'action de la gravité, perd peu à peu son mouvement? Que se passe-t-il dans la masse que nous soulevons lentement à une certaine hauteur en dépensant continuellement du travail mécanique? Que se passe-t-il dans une Planète, par exemple, quand son mouvement s'accélère ou se ralentit alternativement sur l'ellipse qu'elle décrit? Et dans tous ces phénomènes, que se passe-t-il dans le milieu dynamique qui les détermine? Jusqu'ici on n'a rien observé qui, de loin même, ressemble à ce qui se passe quant à l'armature de l'aimant dont j'ai cité l'exemple; jusqu'ici nous sommes dans l'ignorance la plus complète sur ce qui a lieu. *Une grande découverte reste à faire; l'existence d'un phénomène tout à fait spécial, mais inconnu encore, ne peut être un instant douteuse.* Mais quelle qu'elle soit dans ses résultats imprévus, le caractère mystérieux que présente jusqu'ici le phénomène différencie profondément entre elles les attractions électriques ou magnétiques, et l'Attraction newtonienne.

Il ne nous est pas difficile de constater d'autres différences encore dans les manifestations dynamiques.

Tandis que l'Attraction newtonienne est une Force générale, s'adressant de la même manière à tous les atomes indistinctement, ce que l'on appelle affinité chimique ou élective se manifeste comme une Force *qualitative*, relevant, dans ses effets, d'un état antagoniste et polaire. Nous ne comprenons pas plus le mode même d'action d'une de ces Forces que celui de l'autre, et une fois que nous connaîtrions l'un, l'autre nous serait probablement clair aussi. Disons-le cependant hautement : l'une de ces Forces aurait dû garantir l'autre contre les explications matérialistes. Étant admise cette fiction : que l'Attraction newtonienne, par exemple, résulte d'une *poussée* des atomes, les uns vers les autres par des atomes invisibles, doués d'une vitesse colossale, on aurait dû nous expliquer comment ces atomes propulseurs, qui s'adressent à tous les autres indistinctement avec la même intensité, prennent tout d'un coup la fantaisie de *pousser* l'oxygène vers l'hydrogène, par exemple, avec une énergie mille et mille fois supérieure. Lorsque nous appelons de pareilles inventions des fictions, c'est encore un qualificatif bien adouci.

Deux ou plusieurs atomes simples différents ayant été rapprochés par cette attraction qualitative ou élective, il n'est plus nécessaire le moins du monde, pour se rendre compte de l'ensemble des phénomènes, d'admettre cette autre fiction : que ces atomes n'en forment plus qu'un. Lorsque deux ou plusieurs atomes simples se sont unis chimiquement, l'état de polarité de la Force qui les rassemble doit être modifié ; quelle que soit la forme de l'atome simple, celle de la molécule ou réunion d'atomes est, nécessairement, autre ; la direction même des Forces agissant en dehors de la molécule est donc autre aussi, et, comme c'est, en définitive sur cet ensemble de faits que reposent les propriétés chimiques, physiques, etc., etc., des corps, il ne nous reste plus rien d'énigmatique à éclaircir.

Nous disons que les manifestations électriques, luminiques, calorifiques, ... peuvent se substituer les unes aux autres et que cette substitution a toujours lieu dans un rapport déterminé. La présence de la Matière pondérable est-elle nécessaire pour que ces substitutions deviennent possibles? Ou le phénomène peut-il s'accomplir par une action directe et spécifique dans l'Élément dynamique lui-même ? — C'est ici une des questions les plus délicates et les plus intéressantes qui se puissent présenter en Physique. Je commencerai par montrer que les *prétendues* transformations, si longtemps admises, sont bien réellement insoutenables et que les substitutions elles-mêmes doivent être comprises autrement qu'il ne pourrait le sembler au premier abord. Je me ferai comprendre tout de suite par un exemple des plus frappants et des plus clairs.

Concevons une sphère d'un corps très rigide et dur, une sphère d'acier, par exemple, de vingt mètres de diamètre, ce qui répond à un poids de trois millions de kilogrammes ; suspendons-la à une chaine très longue, de telle sorte qu'elle soit libre de se mouvoir en sens horizontal. Contre cette sphère en repos, lançons-en une de plomb, pesant un kilogramme, en donnant une direction horizontale telle que la percussion soit normale à la surface. Supposons que la vitesse de la balle de plomb soit de $91^m,31055$, vitesse qui répondrait à une hauteur de chute (dans le vide) de 425 mètres. Le plomb pouvant être considéré comme un corps mou ou dénué d'élasticité, un calcul aisé nous apprend que la vitesse commune des deux sphères, après le choc, sera de $0^m,00003044$, ce qui, comme on voit, répond presque au repos. Après le choc, la sphère de plomb tombera donc de son poids, et si nous l'examinons tout de suite, nous reconnaîtrons que sa température s'est élevée de 32°, à très peu près. Cette élévation de température répond à une unité de chaleur, à une calorie. La vitesse $91^m,31055$ répondant à une chute de 425 mètres, le travail mécanique accumulé dans la masse de plomb était de 425 kilogrammètres ; la vitesse de translation de la sphère, annulée par le choc, répond effectivement, en chaleur, à une calorie. — C'est d'expériences de ce genre surtout qu'est née ce qu'on peut appeler la théorie du *transformisme*, transportée, par anticipation, du Règne organique dans le Monde physique. — Le mouvement, disait-on et disent encore bien des physiciens, se transforme en chaleur par la percussion. Il va nous être facile pourtant de reconnaitre combien cette locution est inexacte.

Renversons notre expérience précédente. Suspendons la sphère de plomb elle-même à un fil fin très long, et lançons contre elle, normalement et en direction horizontale notre sphère de trois millions de kilogrammes, animée, à son tour, d'une vitesse de $91^m,31055$. Un calcul de même espèce que le précédent nous apprend que la vitesse commune aussi, après le choc, sera de $91^m,31052$. La perte éprouvée par la grande sphère est, comme on voit, presque négligeable. Voyons ce qui se sera passé quant à la sphère de plomb. Un physicien de très petite taille, un observateur *lilliputien* que nous supposerions placé sur la grande sphère, près du point où va avoir lieu le choc contre la sphère de plomb, se croirait en repos, s'il n'avait aucun point externe de comparaison (comme nous, habitants de la Terre, nous avons cru pendant si longtemps être immobiles dans l'Espace). La sphère de plomb, en repos, lui semblerait, au contraire, arriver vers lui avec la vitesse de $91^m,31055$. Après la percussion, elle lui semblerait *au repos* comme lui-même. Si, avec un thermomètre, il mesurait la température du plomb, supposée d'abord 0°, il trouverait aussi qu'elle s'est élevée à 32 degrés centigrades, ce qui répond, comme précédemment, à une calorie.

Bien qu'il ne s'agisse que d'un problème tout élémentaire relatif au choc des corps, et bien que la nature de cette Introduction ne comporte pas l'emploi de l'Analyse, j'ai cru pourtant devoir donner, en note, l'examen de la question (1). On peut voir qu'il n'y a ni paradoxe ni anomalie en jeu. Dans le cas du choc de la grande sphère d'acier contre la petite sphère de plomb, la perte de force vive est double de celle qui a lieu dans le cas du choc de la petite sphère contre la grande, parce que, dans le premier cas, le choc produit à la fois du mouvement et de la chaleur, tandis que dans le second cas, il ne produit que de la chaleur. Si au corps mou, sphère de

---

(1) Soit P le poids de la sphère d'acier, p celui de la sphère de plomb et V la vitesse initiale de l'une ou de l'autre. Quand c'est la sphère P qui frappe avec la vitesse V la sphère p en repos, la vitesse commune, après le choc, est :

$$V_x = V \frac{P}{(P + p)}.$$

La force vive avant le choc est :

$$\frac{PV^2}{g};$$

celle après le choc est donc :

$$\frac{PV^2}{g} \left(\frac{P}{P + p}\right)^2;$$

la perte de force vive par le choc est donc :

$$\partial F = \frac{PV^2}{g} - \frac{PV^2}{g} \left(\frac{P}{P + p}\right)^2 = \frac{pV^2}{g} \left[\frac{2 + \frac{p}{P}}{\left(1 + \frac{p}{P}\right)^2}\right].$$

Si l'on suppose P extrêmement grand par rapport à p, la fraction $\frac{p}{P}$ devient négligeable, et il vient :

$$\partial F = \frac{2pV^2}{g}.$$

Quand p est animé de la vitesse V et frappe la sphère en repos P, la force vive avant le choc est $\frac{pV^2}{g}$ et si P est extrêmement grand par rapport à p, tout mouvement de translation est annulé. La force vive toute entière est employée en choc à produire de la chaleur. On voit que dans le premier cas, comme il est dit dans le texte, la force vive perdue en choc par la sphère d'acier est juste le double de $\frac{pV^2}{g}$. Une moitié est employée à l'écrasement du plomb et au développement de la chaleur, l'autre moitié est employée à engendrer la vitesse V commune aux deux mobiles après le choc (P étant toujours supposé infiniment grand par rapport à p).

plomb, nous substituions un corps élastique, une sphère d'ivoire, par exemple, cette sphère en repos, frappée par la grande sphère en mouvement, prendrait une vitesse double, tandis que si elle-même frappait la grande sphère en repos, elle ne reculerait qu'avec sa propre vitesse. Dans les deux cas, il se produirait une quantité de chaleur absolument la même qu'avec le corps mou, mais cette chaleur ne serait que *temporaire*, elle disparaîtrait dès que le mouvement de la petite sphère serait établi.

La clef de ces phénomènes, bizarres en apparence seulement, est très simple. Au moment où notre sphère de plomb en mouvement arrive au contact de la sphère rigide immobile, elle exerce une pression rapidement croissante dont le résultat est la *déformation temporaire* de la sphère d'acier et sa propre déformation *définitive*. De même, lorsqu'on met la sphère de plomb en mouvement à l'aide d'un corps rigide avec lequel on la *pousse*, il s'exerce une pression au point de contact, et si la durée de cette impulsion est la même que celle de la cessation de l'impulsion dans le premier cas, comme il en est, en effet, dans le cas du choc de la sphère d'acier contre celle de plomb, il se produit une *déformation* définitive absolument identique. Le résultat physique immédiat de cette déformation est la rupture de l'équilibre de toutes les forces qui maintiennent les atomes en regard ; cette rupture a elle-même pour résultat immédiat la manifestation sensible de l'une ou l'autre des forces en activité dans le corps, de la chaleur, au cas particulier. Rien n'est changé par la substitution d'une sphère élastique à la sphère de plomb. La déformation produit encore de la chaleur; mais comme la déformation n'est que temporaire, celle de la chaleur l'est elle-même. — C'est cette déformation uniquement qui entraîne la production de la chaleur, et, de quelque manière qu'elle se fasse, la quantité de chaleur développée est la même; qu'elle se fasse instantanément, comme dans le cas du choc, ou qu'elle se fasse lentement comme dans le cas de l'écrasement du plomb sous une presse, par exemple. La quantité de chaleur produite est, dans tous les cas possibles, uniquement proportionnelle au travail mécanique dépensé pour la déformation, et non pas nécessairement à un mouvement détruit ou produit. Il ne peut donc être question d'une transformation proprement dite d'un mouvement en chaleur ou en électricité.

J'insiste formellement sur l'expression de déformation dont je me suis servi. Dans le phénomène de l'écrasement du plomb ou de la plupart des autres corps mous, de la cire même, par exemple, il ne s'opère, en effet, qu'un *déplacement relatif* des atomes, et nullement un *changement* de volume, un *rapprochement* d'atomes. La densité du plomb, entre autres, n'éprouve pas de modification sensible sous le laminoir ou sous le marteau. Dans la théorie cinétique des gaz, il est facile de montrer comment, par la compression d'un gaz sous un piston se mouvant dans un cylindre, la vitesse des particules, ou des molécules, ou des atomes, supposés indépendants les uns des autres, se trouve accrue par le mouvement du piston. Je me suis même servi d'un exemple de ce genre pour réfuter la théorie cinétique (1). Dans le cas de l'écrasement d'un corps mou, cette explication échoue complètement. La cause du développement de chaleur est alors visiblement la même que celle qui se manifeste dans le frottement, non seulement des solides, mais des liquides eux-mêmes. J'y reviendrai plus loin. Il est utile de nous arrêter ici-même sur une autre question générale, sur la confusion qu'on a faite, à peu près universellement, entre le travail mécanique et la force vive.

Mathématiquement parlant, le travail mécanique est le produit d'un espace parcouru exprimé en mesure linéaire par un effort exprimé en poids; la force vive est le produit de la masse d'un corps en mouvement par le carré de la vitesse de ce mobile. Voilà pour les définitions. Entre ces deux produits, et au point de vue de la réalité physique des choses, il y a la différence d'un effet à une cause, et la confusion qui en a été faite ne peut être appelée que déplorable. Je prends, pour le faire comprendre, un exemple des plus simples.

Laissons un certain poids descendre d'une certaine hauteur. Le travail mécanique exécuté par le poids, sous quelque forme qu'il se traduise, sera le produit de la hauteur de chute par le poids même. Je dis : sous quelque

---

(1) LA CINÉTIQUE MODERNE ET LE DYNAMISME DE L'AVENIR; in-4°, 1887, chez Gauthier-Villars, à Paris.

forme qu'il se traduise. Le travail disponible peut, en effet, être employé de diverses façons.

1° Nous pouvons laisser le poids tomber librement dans le vide. Dans ce cas, le poids du corps, qui n'est autre chose que le résultat de l'action de la Force gravifique sur une masse matérielle, devient la force motrice de cette masse, dont la vitesse va en croissant suivant une certaine loi bien connue. Qu'il y ait équivalence numérique nécessaire entre la *force vive* que représente le mouvement à chaque instant acquis par la masse, et le travail accompli sous l'action de la Force gravifique, cela est de toute évidence ; mais, à moins de recourir à la fiction explicative de la Gravitation par des mouvements atomiques, il est impossible d'apercevoir une conversion d'un mouvement en un autre.

2° A l'aide d'une disposition mécanique très simple, nous pouvons faire agir le poids sur une autre masse matérielle libre, de façon à lui donner un maximum de vitesse. Si, par exemple, sur le prolongement de l'axe d'un volant, nous adaptons un cône, et si autour de ce cône nous enroulons une ficelle à laquelle nous suspendrons notre poids, la forme de ce cône pourra être telle que le poids descende *uniformément* et avec une vitesse extrêmement petite, tandis que la vitesse donnée au volant ira en croissant jusqu'à ce que le poids soit descendu de la hauteur disponible. Dans ce cas encore, déduction faite des pertes qui résultent des frottements, etc., il y aura équivalence numérique entre la force vive que représente le mouvement de la masse du volant et le travail exécuté par la descente, aussi lente qu'on voudra d'ailleurs, du poids. Dans ce cas encore, il est impossible, en dépit de l'équivalence signalée, de voir quoi que ce soit qui ressemble à la conversion d'un mouvement en un autre, et, par suite, qui établisse une identité de nature entre le travail et la force vive.

3° Enfin, comme autre exemple, nous pouvons suspendre notre poids à une corde, enroulée autour de l'axe, *cylindrique et horizontal,* d'une poulie et autour de la circonférence de cette poulie enrouler aussi une corde portant un autre poids. Faisons abstraction du poids des cordes et de toutes les *résistances* passives. Si le rayon de l'axe de la poulie est un, tandis que celui de la poulie est, par exemple, dix, et si le poids suspendu à la poulie est le dixième de celui que porte l'axe, il y aura équilibre; le système restera en repos. Dans ces conditions, une très petite impulsion donnée au poids moteur déterminera la production d'un mouvement *uniforme*, par suite duquel le poids moteur s'abaissera de la hauteur disponible; le poids suspendu à la poulie, au contraire, s'élèvera, et à une hauteur décuple. Pendant qu'il se dépense un travail d'un côté de la part du grand poids, il s'en accumule sans cesse un autre parfaitement égal et devenant disponible du côté du petit poids. Ici le mouvement est, en quelque sorte, le fait *accessoire ;* il est engendré par une cause externe, absolument indépendante des poids. Entre les deux travaux, l'un positif, l'autre négatif, il y a cette fois, non pas seulement équivalence numérique, mais identité absolue de nature.

Il serait possible de multiplier indéfiniment et sous d'autres formes les citations comme celles qui précèdent. Le résultat de toutes serait de démontrer qu'il y a un contre-sens flagrant à assimiler le travail mécanique à une force vive proprement dite. Ce sont, je le répète, deux choses numériquement équivalentes, mais absolument différentes en espèces. C'est indubitablement la confusion regrettable qu'on en a faite qui a donné naissance à l'étrange Doctrine du transformisme des Forces et du Mouvement.

En partant de l'équivalence numérique qui existe nécessairement entre la somme d'action fournie par une Force et la force vive que cette action a développée dans une masse ou dans un atome matériel, le mathématicien peut construire des équations qui répondent fidèlement, sous forme numérique, aux phénomènes dynamiques de la chaleur, de la lumière, de l'électricité; mais on tomberait dans la plus étrange des erreurs en s'imaginant que ces équations répondent à une théorie des phénomènes considérés au point de vue de la réalité physique. Le principe de la conservation des forces vives, et de l'équivalence générale, le principe de la conservation de la somme d'action d'une Force, soit sous forme de travail, soit sous celle de force vive ou de matière en mouvement, *s'impose* aujourd'hui à toute théorie; ce serait, par conséquent, tomber dans l'absurde que de vouloir en *tirer* une théorie.

Quoi qu'il en soit, il est maintenant évident que si là où nous ne voyons en jeu que des mouvements qui naissent ou qui cessent dans la Matière, nous ne sommes pas même en droit de parler d'une *transformation* de mouvement,

7

à bien plus forte raison en est-il ainsi quand nous nous trouvons en présence de phénomènes qu'il n'est plus possible aujourd'hui d'attribuer à la présence d'atomes matériels.

Les manifestations électriques, luminiques, calorifiques, gravifiques, les mouvements de la Matière, se substituent les unes aux autres, mais ne se *transforment* pas. Affirmer le contraire, c'est partir d'une Doctrine préconçue qui n'a plus rien de commun avec les faits. — La seule question à poser est de savoir si la présence de la Matière pondérable est toujours nécessaire quand de telles substitutions ont lieu. — Si nous partons des faits déjà connus, nous pouvons présumer que la réponse ne sera pas *unique*, qu'elle variera d'un cas à un autre. Les travaux de MM. WEBER et KOHLRAUSCH et celui, beaucoup plus récent, de M. BLONDLOT (1) démontrent très clairement qu'il existe des relations directes et sans matière intermédiaire entre la chaleur rayonnante, la lumière et l'électricité. D'un autre côté, il semble que là où la Force gravifique se trouve en jeu, l'action préalable de cette Force sur la Matière soit nécessaire pour donner lieu aux phénomènes de chaleur ou d'électricité. Toutefois, comme je l'ai déjà dit, ici se présente un grand point d'interrogation. Il est réservé à l'avenir de la Physique de nous apprendre si, dans l'Espace infini ou dans l'intérieur même des corps, il n'existe pas de relations directes possibles entre la lumière, la chaleur, l'électricité et ce *quelque chose* dont NEWTON a proclamé l'existence indispensable pour les phénomènes de l'Attraction universelle. Il est, en un mot, réservé à l'avenir de la Science de reconnaitre si la Force gravifique est aussi *immuable* dans son intensité, qu'on l'a admis jusqu'ici.

L'étroite parenté et la dépendance existant entre les divers Éléments dynamiques ou intermédiaires, s'ils sont multiples, sont évidentes, et ne sauraient être contestées un instant; c'est une des grandes conquêtes de nos temps de les avoir mises en lumière. Les ouvrages tels que ceux de GROVE, de TYNDALL, de JOULE,.... où se trouvent présentés avec la plus grande clarté

---

(1) SUR LA DOUBLE RÉFRACTION DIÉLECTRIQUE; SIMULTANÉITÉ DES PHÉNOMÈNES ÉLECTRIQUE ET OPTIQUE; par R. BLONDLOT, *Comptes rendus des séances de l'Académie des sciences*; 1888, 1er semestre (tome CVI, pages 349 et suivantes).

les faits nombreux acquis en ce sens, ne sauraient être trop recommandés, bien que partant d'un point de vue absolument contraire à celui que je développe. Mais s'il existe des ressemblances incontestables, il existe des dissemblances tout aussi nombreuses et aussi incontestables ; et il faut bien le dire, on a souvent pris pour des preuves d'identité des faits qui démontrent précisément le contraire. Je citerai un exemple des plus frappants.

Pendant que deux corps se combinent ou se séparent chimiquement, il se produit toujours des manifestations plus ou moins intenses de chaleur, en *plus* ou en *moins*. Tels corps, en se combinant, produisent une chaleur considérable : hydrogène et oxygène. Tels autres donnent lieu à une disparition de chaleur : chlore et azote. Il existe entre ces manifestations des relations quantitatives des plus précises. Ainsi, dans la décomposition de l'eau en hydrogène et oxygène, la quantité de chaleur qui s'était manifestée pendant la combinaison des deux éléments disparaît rigoureusement. De même, dans la décomposition explosive du chlorure d'azote, la quantité de chaleur qui avait disparu pendant la formation du corps reparaît instantanément. Par l'étude de faits de ce genre, sous les formes les plus variées, M. BERTHELOT a fondé une Science complète des plus riches et des plus importantes : la THERMOCHIMIE. Tout l'ensemble des phénomènes ainsi étudiés et classés constitue une des plus magnifiques preuves de l'équivalence des Forces, et de l'aptitude qu'elles ont à se substituer les unes aux autres ; et c'est aller certainement droit contre l'évidence que d'en conclure, comme l'ont fait plusieurs physiciens, que la chaleur et l'affinité chimique sont tout un, d'en conclure, par exemple, que pendant la décomposition de l'eau par un courant électrique, c'est la chaleur qui rompt la combinaison. Une pareille conclusion est surtout étrange chez ceux qui admettent que la chaleur n'est qu'un mouvement vibratoire des atomes, car, dans cette hypothèse, elle ne peut plus être considérée que comme une cause de répulsion entre les atomes et jamais comme une puissance élective de combinaison. En s'appuyant sur les faits aujourd'hui connus, on fonderait une Électrochimie quantitative, parallèle à la Thermochimie. La seule conclusion légitime à tirer, c'est, je le répète, qu'il y a équivalence quantitative, numérique, entre les Éléments dynamiques en jeu, et qu'il y a non seulement possibilité de substitution, mais, dans bien des cas, substitutions continues et nécessaires.

En pesant bien le pour et le contre, on arrive en tous cas pour le moment à reconnaître qu'il y a beaucoup plus de raisons pour admettre la diversité des Éléments intermédiaires ou dynamiques qu'il n'y en a pour la rejeter. Toutefois, ce que la Science a conquis jusqu'ici sur ce domaine est peu de chose en comparaison de ce qui reste à trouver.

§ II

DANS AUCUN PHÉNOMÈNE PHYSIQUE, SI LIMITÉ QU'IL SEMBLE, ON NE PEUT FAIRE ABSTRACTION DE L'INTERVENTION DU MILIEU DYNAMIQUE AMBIANT.

Quoi qu'il en soit, la possibilité de la substitution d'une espèce de phénomènes à une autre, et l'équivalence quantitative qui préside à ces substitutions, s'étendent encore beaucoup plus loin qu'on ne l'avait pensé. Si nous partons de ce que nous savons déjà sur la constitution de l'Espace aussi bien que de l'intérieur des corps, nous arrivons à un point de vue nouveau et tout autre que celui où l'on s'était placé jusqu'ici ; nous reconnaissons qu'il n'est plus permis, dans les phénomènes les plus internes, je dirais, les plus *intimes,* des corps, de faire abstraction de ce qui se passe dans le milieu dynamique ambiant. C'est faute d'avoir pu tenir compte de cette nécessité que l'on s'est créé des difficultés absolument insurmontables. Je spécifie par un exemple des plus frappants.

On sait de temps immémorial que le frottement de deux surfaces solides l'une contre l'autre développe de la chaleur. C'est par ce procédé que bien des peuplades sauvages aujourd'hui encore se procurent le feu. Pour rendre compte en Physique de cette production de chaleur, on avait admis d'abord qu'elle relève de l'usure, de la désagrégation des parties frottantes. Toutefois on n'a pas tardé à constater que le mouvement rapide d'un corps solide dans un liquide, dans l'eau, dans l'huile, ... produit aussi de la chaleur et d'une façon continue, tant que le mouvement dure : or, ici il n'y a aucune usure à alléguer. Si l'on fait abstraction de la présence du milieu dynamique qui se trouve dans les corps aussi bien qu'en dehors d'eux à l'infini, il ne reste qu'une seule explication plausible : c'est que la chaleur est un mouvement vibratoire des atomes mêmes des corps, et que le frottement excite ces vibrations, à peu près comme l'archet éveille les vibrations sonores d'une corde de violon.

Cette interprétation, on le sait, a été adoptée à l'exclusion de toute autre, elle s'est, en quelque sorte, incarnée dans notre époque. Il n'est pas inutile de rappeler qu'elle remonte beaucoup plus haut qu'on ne le dit, en général. Dès les dernières années du siècle passé, BENJAMIN THOMSON, COMTE DE RUMFORD, l'avait formulée avec la plus grande netteté, quoique avec une modification profonde qui eût pu conduire directement à la vérité (1). Après des expériences remarquables sur la chaleur due au frottement et au forage des métaux, et après d'autres expériences sur la chaleur rayonnante, dont il a, je crois, le premier démontré l'existence et la nature, RUMFORD conclut que la chaleur sensible, tout comme la chaleur rayonnante, relève de vibrations de l'Éther existant dans l'Espace infini comme dans les interstices interatomiques des corps, vibrations que peut éveiller le frottement, entre autres. RUMFORD, on le voit, tenait compte, du moins par un côté, de la présence nécessaire d'un milieu ambiant, et quoiqu'il ait quelque peu matérialisé son Éther (comme tant d'autres l'ont fait depuis), on peut pourtant dire qu'en un sens il a, dès l'abord, devancé non seulement son époque, mais la nôtre. — Mais allons à notre but, à une explication rationnelle et en harmonie avec l'ensemble des faits.

Le phénomène de l'échauffement des corps par le frottement, par la compression, par la flexion, par la rupture, est plus complexe qu'il ne semble.

Le frottement est, dans bien des cas, disons, dans tous les cas, une source

---

(1) Voyez le tome I de la magnifique édition des OEuvres complètes de RUMFORD, publiée par l'*Académie américaine des Arts et des Sciences*, à Boston. — Il est, qu'il me soit permis de le dire, impossible de parcourir cet ouvrage sans être presque émerveillé, non seulement par le grand nombre de découvertes de tous genres, mais par les vues élevées qui y sont exposées.

d'électricité, tout aussi bien que de chaleur. Allons beaucoup plus loin : c'est visiblement la chaleur qui est le phénomène concomitant, c'est-à-dire nécessaire, mais consécutif. Une expérience connue depuis longtemps nous donne très clairement la clef de ce qui se passe. Lorsque nous faisons osciller vivement la colonne de mercure d'un baromètre, nous voyons le verre s'illuminer au point de séparation d'avec le métal. Le frottement du métal liquide contre le verre commence par rompre l'équilibre de la Force électrique, non seulement *dans* le verre, mais *dans* le métal lui-même et *dans tout l'Espace ambiant, à l'infini.* Le liquide et le corps solide, tant qu'ils sont en contact, constituent une sorte de bouteille de Leyde temporaire. Quand le mercure recule et laisse le verre libre, l'équilibre électrique rompu se rétablit, la décharge s'opère à travers le vide, avec production de lumière et de chaleur. Qu'il existe ici une relation quantitative entre le travail dépensé en frottement et la chaleur finale produite, c'est ce qui est aujourd'hui évident. Ce qui se passe sous forme visible, avec le mercure, dans la chambre barométrique, se passe sous forme invisible dans tous les cas possibles de frottement. L'électricité qui se développe sur les plateaux de verre de nos machines ne relève sans doute pas directement en entier du seul frottement ; les actions chimiques dues aux matières dont on enduit les coussinets entrent pour une part dans les fonctions de la machine ; mais ceci ne change rien à la question et n'est, d'ailleurs, pas le fait général. Lorsque nous frottons sur une plaque de verre bien dressée un disque de cuivre, ou de tout autre métal, bien poli, et lorsque nous levons ce disque avec un manche isolant, nous le trouvons fortement électrisé. Le verre l'est naturellement aussi, mais en signe contraire. Pendant la durée du contact, le métal et le verre se constituent donc en bouteille de Leyde, et il arrive bientôt un point où le frottement n'augmente plus la charge électrique, où, par conséquent, la tension reste constante. La décharge, évidemment, s'opère alors sous forme continue dans les divers points du très petit intervalle de séparation qui existe entre le verre et le métal. Le développement de l'électricité précède évidemment celui de la chaleur. Le frottement, quel qu'il soit, celui d'un solide contre le liquide le plus fluide, dérange continuellement la position relative des atomes les uns par rapport aux autres ; il rompt ainsi l'équilibre actuel de la Force électrique, de laquelle relèvent certainement l'affinité chimique et probablement la cohésion elle-même ; mais cette rupture ne peut être, dans la plupart des cas, que temporaire ; l'équilibre se rétablit immédiatement sous forme de courant électrique limité, et il s'y substitue aussitôt une quantité de chaleur proportionnelle. Il n'est pas plus nécessaire, dans tous ces cas, de recourir à des vibrations atomiques, purement imaginaires, qu'il ne l'est d'en invoquer pour rendre compte des fonctions d'une machine dynamo-électrique. L'unique différence, c'est que, avec ces dernières, il nous est libre d'obtenir, *où il nous plaît,* la substitution de la lumière et de la chaleur à l'électricité, tandis que, dans le cas général du frottement, cette substitution se fait sur place et malgré nous.

Je dis que toutes les fois que nous dérangerons la position relative, stable ou temporaire d'ailleurs, des atomes, nous rompons l'équilibre électrique. Ce phénomène, en effet, n'est pas propre au frottement seulement. — Il est peu de ménagères qui, en cassant pour la première fois du sucre dans l'obscurité, n'aient été étonnées et même effrayées de l'éclat de la lumière qui se produit à chaque coup de marteau. En ce cas encore, on a naturellement cherché des vibrations atomiques comme explicatif. Il suffit pourtant de *sentir* l'odeur très forte, à la fois ozonée, et *infecte* avec *certains* sucres, qui se répand pendant cette opération, pour demeurer convaincu qu'on se trouve en présence d'une décharge électrique bien réelle et que c'est à ce mouvement électrique, que personne de sensé n'a jamais pu attribuer à des vibrations matérielles, que succède le mouvement calorifique et luminique. — Un phénomène tout à fait semblable se manifeste quand on use un barreau de verre ou de cristal sur une meule : la pierre fût-elle même inondée d'eau, on voit se produire sous le barreau une lumière très vive, et si la meule n'est qu'humectée, on *sent* autour des parties du verre qui s'usent une odeur caractéristique à la fois d'ozone et de pierre à feu frappée par l'acier.

La concomitance de l'apparition de la chaleur et de la lumière avec la rupture de l'équilibre électrique, dans tous les cas cités, n'est point une hypothèse : c'est l'assertion contraire qui en serait une. Mais les phénomènes que nous signalons prennent, quand on les analyse de près, un caractère bien plus général, disons bien plus élevé : ils nous forcent à nous placer à un point de vue dont personne n'a tenu compte jusqu'à présent.

Un corps électrisé agit à une distance indéfinie sur tous les autres corps environnants; de même, un courant électrique agit à distance indéfinie sur d'autres courants ou sur un aimant. Ces actions, sans doute, sont modifiées d'une certaine façon, par les corps interposés (gaz, verre, résines, corps isolants ou non); mais elles relèvent *immédiatement* du milieu dynamique partout répandu, et d'une modification spécifique qu'éprouve l'état de ce milieu. En vertu du principe de l'égalité de l'action et de la réaction, qui s'applique nécessairement là comme dans tous les phénomènes connus, cette modification spécifique est en connexion intime avec l'état électrique du corps d'où elle part. Si nous pouvions faire abstraction du milieu dynamique ou intermédiaire, s'il nous était possible de placer un corps dans un *vide réel*, non seulement nous ne saurions pas s'il est électrisé ou non, mais il est infiniment probable qu'il ne pourrait plus l'être. Dans n'importe quel phénomène électrique, et sur quelque échelle qu'il se présente, il nous est, en un mot, impossible de faire abstraction du milieu intermédiaire ou dynamique par lequel s'établissent les rapports de toutes espèces des corps ou des êtres distincts dans l'Espace. Ceci encore n'est plus une hypothèse ; c'est l'assertion contraire qui en deviendrait une.

Les phénomènes de tous genres, que nous croyons tout à fait *localisés*, ne le sont pas en réalité ; ils sont en connexion, en dépendance continue avec le milieu ambiant. Cette considération, dont la justesse revêt le caractère de l'évidence, dissipe toute apparence d'énigme quant à l'interprétation de tout l'ensemble des phénomènes où un travail mécanique dépensé ou produit se trouve en rapport avec une production ou une dépense de chaleur, de lumière, d'électricité ...... Nous ne sommes plus arrêtés désormais par l'idée absurde d'une création continue sur place, ni par l'idée tout au moins aussi absurde d'une conversion continue de mouvements de la Matière pondérable les uns en les autres. Le plus minime dérangement moléculaire amène nécessairement une modification plus ou moins étendue, plus ou moins intense, dans l'état des Principes transcendants, des Éléments dyna-

miques, qui mettent les atomes, ou les molécules, ou les corps distincts en
relation. Une dépense d'action opérée ici détermine là, sous une forme ou
une autre, une modification dans l'état général du milieu dynamique. Le
mouvement des atomes pondérables, dont d'aucuns ont voulu faire, en
quelque sorte, le Dieu de l'Univers, sont alternativement accessoires,
coexistants, ou dominants, relativement à d'autres phénomènes absolument
distincts en espèce. Les dimensions des phénomènes, en d'autres termes,
l'échelle sur laquelle ils ont lieu, n'est qu'une question relative à nous.
Dans l'Univers, rien n'est absolument petit ou absolument grand.

DEUXIÈME DIVISION

CONSÉQUENCES DE LA PROPOSITION FONDAMENTALE
QUANT A L'ORIGINE, A LA CONSTITUTION ET A LA STABILITÉ
DES ASTRES.

Nous venons de reconnaître combien tout l'ensemble de la Physique-
Mécanique est modifié par les notions auxquelles nous arrivons sur la
constitution réelle de l'Espace interstellaire. Nous allons reconnaître tout
aussi aisément quel jour ces données jettent sur plusieurs problèmes concernant la Physique générale des Corps célestes et leur rôle comme lieu d'habi-
tation des Êtres organisés.

Nous avons vu que tous les rapports, quels qu'ils soient, entre les Corps
du firmament, ont lieu par le moyen d'un milieu de nature transcendante,
absolument différent de la Matière pondérable. Un grand nombre de ces
rapports ont été admirablement étudiés de nos jours. Il me suffira de rappeler, comme exemple, les révélations, on ne peut employer de terme plus
exact, que nous a fournies l'analyse spectrale sur la composition chimique
même de beaucoup de Corps du firmament. C'est en ce cas l'Élément transcendant de la visibilité qui nous apporte, en quelque sorte, l'empreinte de
la nature des Corps séparés de nous par des distances immenses. D'autres
rapports sont déjà entrevus, mais demandent encore à être mieux définis et
généralisés : tels sont, comme exemple, les relations qu'on a appelées
magnétiques, et qui relèvent, sous une forme ou une autre, de l'électricité.
J'y reviendrai brièvement plus loin. Je m'arrête de préférence, et comme il
convient, sur une classe de relations dont dépend directement l'existence

possible de la Vie organique sur certains Corps célestes. Chacun a compris
déjà que je parle des rapports de chaleur rayonnante et de lumière des
Astres entre eux. Si, dans un ouvrage sur la constitution de l'Espace
céleste, je m'abstenais de parler des conditions d'habitabilité des Mondes,
on pourrait assurément m'accuser d'avoir laissé une impardonnable lacune.

§ I

DE LA PLURALITÉ DES MONDES.

Fontenelle, pour démontrer la pluralité des Mondes, a dit : « Si la Terre
est habitée, pourquoi d'autres Planètes ne le seraient-elles pas aussi ? » Cet
argument est resté à peu près unique. Jamais, en effet, à l'aide des plus
puissants instruments d'amplification, nous ne serons à même de voir directement, non seulement les habitants des Planètes les plus voisines de nous,
mais même seulement des traces positives de leur présence, et cependant il
n'y a plus aujourd'hui un astronome sensé qui doute un instant de l'existence
de la Vie organique sur d'autres Mondes. On a été bien plus loin que cela.
Les Astres innombrables qui, des profondeurs les plus reculées de l'Espace,
nous envoient leur lumière, sont des Soleils analogues au nôtre ; les uns
sont beaucoup plus grands que lui, les autres sont de plus petites dimensions ; les uns sont de date beaucoup plus reculée, d'autres, au contraire,
sont d'origine plus récente. En raison de l'immensité des distances qui nous
en séparent, la petitesse relative des Planètes qui circulent autour de ces
Soleils et la faiblesse de la lumière réfléchie par elles, ne nous permettent
plus de *les voir au télescope*. Pas un astronome cependant ne doute de
l'existence de ces Planètes. Bien plus, pas un ne doute qu'elles ne puissent
être habitées.

Deux hommes de Science ont été particulièrement affirmatifs dans cette
grande question toute moderne et qui jadis a valu des persécutions à plus
d'un penseur trop courageux. L'éminent physicien et philosophe danois,
H.-C. Oersted, frappé de l'harmonie générale et des analogies qu'ont entre
elles les parties composantes du Monde étoilé, et pénétré surtout de cette

idée que tout, dans la Nature, est dirigé vers un but d'ensemble, pose cette assertion originale et élevée : c'est que non seulement certains Astres sont peuplés d'êtres vivants, mais qu'il s'y trouve nécessairement aussi un être de raison appelé à comprendre le spectacle de l'Univers. Cette grande pensée est admirablement développée dans un des chapitres les plus étendus de « L'AME DANS LA NATURE » : livre peu connu en France et qui eût pourtant mérité à tous égards d'être lu. — De nos jours, M. FLAMMARION est devenu l'un des défenseurs les plus éloquents et les plus enthousiastes de la pluralité des Mondes. Personne, ce semble, ne peut contester la portée et l'utilité, encore tout actuelle, de tels travaux, et l'on ne peut qu'applaudir à l'esprit élevé qu'ils témoignent. Qu'il me soit permis de l'affirmer sous forme digressive, mais bien hautement : quoi qu'on en puisse dire, ni la Doctrine développée par M. FLAMMARION, ni la Doctrine de DARWIN (*supposée juste*), ne conduisent, quand on les interprète à leur vrai point de vue, aux idées de négation matérialistes à la mode aujourd'hui. Elles n'annulent pas du tout, comme d'aucuns l'ont avancé, l'individu considéré comme unité dans son existence ou dans sa durée.

J'ai dit : Pas un astronome ne doute.....

S'agirait-il donc par hasard d'une question de foi transportée sur le domaine de la Science ? — Je me permets de le faire remarquer en passant : quand cela serait, les croyants en la pluralité des Mondes seraient infiniment plus excusables que bien des savants qui tiennent pour chose prouvée des assertions n'ayant pas même une probabilité pour elles. Il faut, en vérité, une foi autrement robuste pour admettre les merveilleuses propriétés de ce *proto-hydrogène*, de cet *hydrogène-géniteur*, père de tous les Éléments et de toutes les combinaisons chimiques, déterminant, par ses tourbillons, les phénomènes de la Gravitation universelle, donnant lieu, par ses chocs, aux phénomènes de la Vie et de la Pensée!!... Cette fiction est cependant accréditée chez beaucoup d'esprits modernes; il est même devenu presque de bon genre de la défendre, quoique personne n'ait jamais apporté une ombre de preuve en sa faveur. — Tel n'est pas, Dieu merci, le cas de la notion que nous avons acquise de l'habitabilité des Mondes, et, pourvu que nous l'acceptions avec des restrictions, plus faciles à poser qu'il ne semble, la

Doctrine de la pluralité des Mondes peut être considérée comme une des vérités les plus solides auxquelles nous soyons arrivés par induction.

J'ai dit que l'argument de FONTENELLE est à peu près unique; mais depuis l'époque de FONTENELLE, nous avons acquis sur la constitution de nos Planètes des connaissances beaucoup plus approfondies. Quelques-unes d'entre elles possèdent une atmosphère et des mers, comme notre Terre; on y constate la succession des saisons; on y reconnaît l'indice de courants atmosphériques parfois violents. Il existe probablement de l'une à l'autre des différences spécifiques que nous ne pouvons discerner de notre lieu d'observation; mais les analogies avec notre Terre sont telles qu'il faudrait être imbu de préjugés presque inqualifiables pour penser encore que la Terre jouisse d'une sorte de prérogative et soit seule habitée par des êtres vivants et organisés.

J'ai parlé de restrictions faciles à poser.

Les restrictions à une généralisation par trop hasardée sont, en effet, aisées à percevoir, pourvu qu'on se tienne sur le domaine réel de la Science. Cette dernière condition est formelle. Il est peu de sujets sur lesquels l'imagination se soit plus exercée et sous les formes les plus arbitraires. Il faut même l'avouer, il en est peu sur lesquels on ait plus divagué. Des écrivains par trop fantaisistes ont fait de quelques-unes de nos Planètes de vrais paradis terrestres, ont doté leurs habitants de corps subtils et éthérés, leur ont adjugé d'autres sens..... Si, d'un côté, nous n'avons pas de raison plausible pour penser que nos Planètes ne soient pas habitées, d'un autre côté nous n'en avons pas plus pour croire qu'*on s'y trouve mieux* que sur notre Terre.

Nous devons tout d'abord faire une distinction bien nette qui coupe court à l'arbitraire. Je me suis servi toujours, et à dessein, des mots : êtres vivants et *organisés.* — On peut admettre, sans cesser d'être logique, que l'Élément vital·qui préside à l'organisation a d'autres modes de manifestation; on peut admettre, sans passer pour absolument mystique, que notre âme, par exemple, a une autre manière d'exister et qu'elle est appelée à *connaître* des choses autres que celles d'ici-bas; mais ce qui est évident, c'est que, dans ces nouvelles conditions, l'Élément vital, en général, et notre âme, au cas tout particulier, échappent à nos perceptions. Je crois, pour ma part, très fermement à l'existence possible d'un Monde invisible ; mais je conviens tout aussi franchement que ceci devient un peu une question de foi pure, quoique parfaitement logique. J'ajoute, et cette fois sous forme scientifique, qu'on n'a aucune raison plausible pour placer ce monde invisible sur telle ou telle Planète, sur un Soleil ou dans l'Espace..... Comme il échappe par sa nature même à toutes les conditions physiques connues, il n'y a aucune raison pour lui adjuger tel séjour plutôt que tel autre.

Je le répète, il ne peut être question, dans une discussion scientifique, que d'êtres *organisés* et vivants. Sous cette forme restrictive, les conditions d'habitabilité des Corps célestes deviennent plus faciles à préciser.

Le corps de tous les êtres organisés, quels qu'ils soient, sur notre Terre, est formé par les combinaisons multiples, presque à l'infini, d'un très petit nombre d'éléments chimiques : oxygène, hydrogène, carbone, azote. Ce qu'on peut nommer, sous forme générale, le squelette ou la partie fixe des organismes est formé d'éléments plus nombreux : calcium, potassium, sodium, fer, soufre, phosphore, fluor, etc., etc..... Mais ces éléments, quoique nécessaires, quoique partie indispensable, y existent cependant en quantité relative bien plus petite que les premiers. Un liquide dominant, l'eau, est indispensable chez tous. Je ne fais que rappeler des choses que tout le monde sait. Ce dernier énoncé nous apprend implicitement qu'il y a une certaine limite de température au-dessous de laquelle la Vie organique serait impossible : le point de congélation, de solidification de l'eau. Ce point, qui sert aujourd'hui de zéro à tous nos thermomètres, est, comme on voit, relativement peu éloigné de nos températures moyennes ambiantes. De l'eau fortement chargée de certaines matières salines peut être abaissée notablement au-dessous de cette limite de température avant de se solidifier; mais alors elle devient, du moins généralement parlant, impropre à la formation des matières organiques. On objectera, sans doute, à ce qui précède que nos régions polaires, où rarement l'eau se liquéfie à la surface terrestre, sont habitées, et même par des hommes. Cette objection, cependant, tombe d'elle-même. Les peuplades qui habitent ces régions si âpres vivent d'animaux marins ou d'autres animaux vivant eux-mêmes de ces derniers. Or, les habitants de l'Océan peuvent exister parce que le milieu où ils se trouvent est tenu liquide par la chaleur qu'il reçoit dans les régions tropicales. Si aucune communication n'existait entre les mers polaires et celles des régions tempérées ou équatoriales, elles se congèleraient certainement et la vie deviendrait impossible dans ces contrées. — De même qu'il existe une limite inférieure de température, il en existe aussi une supérieure. Sans parler des organismes aussi délicats que ceux des animaux à sang rouge et chaud, dont l'existence organique serait rendue impossible par une température ambiante de 80° à 100°, on peut affirmer qu'aucune matière organisée ne pourrait se former à 200°. En citant une limite pareille, j'exagère considérablement. — Une troisième condition est à remplir pour rendre la Vie organique possible. Tous les êtres vivants, les plus inférieurs mêmes, ont besoin de certains gaz : oxygène, acide carbonique, azote, amenés à eux, soit directement, soit indirectement. Une atmosphère renfermant ces gaz, en de certaines proportions, est indispensable.

En un mot donc, la présence de l'eau à l'*état fluide*, une atmosphère d'oxygène, d'acide carbonique et d'azote, une température comprise entre les limites *extrêmes* 0° et + 200°, sont les conditions *sine qua non* de la possibilité de l'existence des êtres organisés sur un Corps céleste.

En face de trois conditions aussi formelles, je dirais, aussi *dures*, on peut, au premier abord, se demander si, effectivement, la Vie organique est aussi universellement répandue dans l'Univers, si la pluralité des Mondes est une réalité. Si l'on remarque que déjà dans notre propre système solaire Mercure reçoit du Soleil 6,65 fois plus de chaleur et de lumière que la Terre, tandis que Saturne n'en reçoit que le centième et Neptune que le millième de ce que nous recevons dans le même temps, on peut aller jusqu'à se demander si, effectivement, *nos* Planètes sont toutes habitables. Je montrerai bientôt qu'il y a des restrictions probables à faire ici, en effet; mais procédons plus méthodiquement.

J'ai dit : on peut, au premier abord, se demander..... Il va m'être facile de motiver cette expression et de montrer que le jugement porté devient autre, lorsqu'on examine de près. Commençons par éliminer un bon nombre d'hypothèses des plus arbitraires qu'on a proposées pour conclure que nos trois conditions ci-dessus ne sont pas fondées.

En ce qui concerne la nécessité de la présence de l'eau, on pourrait avancer qu'il existe d'autres liquides capables de la remplacer efficacement, et solidifiables seulement à une température inférieure à zéro. Mais, comme jusqu'ici, de tels liquides sont inconnus dans la Nature, c'est partir d'une supposition absolument gratuite que d'y recourir.

En ce qui concerne les limites supérieures de température, on pourrait dire que si, dans nos laboratoires, nous disposions, sous forme continue, de températures bien supérieures à 200°, nous trouverions peut-être que d'autres éléments chimiques sont capables de se combiner entre eux en proportions multiples, comme le font le carbone, l'oxygène, l'hydrogène et l'azote à nos températures habituelles. Cette thèse est à la rigueur soutenable. Il semble cependant que si cette Chimie organique à hautes températures était possible, elle se serait manifestée aussi sur notre Terre, dont jadis la température était beaucoup plus élevée qu'aujourd'hui, et alors on devrait trouver, sinon des fossiles de composition différente, du moins des empreintes laissées par des êtres de composition absolument dissemblable. Or, tous les débris que nous retrouvons du monde primitif démontrent que les êtres vivants de ces époques reculées, tout en s'étant trouvés dans un milieu à température plus élevée, avaient pourtant le même mode d'alimentation que ceux de nos jours. La composition chimique des plantes comme celle des animaux était, en un mot, la même, quoique les formes vivantes, quoique les espèces fussent autres, par suite de la différence des températures. Notre supposition n'a donc pas un caractère scientifique ; elle est arbitraire et doit être rejetée.

Un de nos écrivains vulgarisateurs les plus estimables a eu l'idée étrange de faire du Soleil le séjour des Ames d'ici-bas. La théorie du Soleil, soutenue avec les arguments les plus solides par M. FAYE presque seul d'abord, est aujourd'hui à peu près généralement admise. Mettons même de côté le mot, toujours quelque peu suspect, de théorie : d'après l'ensemble des faits les mieux observés et discutés, la température de la masse entière du Soleil est encore telle qu'aucune combinaison chimique n'y peut subsister. Les éléments qui y sont séparés et qui se combinent, ou se liquéfient, ou se solidifient, par le refroidissement à la périphérie, se dissocient et s'évaporent de nouveau en tombant à une certaine profondeur. Il ne peut donc être question d'*organismes vivants* sur le Soleil. Les Ames dont l'Astre géant serait, en quelque sorte, le *réservoir,* y seraient, en tous cas, absolument *libres* et dégagées de toute alliance avec les Substances du Monde physique. Elles y constitueraient un *monde invisible.* Douées d'un mode d'existence et de perception absolument différent de tout ce que nous connaissons et pouvons concevoir, elles *n'auraient aucun rapport nécessaire* avec le milieu ambiant. Dès ce moment, je le répète, nous n'avons aucune raison plausible pour les loger sur le Soleil plutôt qu'ailleurs. — Quittons la fantaisie et redevenons physiciens; allons à une autre extrémité des conditions de l'habitabilité des Mondes.

Occupons-nous de l'Astre le plus voisin de nous et de la constitution duquel nous sommes le plus certains.

La Lune, notre Satellite, est dénuée de toute atmosphère sensible : l'une des conditions d'habitabilité que j'ai signalées lui fait donc défaut et, n'y manquât-il que celle-ci, nous pourrions déjà affirmer que si des germes de vie organique s'y manifestaient, ils seraient absolument différents de tout ce que nous connaissons; mais je vais montrer de suite que les deux autres conditions y feront forcément défaut aussi. Arrêtons-nous un instant sur les conséquences visibles et, en quelque sorte, *palpables* du manque d'atmosphère.

Dans plusieurs ouvrages bien faits d'Astronomie dite, un peu à tort, *populaire,* les auteurs ont eu soin de faire ressortir au point de vue de l'aspect général, du paysage, disons, de l'Art, l'effet de la présence d'une atmosphère sur une Planète et surtout de l'absence d'une atmosphère sur la Lune. Dans les excellents livres de M. Guillemin, de M. Flammarion, entre autres, dont on ne saurait trop recommander la lecture aux gens du monde et *aux lettrés,* on trouve même des gravures de paysage, fort belles, qui peignent à la vue l'aspect de notre Satellite. Contrairement à ce qu'on pourrait croire, descripteurs et dessinateurs, loin d'exagérer, sont certainement restés cette fois au-dessous de la vérité. Il est peu de personnes, bien douées, qui ne se sentent prises d'un mouvement de terreur et de frisson, lorsqu'elles voient pour les premières fois la Lune à travers une bonne lunette, bien limpide et d'un grossissement notable. L'effet est saisissant surtout aux époques du nouveau et du dernier quartier, lorsqu'on fixe l'attention sur les parties que commence à envahir ou à quitter la lumière solaire. Ce sont ces effets étranges que les artistes ont cherché à reproduire par la gravure : mais, je le répète, ils l'ont fait au diminutif. Nul d'entre nous ne peut se figurer l'impression d'effroi et d'admiration tout à la fois que nous éprouverions, si nous nous trouvions transportés, à l'époque de la nouvelle lune, par exemple, sur la face de notre Satellite dirigée vers la Terre. Notre globe, immobile dans le ciel, d'un diamètre quatre fois supérieur à celui de la Lune, illuminé alors complètement par le Soleil, éclaire le paysage lunaire, comme la pleine lune éclaire nos paysages terrestres ; mais cette lumière de la *pleine terre*, quoique bien plus abondante et peut-être plus vive que celle de la pleine lune, produit des effets bien différents. Des montagnes et des plaines arides, rocailleuses, couvertes par endroits de glace et d'autres matières congelées et durcies, des alternances de parties éclairées très vivement et de parties absolument noires; nul fondu, nulle gradation entre les lumières et les ombres, un ciel étoilé, mais noir-jais d'ailleurs, notre globe splendide de lumière nous montrant, comme pour nous narguer, les mille et mille effets variés produits par les nuages dans notre atmosphère terrestre..... Tel est à peu près et en diminutif aussi, le spectacle qui nous entourerait et que nous nous hâterions de quitter pour revenir sur notre vieille Terre.

J'ai dit que puisque la Lune manque d'atmosphère, l'une des conditions d'habitabilité y fait déjà défaut, mais que les deux autres manquent aussi. Nous allons maintenant voir que ces trois conditions sont liées entre elles d'une façon intime, et de telle sorte que si deux d'entre elles (et parfois une seule) sont absentes, elles manquent toutes.

La Lune n'a point d'atmosphère sensible; mais pourquoi n'en a-t-elle pas ? La question fera peut-être rire au premier abord mes lecteurs, et plus d'un sera tenté de me dire : qu'en savez-vous ?

La réponse est pourtant fort simple.

Plusieurs physiciens de grand mérite, en tête desquels il faut placer POUILLET, se sont occupés de déterminer la *température de l'Espace céleste.*

Pouillet a trouvé qu'elle est au moins à 170 degrés au-dessous de notre zéro du thermomètre. Une question première se pose cependant ici. Qu'est-ce que la température de l'Espace? En existe-t-il une ?

Dans plusieurs de mes travaux de Thermodynamique, j'ai défini la température en disant : qu'elle est *l'intensité de la Force calorique dans un corps.* Il suit de là que, là où il n'y a pas de matière, il ne peut y avoir de température proprement dite. L'Espace étant vide de Matière, et n'étant rempli que par l'Élément dynamique, ne peut donc avoir de température. On dira sans doute, dès l'abord, qu'il n'est pas permis de poser une pareille assertion en vertu d'une définition donnée de la température. Il en serait en effet ainsi, si cette définition n'était pas tirée directement des faits les plus élémentaires. Lorsque nous plaçons un thermomètre au centre d'un grand ballon de verre dans lequel nous faisons le vide aussi complètement qu'il nous est possible et lorsque nous plongeons ce ballon dans de l'eau chaude, par exemple, nous voyons la colonne thermométrique monter lentement et finir par donner la température de l'eau. Si, au lieu de le plonger dans l'eau chaude, nous l'exposons aux rayons solaires, nous voyons encore la colonne monter, bien que les parois du ballon soient relativement froides. Dans la première expérience, nous pourrions hésiter à conclure ; nous ne le pouvons plus dans la seconde. Ce n'est pas la température du vide, encore bien imparfait pourtant, que nous donne le thermomètre, car elle ne pourrait être supérieure à celle des parois de verre ; c'est la radiation directe du Soleil qui agit sur l'instrument. Il en est donc forcément de même dans la première expérience : ici encore, c'est la radiation des parois qui fait monter le mercure et qui lui fait finalement indiquer la température de l'eau. Il ne passera par l'esprit d'aucun physicien de dire que nous prenons la température du vide (même imparfait).

Il suit de là, évidemment, qu'un thermomètre que nous pourrions placer dans l'Espace céleste ne s'y élèverait au-dessus du zéro absolu ($-273°$) qu'en vertu de la radiation générale des Soleils du firmament, et non pas du tout par suite de quelque chose qui relèverait, *calorifiquement,* du milieu non matériel ambiant.

J'ai supposé notre thermomètre placé au hasard à équidistance des Étoiles

les plus rapprochées entre elles. Si nous nous rapprochons considérablement de l'une d'elles, de notre Soleil, c'est cette radiation spéciale qui prédominera. Placé à la distance de la Terre au Soleil, le thermomètre jouera le rôle d'un actinomètre parfait; la différence entre son indication actuelle et celle qu'il donnait en un point de l'Espace pris au hasard et loin de toute Étoile en particulier, sera la même que celle que devraient donner nos actinomètres après toutes les corrections que nécessite le milieu aérien où nous nous trouvons. D'après les expériences qui semblent les plus dignes de confiance, celles de M. LANGLEY, de l'Observatoire d'Allegheny, par exemple, cette différence ne dépasse pas 50° (*au plus haut*). Pour avoir l'action du Soleil seul, il faut donc déduire de ce nombre la valeur thermométrique de la radiation totale des autres Étoiles. Cette valeur, on le sait, est imperceptible; elle ne s'élève certainement pas au millionième de l'action du Soleil. En d'autres termes, un thermomètre que, dans l'Espace infini, nous protégerions complètement contre le rayonnement du Soleil dont nous le supposons rapproché à la même distance que la Terre, marquerait à fort peu près le zéro absolu, c'est-à-dire descendrait à fort peu près à 273° au-dessous de notre zéro centigrade. Ce thermomètre, *non protégé contre la radiation solaire*, monterait à peu près à 50° au-dessus du zéro absolu, soit à (273° — 50°) = 223° au-dessous du zéro ordinaire. — Ai-je besoin de rappeler qu'aucun de nos thermomètres ne pourrait servir à un tel usage, puisque le liquide ou le gaz indicateur se congèlerait ?

Voyons maintenant ce qui doit se passer sur notre Satellite. Supposons d'abord la Lune privée, dès l'origine, d'atmosphère, comme elle l'est aujourd'hui. Pendant la pleine lune, la face toujours tournée vers nous l'est aussi vers le Soleil; l'autre face, au contraire, regarde l'espace libre. Tandis que la première tend à s'élever à 50° au-dessus de la température du sol lunaire, la seconde tend à atteindre presque le zéro absolu. Si la Lune tournait rapidement sur elle-même comme la Terre, il est visible que le sol prendrait une certaine température moyenne entre 50° et 0° augmentée de la température propre à la masse et dérivant encore de la chaleur primitive. Il est tout aussi clair que cette dernière température diminuerait continuellement, et finirait par devenir précisément la moyenne entre 50° et zéro (il va sans

dire que ce n'est point d'une moyenne arithmétique qu'il s'agit). — Telles
que sont les choses aujourd'hui, et par suite de la lenteur du mouvement
de rotation de la Lune sur elle-même, chaque partie de l'équateur lunaire
reste pendant quatorze jours dans l'obscurité complète et rayonne librement
vers l'Espace ; chaque partie de cet équateur aussi reçoit la lumière solaire
pendant quatorze jours, mais d'abord très obliquement, puis, *à peu près*
normalement, pendant trois, quatre jours, et puis de nouveau de plus en
plus obliquement : en réalité, il ne peut donc s'établir rien qui ressemble à
une moyenne. Si, comme il en est pour la Terre, la température périphérique du sol lunaire ne relève plus en rien de la température plus ou moins
élevée qui peut rester encore à l'intérieur, la température tout à fait périphérique doit osciller d'une température fort peu élevée au-dessus du zéro
absolu à une autre moindre que 50° au-dessus de ce zéro. Quant aux parties polaires de la Lune, il est visible qu'elles doivent être constamment à
une température très inférieure, et fort rapprochée du zéro absolu.

Changeons les choses, donnons d'abord à la Lune une mer abondante,
comme l'est la nôtre, mais privons-la encore d'atmosphère. Plusieurs physiciens ont avancé que, sans l'atmosphère terrestre, la mer se dissiperait
dans l'Espace à l'état de vapeur. Ceci n'est nullement exact, et ne l'est pas
plus quant à la Lune. Si nous remontons à l'époque où la périphérie lunaire
avait encore une température propre notable, voici ce que les données les
plus rigoureuses de la Physique nous permettent d'établir, quant aux phénomènes qui se seraient passés sur le Satellite. Supposons, par impossible
et seulement pour fixer les idées, que la température du sol et de la mer ait
été partout à 100°, soit 373° au-dessus du zéro absolu. L'eau serait entrée
partout en ébullition et aurait développé de la vapeur jusqu'à ce que le
poids de la colonne de fluide aqueux partout superposé ait fait exactement
équilibre à la tension de la vapeur, soit à 10333 kilogr. de pression par
mètre carré. La Lune aurait alors été enveloppée d'une atmosphère de
vapeur aqueuse pure, dont la température serait, comme celle de notre
atmosphère, allée en diminuant à mesure qu'on se serait élevé au-dessus du
niveau des mers. J'ai dit : supposons par impossible. Cet état d'équilibre, en
effet, ne pourrait pas subsister un instant. — **Les régions polaires, qui ne**

reçoivent jamais que fort peu de chaleur solaire et qui toujours rayonnent vers l'Espace, et les parties équatoriales, à mesure qu'elles passent dans la nuit, pour y rester près de quatorze jours consécutifs, se refroidiraient énergiquement ; il s'y opérerait des précipitations d'eau très fortes. En vertu d'un principe de Physique bien connu, la masse entière de l'atmosphère aqueuse ne resterait nullement à 100°, comme nous l'avons supposé pour un moment : elle prendrait la tension répondant à la température actuellement minima ; dans les parties actuellement exposées au Soleil, l'eau *entrerait en ébullition*, il se produirait des courants violents de vapeur vers les deux pôles, et aussi vers les parties équatoriales plongées dans l'ombre. Par suite de ce *mécanisme* des phénomènes, de la violence desquels nous ne pouvons nous faire d'idée exacte, la température générale de la Lune s'abaisserait ; bientôt la congélation de l'eau commencerait vers les pôles d'abord et momentanément sur les parties équatoriales plongées dans la nuit ; toute la masse de l'Océan lunaire tomberait peu à peu au zéro de notre thermomètre et la pression atmosphérique, d'abord à $0^m,76$, tomberait à celle qui répond à ce zéro, soit à $0^m,004$ à peine. Le résultat final de l'ensemble des phénomènes serait la congélation de la totalité de l'eau présente et d'abord liquide, puis son refroidissement jusqu'à un degré tel qu'il y ait équilibre entre les quantités de chaleur continuellement rayonnées vers l'Espace et celles que la Lune reçoit du Soleil. Celles-ci, qui sont visiblement les mêmes que pour la Terre, s'élèvent, d'après les essais de POUILLET, à 17,63 calories par minute et par mètre carré de surface *frappée normalement ;* en d'autres termes, si nous désignons par S la coupe équatoriale de la Lune exprimée en mètres carrés, on aurait pour la chaleur reçue par la totalité de la face éclairée : 17,63 fois S. Mais ce chiffre, évidemment, est un maximum. Dans l'expérience de POUILLET, la surface frappée était noire et mate ; presque rien n'était réfléchi et perdu pour les mesures. Pour la Lune, au contraire, et surtout pour les parties frappées obliquement, il est clair qu'une grande partie de lumière et de chaleur est réfléchie. La totalité de la surface lunaire devrait donc tomber bien au-dessous du point de congélation de l'eau, elle devrait tomber jusqu'à peu de degrés au-dessus du zéro absolu. Ce qui est évident, c'est que la température finale totale de l'Astre ne pourrait jamais atteindre celle qu'indiquerait un thermomètre librement suspendu dans l'Espace et exposé d'un côté en plein à la radiation solaire. En comptant environ trente-cinq degrés au-dessus du zéro absolu, on admettra probablement une température trop élevée.

Il suit de tout ce qui vient d'être dit, que, si primitivement la Lune n'avait possédé que de l'eau et pas d'air atmosphérique, elle aurait fini par être recouverte complètement d'une mer congelée à près de 240° *au-dessous de notre zéro.*

Si, contrairement à la supposition arbitraire d'où nous sommes partis, nous admettons qu'à l'époque où sa température périphérique était devenue à peu près la même que celle de notre Terre aujourd'hui, la Lune ait été pourvue d'une atmosphère *très dense,* aussi dense que la nôtre à la périphérie terrestre, la question sera changée du tout au tout. Cette atmosphère jouera comme la nôtre le rôle de manteau protecteur et isolant; en raison du mode particulier de succession des saisons sur la Lune, il ne nous est pas facile d'entrevoir la façon dont s'opérera sans cesse l'équilibre des températures; mais ce qui est manifeste, c'est qu'il en sera pour notre Satellite ce qui en est pour la Terre; les quantités de chaleur reçues du Soleil finiront par être égales aux quantités perdues en rayonnement vers l'Espace, alors la température périphérique moyenne restera stationnaire, et beaucoup plus élevée qu'il n'en serait sans le manteau protecteur qui constitue une atmosphère très dense.

Nous avons supposé comme point de départ une atmosphère très dense, aussi dense que la nôtre l'est à la périphérie terrestre. Je montrerai tout à l'heure que cette supposition n'est pas admissible un seul instant. Faisons-en une autre beaucoup plus conforme aux faits. Admettons qu'à l'époque où l'ensemble de la température périphérique de la Lune était pareille à la température terrestre, l'atmosphère lunaire ait eu une densité très faible, le vingtième, par exemple, de la densité de notre atmosphère. — Dans ces nouvelles conditions, les choses seront bien changées. Notre atmosphère nouvelle ne servira plus efficacement de manteau protecteur. Dans les parties actuellement soustraites, par suite de leur position, à la radiation solaire, le rayonnement nocturne, d'une part, se fera beaucoup plus librement, en raison de la moindre densité de l'air; d'autre part, le gaz atmosphérique restituera en un même temps vingt fois moins de chaleur. Il suit de là que la température du sol baissera considérablement plus que précédemment, pendant la période de l'obscurité. Vers les régions polaires aussi, la perte par rayonnement sera continuellement plus grande qu'avec l'atmosphère très dense, et la restitution sera moindre. La congélation de la mer lunaire, si nous en supposons une présente, commencera bientôt sur une grande étendue. L'atmosphère aqueuse, qui, avec l'atmosphère gazeuse, s'opposait aussi aux pertes par rayonnement, diminuera rapidement. La surface de la Lune, non seulement dans les parties soustraites temporairement à l'action solaire, mais dans celles qui y sont exposées, tombera au-dessous de notre zéro, et marchera vers le zéro absolu, comme il en était quand l'atmosphère était supposée nulle. — Qu'arrivera-t-il enfin? Le gaz atmosphérique, parvenu à 200° ou plus au-dessous de notre zéro, se condensera lui-même. Peu à peu l'atmosphère entière, aqueuse et gazeuse, sera solidifiée. Nous aurons devant nous la Lune actuelle.

Laplace, en examinant pourquoi la Lune nous montre toujours la même face, en d'autres termes, pourquoi son mouvement de révolution autour de la Terre a lieu dans le même temps que son mouvement de rotation sur elle-même, dit qu'il suffit d'admettre qu'à l'origine, la différence des deux mouvements ait été petite, etc. Nous voyons maintenant que de même pour comprendre pourquoi la Lune n'a plus ni mer ni atmosphère, il suffit d'admettre qu'à l'origine la masse atmosphérique ait été très petite.

Présentées sous cette forme, ces deux suppositions sont certainement gratuites. On ne voit pas le moins du monde pourquoi les deux espèces de mouvements lunaires auraient été presque identiques à l'origine; on voit encore moins pourquoi la Lune n'aurait eu dès l'abord qu'une si faible atmosphère. — Dans la partie analytique de cet ouvrage, je montre qu'il n'est nullement nécessaire d'admettre cette presque identité des mouvements à l'origine; je montre que l'égalité s'est établie *postérieurement* par la force même des choses. Il va de même nous être aisé de reconnaître que cette faible quantité d'air présente d'abord sur la Lune est une conséquence de son mode de formation.

Un fait déjà est frappant en lui-même. La masse de la Lune s'élève à peine aux treize millièmes de celle de la Terre ; son diamètre est les deux cent soixante-treize millièmes de celui de la Terre ; il suit de là que la pesanteur à la surface de la Lune n'est qu'environ le sixième de ce qu'elle est sur notre Terre. La conséquence immédiate de ce fait, c'est que si nous supposons que la masse de l'atmosphère lunaire est, par unité de surface, la même que sur notre Terre, le poids de cette atmosphère ne sera aussi que le sixième de celui de la nôtre ; un baromètre à mercure s'y élèverait sans doute, comme chez nous, à $0^m,76$, mais parce que le mercure est lui-même réduit au sixième en poids à égalité de volume ; mais la pression de la colonne atmosphérique lunaire, au lieu d'être, comme chez nous, de 10333 kilogrammes par mètre carré, n'y serait que de 1722 kilogrammes. La densité de cette atmosphère, au lieu d'être de $1^k,2932$, comme sur la Terre, n'y serait que de $0^k,2155$. Pour que la pression atmosphérique lunaire pût être la même que sur la Terre, il faudrait donc que la masse totale fût *six fois plus considérable*. Loin de faire une supposition gratuite en admettant que la densité de l'atmosphère lunaire ait été déjà primitivement plus faible que celle de l'atmosphère terrestre, nous en ferions une en admettant le contraire.

Si nous remontons à l'époque de la formation de la Terre et de la Lune, nous arrivons à des conclusions beaucoup plus frappantes encore. A cette époque, en effet, tous les matériaux des deux Astres étant encore en vapeur, leurs périphéries devaient être très rapprochées et *même se toucher*. Les gaz proprement dits, en raison de leur plus faible densité, devaient occuper la périphérie la plus externe ; chacun des deux Astres a dû retenir de ces parties gazeuses des quantités proportionnelles à sa propre masse. A la Lune est donc restée nécessairement la part la plus faible, quoiqu'elle en ait certainement retenu une et qu'elle n'ait pu être absolument privée de vapeur d'eau et de gaz atmosphérique dès l'origine.

Après sa formation définitive, la Lune s'est donc trouvée nécessairement dans les conditions où, en dernier lieu, nous l'avons supposée, en apparence gratuitement. La masse de l'atmosphère d'abord petite a eu ensuite le sort que nous avons indiqué ; elle s'est congelée ainsi que l'eau elle-même.

On pourrait demander pourquoi, si la Lune est effectivement couverte ainsi de glace et d'*air gelé*, son aspect au télescope n'est pas d'un blanc

éclatant. Des milliers de causes peuvent avoir contribué à ternir la teinte
blanche qu'affecte la glace ou la neige. Les éruptions volcaniques, le travail
continu du sol relevant de la chaleur interne encore considérable, l'excès
même du froid, etc., bien d'autres actions différentes peuvent avoir désagrégé
complètement la surface et lui avoir enlevé son éclat.

Une question se présentera naturellement à l'esprit du lecteur, et sous forme
d'objection à ces dernières assertions. — Si, sur un Astre relativement aussi
rapproché du Soleil que l'est la Lune, l'eau et même les gaz en apparence
les plus permanents peuvent être amenés à l'état de congélation, comment
se fait-il que les Comètes, qui nous arrivent des profondeurs les plus reculées
de l'Espace et dont la masse en tous cas est beaucoup moindre encore que
celle de la Lune, puissent exister à l'état d'amas vaporeux d'où émane la
queue, souvent prodigieusement longue, de l'Astre? La réponse à cette objection est fort simple. — Lorsque les circonstances atmosphériques sont assez
favorables pour que nous puissions apercevoir une Comète encore très éloignée du Soleil, elle affecte en général une grandeur très réduite : celle d'une
Étoile de huitième ou dixième grandeur, par exemple. Il est alors impossible
encore de discerner le moins du monde en quoi consiste l'Astre. Une fois
que la Comète se rapproche du Soleil, *et de nous,* une fois qu'elle prend un
diamètre appréciable, l'aspect d'un disque mat et diaphane qu'elle affecte relève
de toute autre chose que d'un état déjà vaporeux. D'après ce que l'on sait de
plus positif, le noyau le plus brillant d'une Comète n'est jamais une masse
solide d'une seule pièce, mais est formé bien plutôt d'un assemblage de corps
très petits, séparés les uns des autres, capables même de se séparer de plus en
plus et de rester sur l'orbite cométaire pour nous apparaître très souvent sous
forme d'Aérolithes ou d'Étoiles filantes (Schiaparelli). Par suite de cette structure même, les très petites parcelles solides, formant la Comète, présentent au
Soleil une surface colossale; elles se renvoient entre elles-mêmes tout aussi
bien qu'à l'Espace la lumière et la chaleur réfléchies; si elles sont, comme
il est probable, recouvertes d'eau et de gaz congelés, l'évaporation de ces
parties volatiles peut et doit se faire très rapidement à l'approche du Soleil.

Les considérations très simples qui précèdent, et que je ne présente
d'ailleurs que sous toute réserve, me semblent rendre compte, d'une part, de

la façon la plus complète, de toutes les apparences que nous offrent successivement les Comètes en général; et, d'autre part, de ce fait que la Lune est recouverte d'une atmosphère *jadis* gazeuse et *aujourd'hui* congelée.

Le lecteur me pardonnera, je l'espère, de m'être étendu un peu longuement sur les circonstances qui ont accompagné la formation de notre Satellite et l'ont amené à son état actuel. Il me semble que personne jusqu'ici n'a suffisamment fait ressortir la différence qui résulte, pour une Planète ou pour un Satellite, d'être pourvu primitivement d'une atmosphère très dense, ou d'une atmosphère beaucoup plus rare. Cette différence évidemment doit croître avec la distance de chaque Planète au Soleil. Par plus d'une raison, facile à apercevoir, il faut, pour rendre Neptune, par exemple, un séjour habitable, une atmosphère beaucoup plus dense que pour mettre notre Terre, dans les mêmes conditions. Il me semble aussi qu'on n'a jamais insisté sur les relations qui existent entre la masse propre à chaque Astre et l'atmosphère dont il est pourvu. Parmi les Planètes dites télescopiques, il s'en trouve qui ont à peine cinquante lieues de diamètre; la pesanteur à leur surface est réduite au soixante-dixième (à peine) de ce qu'elle est sur la Terre. Si l'on suppose ces petits Astres dotés d'une atmosphère égale en quantité par unité de surface à notre atmosphère, la pression de cette atmosphère y sera réduite au soixante-dixième aussi et pour la rendre égale à celle de l'atmosphère terrestre, il faudra augmenter sa quantité dans le rapport de un à soixante-dix.

En résumé, et pour en revenir sous forme générale à la question de la pluralité des Mondes, nous avons dit que pour rendre un Astre habitable, il faut :

1° La présence de l'eau à l'état fluide;

2° Par conséquent une température moyenne supérieure à notre zéro thermométrique;

3° Et enfin, par conséquent aussi, la présence d'une atmosphère suffisamment dense pour garantir l'Astre contre un abaissement de température continu au-dessous de notre zéro.

Il est permis, sans cesser d'être logique et sensé, d'admettre que ces conditions peuvent être remplies dans un très grand nombre de cas; ou pour parler plus catégoriquement, on cesserait peut-être de mériter ces épithètes, si on ne l'admettait pas; mais nous voyons aussi dans quels cas l'habitabilité devient impossible, ou si l'on aime mieux, insoutenable scientifiquement, c'est-à-dire sans nous mettre à *inventer* des matériaux propres à l'organisation des êtres vivants, absolument inconnus jusqu'ici.

Nous disons que la Lune a dû avoir jadis une mer et aussi une atmosphère, très rare il est vrai. Ceci s'étend, sans doute, à d'autres Satellites; peut-être aux Planètes télescopiques. Ces Astres ont donc pu être habités jadis; mais ce n'est là toutefois qu'une possibilité et non une probabilité. Nos connaissances quant aux détails sur l'état antérieur sont trop incomplètes, disons, trop nulles pour que nous puissions même avoir une simple opinion à ce sujet. Aujourd'hui certainement ces Astres ne sont plus habités. Et par habitants, nous ne voulons pas entendre l'être de raison que le grand Oersted cherchait sur les Mondes réellement habitables, mais nous parlons seulement d'organismes des plus inférieurs qui, eux aussi, ne peuvent exister dans de la glace à 200 degrés au-dessous de zéro.

Il est admis implicitement dans tout ce qui vient d'être dit, que tout Astre habitable se trouve, comme dans notre système solaire, à une certaine distance convenable d'un Astre central qui lui envoie de la lumière et de la chaleur. La réalisation générale dans l'Univers de cette condition suprême peut être considérée aujourd'hui comme logiquement admissible, quoiqu'elle échappe à toute constatation directe.

Une question solennelle se présente maintenant à l'esprit le moins attentif.

§ II

NOTRE SOLEIL, AVEC TOUTES LES ÉTOILES, EST-IL DESTINÉ A S'ÉTEINDRE UN JOUR ?

Sur notre Terre, on le sait, la chaleur perdue par rayonnement est compensée continuellement par la chaleur que nous envoie notre Soleil, et, en vertu d'une atmosphère suffisamment dense, la température périphérique moyenne se maintient au degré nécessaire pour la continuation indéfinie de la vie organique. Il est permis d'admettre, sans tomber le moins du monde dans le domaine des rêves, qu'il en est de même sur d'autres des Planètes de notre système solaire ; qu'il en est encore de même sur les Planètes appartenant à d'autres systèmes solaires. — Une condition suprême pourtant s'impose à la possibilité d'une continuation indéfinie de cet état de choses : c'est que notre Soleil et les Soleils, en nombre infini, de tous les autres mondes, envoient continuellement et indéfiniment aussi les mêmes quantités de chaleur et de lumière à leur cortège de Planètes. Cet état de choses dure depuis des milliers de siècles, mais n'a pourtant pas toujours existé. Durera-t-il désormais indéfiniment ? — En l'affirmant, on irait, je le sais, droit contre les assertions les plus accréditées de la Science moderne.

D'après ce qui est, je crois, universellement admis, notre Soleil et tous les autres sont de simples réservoirs de chaleur, comme l'ont été jadis les Planètes et les Satellites. Ils sont en voie de refroidissement continu. Quelque abondante qu'on suppose la provision de chaleur, et quand il y en aurait pour des milliers de siècles encore, ils semblent donc appelés à s'éteindre.

Ce splendide Ciel étoilé, dont la vue élève la pensée de quiconque sait penser, serait destiné à disparaître. Ces jeux de lumière à l'infini qui égaient et animent même ce qui est inanimé, seraient remplacés par des ténèbres *palpables*. Ces milliards d'êtres qui, consciemment ou inconsciemment, jouissent de l'existence périraient un jour de froid, de faim, de soif, et disparaîtraient un à un, bien lentement de la scène du Monde.

Ce spectacle futur est peu riant, convenons-en ; et quelque éloignée qu'en soit l'échéance, il fera frissonner tous ceux qui y concentreront un instant leur réflexion.

Ce verdict de la Science moderne est-il sans appel ?

Je n'y contredirai pas formellement, et d'une façon absolue ; j'essaierai seulement de montrer que la réduction future de l'Univers entier en masses matérielles, inertes, stériles, dépeuplées, tournant désormais les unes autour des autres en vertu de la gravité, seule Force encore en activité, que cette réduction, dis-je, a le caractère d'une simple probabilité bien plus que celui d'une certitude scientifique, et que même bien des données scientifiques rigoureuses tendent à la faire rejeter.

J'ai démontré dès le début que les Mondes que nous avons sous les yeux ne peuvent pas être les résultats de *rénovations* par chocs, par collisions, ou par toute autre voie, de Mondes antérieurs : si l'Univers actuel tombe jamais dans les ténèbres, il y restera, à moins que n'intervienne une Puissance d'un tout autre ordre. Mais cette effroyable extinction est-elle une *nécessité* ou seulement une probabilité? — Voilà, je le répète, ce qu'il est permis de discuter.

La question se présente à nous à deux points de vue bien distincts : 1° ainsi qu'il en est, dans bien d'autres cas, à un point de vue purement subjectif, relatif à nous, dérivant d'idées préconçues et bâties *a priori ;* 2° au point de vue objectif, à celui des faits étudiés et considérés en eux-mêmes, indépendamment de toute Doctrine préconçue. — Il n'est pas inutile de l'examiner au premier point de vue aussi bien qu'au second.

Il m'est arrivé à plusieurs reprises déjà dans ces pages de passer sur le domaine de la Philosophie pure : on me pardonnera, sans doute, si j'y pénètre une fois de plus.

Un très grand nombre de personnes font le raisonnement suivant, qu'elles croient sans réplique. — Tout ce qui a un commencement a nécessairement une fin. Notre vie organique commence, notre Ame *s'allume* à un certain moment ; donc elles finiront, et *s'éteindront* tôt ou tard. Les Mondes ont commencé, à une époque si reculée qu'on voudra d'ailleurs ; ils finiront donc nécessairement, quelques millions de siècles d'existence qu'on veuille leur adjuger encore. Ce raisonnement, purement spécieux, implique une notion fausse des conditions de ce qui est fini et de ce qui est infini ou même seulement indéfini. — Nous sommes sur le domaine du subjectif ; je puis y prendre d'abord un exemple à l'appui de cette assertion. Il me suffit de rappeler qu'il existe en Géométrie analytique des courbes bien caractérisées qui ont un commencement et qui, au contraire, peuvent être continuées à l'infini.

Dans l'ordre idéal, il existe donc, en un mot, des choses qui ont un commencement et qui n'ont nullement une fin nécessaire.

Si de l'ordre idéal nous passons sur le domaine de la réalité, rien n'est changé à la question. De ce qu'un être *commence* en tel point de l'Espace infini et de l'éternité, il n'y a aucune raison nécessaire pour qu'il *finisse* en tel autre point. L'infini de l'Espace et du Temps se trouve en arrière de ce commencement tout aussi bien qu'en avant, et il n'y a aucune raison *subjective* pour affirmer qu'il doive nécessairement y avoir un arrêt dans l'existence de cet être. — Une seule espèce de raisonnement est permise ici, et elle porte tout entière sur la réalité des choses : quelle est la cause de l'apparition de cet être? S'agit-il d'une naissance réelle ou seulement d'une suite de transformations? Cet être porte-t-il en lui-même les raisons de son existence ou faut-il les chercher hors de lui? — Tant que nous n'avons pas répondu à ces diverses questions, nous ne pouvons rien décider *a priori* quant à la durée même seulement probable.

L'argument de l'ordre subjectif, que nous venons d'examiner, n'a donc aucune valeur, aucune prise dans la question de la durée finie ou infinie des Mondes. Bien des personnes pourtant ont cru le justifier par des exemples tirés de l'histoire même du Ciel étoilé ; mais, comme nous allons voir, ces exemples, bien analysés et discutés, prouvent précisément le contraire de ce qu'on a voulu en déduire. Cet examen va nous ramener en plein sur le domaine de l'objectif, de la réalité.

Parmi les Étoiles bien remarquées par les astronomes de l'antiquité, quelques-unes ont indubitablement disparu. Parmi celles qui se trouvent enregistrées sur nos catalogues beaucoup plus modernes et tout à fait dignes de confiance, quelques-unes aussi font déjà défaut; d'autres ont baissé considérablement en éclat. On connaît le fait étrange dont a été témoin Tycho-Brahé; il a été raconté diversement, quant aux détails, insignifiants au fond. Selon son propre récit, Tycho, rentrant un soir chez lui et jetant selon son habitude un regard vers le ciel, aperçut à sa grande surprise une splendide Étoile en une place où il n'en avait jamais vu aucune; sa lumière surpassait celle de Vénus dans son plus grand éclat. Le lendemain, Tycho put la découvrir en plein jour. Une observation attentive lui apprit bientôt que l'Astre était parfaitement immobile, que ce n'était donc point une Comète, mais bien une Étoile dite *fixe*. Vers le mois de décembre de la même année (1572), l'éclat de l'astre nouveau commença déjà à baisser et continua ainsi très rapidement; en 1574, l'Étoile avait disparu.

De ces exemples d'Étoiles disparues ou réduites en éclat, ne doit-on pas conclure de force, dira-t-on, que tel sera le sort de toutes les Étoiles, c'est-à-dire de tous les Soleils et, par conséquent, de tous les mondes habités? — L'argument est spécieux, mais il n'est que cela.

Ce qui est tout d'abord évident, c'est que les Étoiles qui ont réellement disparu, ou dont l'éclat a diminué, forment une exception, une minime exception. Leur rapport aux Étoiles invariables est de un à un million ou bien plus encore. Et puis la rapidité même de leur extinction ou de leur réduction prouve, ou qu'elles sont constituées autrement que les autres Soleils, ou tout au moins qu'il s'y passe des phénomènes spéciaux, dont nous ignorons absolument la nature. — On a dit que l'Étoile nouvelle si inopinément aperçue par Tycho-Brahé est un Soleil *encroûté extérieurement*, dont la croûte s'est rompue et a ainsi laissé à nu le noyau encore incandescent et puis s'est reformée rapidement. En posant une pareille assertion, des plus arbitraires d'ailleurs, on ne s'est pas aperçu qu'on réfute radicalement la théorie actuelle du Soleil. Si cette théorie est correcte, et jusqu'ici personne n'a su la contredire *correctement*, c'est, il est vrai, par l'extérieur qu'a lieu le refroidissement, mais les parties refroidies retombent continuellement dans l'intérieur, et c'est cet intérieur qui commencera par se liquéfier et par se solidifier; les parties gazeuses, qui remontent sans cesse pour se refroidir et se condenser temporairement au dehors recevront ainsi de moins en moins de chaleur dans l'intérieur ; l'éclat qu'elles prennent au moment où, après s'être condensées, elles retombent dans le gaz incandescent inférieur, ira en diminuant graduellement. Ce n'est donc certainement pas par un encroûtement extérieur que notre Soleil s'éteindra. — S'il s'éteint jamais.....

Il est sans doute bien regrettable, et sous plus d'un rapport, que les savants de l'antiquité n'aient pas pu nous léguer la moindre donnée expérimentale sur la quantité de chaleur fournie en leur temps par le Soleil. L'actinométrie, comme bien d'autres méthodes d'observation, est de date récente (bien que certains érudits nous la montreront peut-être déjà écrite dans l'Ancien Testament, où l'on a bien su trouver les équivalents chimiques ou poids atomiques). A défaut, nous sommes obligés de nous contenter d'autres moyens de contrôle, pour constater si le Soleil a perdu de sa chaleur. ARAGO s'est acquitté de cette tâche, avec sa pénétration et son bon sens habituels. En comparant les produits de la Terre aux diverses époques et dans les divers pays cultivés, il a montré que les climats n'ont pas varié ou que si variations il y a eu en certains points, c'est à des actions locales qu'il faut les rapporter, mais nullement à une réduction de la chaleur fournie par le Soleil. Sa conclusion générale, et très nette, est que dans l'espace de quatre mille ans, il ne s'est pas produit un changement appréciable en ce sens.

Nous pouvons donc conclure que depuis que l'homme est parvenu à l'état de civilisation tout au moins relative et nous a transmis une histoire écrite, que depuis plus de quarante siècles, notre Soleil, pas plus sans doute que l'immense majorité des autres Étoiles, n'a perdu quoi que ce soit d'appréciable de sa chaleur et de son éclat. Cet intervalle de temps, sans doute, est bien court, il est presque un point dans l'existence des Mondes. Il nous serait facile, en nous appuyant sur un bon nombre de données précises, de l'étendre, de le décupler. Pris tel quel, il suffit parfaitement pour mettre en relief le dilemme auquel nous sommes forcément conduits, pour montrer l'immense difficulté qui se dresse devant nous.

POUILLET a trouvé que si l'on suppose le Soleil recouvert complètement d'une couche de glace à zéro, la chaleur émise en une seule minute par l'Astre suffirait pour fondre une couche de près de douze mètres d'épaisseur ou, plus correctement, un poids de douze mille kilogrammes. Ce nombre est certainement un minimum, si l'on a égard aux petites erreurs en moins qu'impliquent les expériences, d'ailleurs si neuves et si bien faites, de notre grand physicien. En multipliant ce poids par le nombre de minutes d'une année, soit par $1440 \cdot 365,256374 = 525969,18$, et puis par quatre mille, on arrive au chiffre colossal de vingt-cinq mille millions de kilogrammes de glace. Ceci répond, par chaque mètre carré de surface du Soleil, à une colonne dont la hauteur dépasse soixante-cinq fois la distance de la Terre à la Lune. Si, maintenant, nous multiplions ce nombre par la surface totale du Soleil, exprimée en mètres carrés, on arrive à un nombre dont le premier chiffre de gauche est sept et est suivi de trente et un zéros! Cette somme prodigieuse de chaleur émise peut s'exprimer sous une forme peut-être plus saisissante encore. Elle revient à celle qui serait nécessaire pour porter de zéro à cent degrés, ou à l'ébullition, une sphère d'eau dont le diamètre serait dix fois la distance de la Terre à la Lune.

En présence de pareils nombres, le dilemme dont j'ai parlé se pose presque de lui-même et devient, de plus, facile à aborder.

Ou le Soleil constitue un immense réservoir de chaleur destiné à s'éteindre un jour.

Ou il reçoit continuellement, sous une forme encore inconnue, de quoi réparer en tout ou en parties les pertes qu'il subit.

La Science moderne penche presque exclusivement vers la première réponse. Cette réponse est, en effet, parfaitement logique, quand on s'occupe surtout du passé, du commencement des corps de notre système solaire; elle l'est moins quand on se préoccupe du présent et de l'avenir de ces corps. Pour opérer une soudure entre le passé et l'avenir, occupons-nous d'abord du présent, en ayant soin de ne pas prendre ce mot à la lettre et de nous rappeler qu'il peut signifier des périodes de vingt, trente, quarante..... mille années.

Que le Soleil soit constitué comme l'a, à plusieures reprises et depuis de nombreuses années déjà, développé M. Faye, qu'il soit formé en grande partie encore de gaz surchauffés et dissociés chimiquement par suite d'une température excessive, c'est, je crois, ce qui n'est plus guère contesté aujourd'hui par personne. On peut discuter sur les détails, sur le mode des mouvements qui donnent lieu à la formation des taches, par exemple; on peut dire que les taches, etc., ne sont pas nécessairement le résultat de mouvements giratoires. Dans une masse en état aussi tumultueux que l'est celle des gaz incandescents solaires, il peut se produire plus d'une espèce de mouvement. Il est probable que M. Faye et ses contradicteurs ont raison alternativement et selon les cas. Pour ce qui nous occupe ce sont là des détails accessoires. Il s'agit de savoir si le Soleil, considéré exclusivement comme un réservoir de chaleur épuisable, suffit à sa tâche, depuis quand il y suffit, et combien de temps il y suffira.

J'ai examiné cette magnifique question avec tous les soins qu'elle comporte dans le chapitre VI et dernier de cet ouvrage. J'y renvoie donc tous ceux qui voudraient aller au fond des choses et peser par eux-mêmes le pour et le contre. Dans cette Introduction, où j'ai fait tous mes efforts pour rendre l'exposition abordable et claire à tous les esprits de bonne volonté, les calculs suivis et compliqués seraient hors lieu. Je ne voudrais cependant pas d'un autre côté non plus forcer le lecteur à accepter des nombres, en quelque sorte, sur parole. Je vais donc essayer de présenter les choses sous la forme la plus élémentaire, mais pourtant démonstrative.

Il résulte de l'évaluation la plus modérée, que la perte annuelle de chaleur subie par le Soleil représente une chute de température de $13°,26$ au minimum. Cette chute, supposée constante (ce qui est impossible), conduirait à un abaissement de température de $53000°$ dans la période historique si courte de quatre mille ans, qu'a discutée ARAGO. Chacun comprendra que, pour que les climats n'aient pas subi de changement appréciable, pour que cet abaissement de température soit, par suite, à peu près constant, il faut que la chute totale qui en résulterait au bout d'un nombre considérable d'années, ne soit qu'une faible fraction de la température du Soleil, puisque en toute hypothèse l'intensité de la radiation dépend nécessairement de cette température. Si, par exemple, notre abaissement de $13°,26$ a été presque constant pendant quatre mille ans et s'il a donné lieu, par conséquent, à un abaissement de près de $53000°$ en quatre mille ans, il faut conclure que la température du Soleil est au moins cent fois ce nombre.

Une remarque de la plus haute importance se présente d'elle-même à l'esprit. — Nous venons de partir d'une période de quatre mille années. Mais aujourd'hui, même quand on ne s'occupe que de l'homme dit *préhistorique*, c'est par centaines de siècles que l'on compte; et quand de l'homme on passe au reste du Règne organique, c'est par milliers de siècles que l'on procède. — Il ne nous est pas possible de savoir, même de très loin, combien, avec notre atmosphère actuelle, la Terre pourrait recevoir de chaleur de plus du Soleil, sans que la vie cessât d'être possible sur un grand nombre de points. Il est cependant permis, je crois, d'affirmer que si nous triplions le nombre de POUILLET, que si nous admettions 53 calories par minute et par mètre carré au lieu de 17,63, la Terre serait complètement frappée de stérilité jusqu'aux 45ᵉ ou 50ᵉ degrés de latitude nord et sud. En effet, pendant les jours clairs, dans nos latitudes mêmes (48°), quand l'air ambiant est à trente degrés, par exemple, un thermomètre à boule noircie exposé au Soleil monte à cinquante-cinq et même soixante degrés. Si donc nous supposons que par suite de la radiation plus intense, cette différence de température marquée par le thermomètre à boule noire soit seulement doublée et si nous admettons, ce qui est fort modéré, que l'air ambiant atteigne cinquante degrés, nous aurons ainsi une température de 110° pour les objets exposés à la radiation directe. Il est évident que dans de telles conditions, non seulement les animaux, mais les plantes les plus robustes périraient rapidement. On peut dire sans doute, et on l'a dit en effet, que par suite d'une température beaucoup plus élevée, l'évaporation des eaux serait aussi plus énergique, que, par conséquent, l'atmosphère serait fortement chargée de vapeur et rendue moins diathermane. Ceci pourrait être vrai par moments et par places, mais non partout et d'une façon continue; il se trouverait toujours sur la Terre des parties temporairement surchauffées et les effets destructeurs d'une chaleur solaire trop grande se manifesteraient alternativement d'un lieu en un autre.

De ces considérations si simples, il résulte bien positivement que si le Soleil est un corps en voie de refroidissement, qui ne reçoit rien en échange de ses pertes, c'est à des millions de degrés qu'il faut supposer sa température pour expliquer la présence possible de la vie organique sur notre Terre à des époques aussi reculées que celles auxquelles conduisent les travaux modernes.

Nous sommes ainsi ramenés naturellement à l'examen du second terme de notre dilemme, à chercher si le Soleil ne recevrait pas en échange de son rayonnement une addition de chaleur venant du dehors. Plusieurs savants ont été frappés des difficultés que je viens de signaler et ont essayé de les résoudre par une autre voie. A ma connaissance, deux explications principales ont été proposées.

En se refroidissant, le Soleil diminue évidemment de volume; toutes les parties qui forment la masse totale se rapprochent donc du centre de gravité commun, elles *tombent* vers le centre, et d'autant plus qu'elles en sont plus éloignées. Il doit donc s'opérer ainsi un travail mécanique considérable qui développe de la chaleur, et c'est cette chaleur qui compenserait, en partie du moins, celle qui se perd par radiation. — Je dis : en partie du moins. Puisque c'est la diminution du volume du Soleil qui est la cause de la chaleur produite intérieurement, cette diminution suppose elle-même un refroidissement, et la réparation opérée par le travail mécanique de contraction ne peut réparer que très partiellement les pertes externes. — Il me semble que les savants qui ont proposé cette explication ont trop perdu de vue cette dernière considération si simple.

Si l'explication précédente était correcte, il faudrait que le diamètre du Soleil eût diminué notablement depuis quatre mille ans. Ce diamètre, il est malheureusement vrai, n'a pu être déterminé avec une approximation suffisante par les observateurs de l'antiquité; mais depuis plus de deux siècles que les astronomes mesurent avec rigueur les durées des passages du Soleil au méridien, on aurait certainement observé une réduction, si minime qu'elle soit, si elle s'était effectivement produite. Dans ces dernières années un astronome a cru pouvoir conclure de mesures très précises prises par lui, que le diamètre du Soleil est variable, qu'il grandit et diminue alternativement. Je ne sais si ce fait a été vérifié par d'autres astronomes; mais, en tous cas, il prouverait tout autre chose qu'un refroidissement continu.

Il est permis de conclure de tout ce qui précède, que l'explication examinée n'est en tous cas qu'un *palliatif*.

Je passe à la seconde explication, donnée par plusieurs savants et, en premier lieu, si je ne me trompe, par l'un des fondateurs mêmes de la Thermodynamique, par ROBERT MAYER. La chaleur solaire serait entretenue par la chute continue et les chocs de ces corps solides très petits, qui, quand ils atteignent par *hasard* la Terre, nous apparaissent comme Étoiles filantes, comme Bolides, comme Aérolithes. — Il est clair, en effet, que des solides, mêmes de dimensions réduites, mais animés d'une vitesse considérable, qui pénétreraient sans cesse en nombre suffisant dans la masse solaire, de façon à y perdre toute leur impulsion, y développeraient une chaleur pouvant équivaloir aux pertes périphériques. Un calcul très simple, dont j'indique en détail la marche (chapitre VI et dernier), nous apprend que, si les *météorites* qui frappent ainsi le Soleil avaient la plus grande vitesse qu'il soit possible de leur attribuer, que s'ils possédaient la vitesse que prendrait un mobile arrivant d'une distance *infinie* sur la surface solaire, il faudrait qu'il en tombât par mètre carré et par année un poids de 9726 kilogrammes. — On dira peut-être que ce poids, si considérable qu'il soit en lui-même, n'est pourtant que minime par rapport à la masse colossale du Soleil, alors même qu'on le multiplie par la surface de l'Astre. Ici pourtant le calcul répond très nettement. En quatre mille ans, la masse du Soleil s'accroîtrait de près d'un huit-millième et cet accroissement, en augmentant l'attraction solaire, déterminerait une accélération dans le mouvement de la Terre et une diminution sur la durée d'une année sidérale, de plus de 30 minutes, ce qui ne pourrait échapper à l'observation la plus grossière.

Si spécieuse qu'elle soit, l'explication précédente est donc insoutenable ; mais elle prête de plus le flanc à une objection qui, en elle-même, lui serait déjà mortelle.

On sait qu'on peut aujourd'hui diviser les Étoiles filantes en deux classes. Les unes nous apparaissent sous forme isolée, sporadique, les autres, au contraire, nous arrivent parfois en nombre prodigieux, pendant un ou deux jours de suite, et puis cessent de se montrer. Ces dernières sont périodiques ; elles décrivent autour du Soleil des courbes fermées et régulières, et nous deviennent visibles quand la Terre traverse une de ces orbites. Il est évident qu'aucun des corps de cette classe ne peut jamais tomber sur le Soleil. Les seuls qui aient chance de frapper l'Astre central appartiennent à la première classe. Ce sont ceux que la Terre rencontre, en quelque sorte *par hasard* ; nous en voyons, sans doute, chaque nuit, en y prêtant attention, mais ils sont pourtant relativement fort rares. Nous allons voir que ceux de cette classe qui peuvent tomber sur le Soleil sont encore infiniment plus rares.

Pour qu'un corps pesant, arrivant d'une distance indéfinie, puisse atteindre le Soleil, il faut :

1° Qu'il soit dirigé exactement vers lui, c'est-à-dire qu'à l'origine il n'ait eu aucune vitesse sensible dans une direction faisant un angle avec celle du Soleil ;

2° Il faut, de plus, que, pendant sa course, il ne soit dévié par aucune attraction accessoire, si faible qu'elle puisse être.

Si l'on tient compte de ces considérations très simples, on reconnaît aisément que sur des millions de corps qu'on peut supposer errant dans l'Espace et supposer même dirigés primitivement vers le Soleil, il y en aura à peine quelques-uns qui tomberont effectivement sur l'Astre central. L'immense majorité décrit nécessairement autour de lui des courbes fermées ou ouvertes du second degré. Les météorites se trouvent, en ce sens, vis-à-vis du Soleil dans les mêmes conditions que les Comètes étrangères à notre système. Parmi celles-ci, il en est qui s'approchent extrêmement de l'Astre central, mais de mémoire d'astronome, on ne connaît pas d'exemples d'une Comète tombée sur le Soleil.

Les savants qui ont adopté cette explication sont, qu'il me soit permis de le faire remarquer en passant, tombés dans une erreur du même ordre que celle qu'a commise Buffon, lorsqu'il a avancé que nos Planètes avaient été projetées du Soleil par le choc d'une Comète. De même qu'un corps ainsi projeté n'aurait jamais pu arriver à décrire une courbe comme celles que décrivent nos Planètes, de même un corps décrivant, aussi loin qu'on voudra d'ailleurs du Soleil, un arc de parabole, d'hyperbole ou d'ellipse, n'aura, pour atteindre le Soleil, qu'une chance favorable sur des millions de chances défavorables. Ce dernier nombre s'accroîtra encore considérablement, si nous remarquons que notre Soleil n'est pas immobile dans l'Espace, et que, par conséquent, pour rendre un corps *relativement immobile,* en d'autres termes pour le rendre apte à tomber sur le Soleil, il faut commencer par lui adjuger une vitesse et une direction précisément semblables à celles du Soleil.

En résumé, nous voyons que les deux explications que l'on a proposées pour rendre compte de la constance de la radiation solaire, sont absolument insoutenables. Nous sommes donc obligés d'opter entre ces deux solutions : adjuger au Soleil une température initiale de millions et de millions de degrés, ou admettre qu'il existe une cause de compensation encore inconnue qui fait face aux pertes de l'Astre et à celle de toutes les autres Étoiles se trouvant dans les mêmes conditions que lui.

Au premier abord, il semble que rien ne nous empêche d'attribuer au

Soleil des milliards de degrés, aussi bien que des millions. Il n'en est pourtant pas ainsi, pour peu qu'on veuille rester conséquent avec soi-même. LAPLACE, en expliquant la formation de notre système solaire, était parti d'une nébuleuse incandescente, dont il avait accepté l'état tel quel : avec ces prémices, il n'a pas dû rencontrer d'autre hypothèse sur sa route. Depuis, on a fait un pas de plus, on a expliqué l'incandescence de la nébuleuse, en disant que les atomes de la Matière, primitivement éparpillés à l'infini dans l'Espace, s'étaient rapprochés sous l'action de la Gravitation et que l'incandescence de la nébuleuse n'était due à autre chose qu'à la vitesse colossale de cette chute des uns vers les autres et de la *transformation* de leur force vive en chaleur.

J'ai montré dans le cours de cette Introduction que cette addition à la synthèse de LAPLACE ne nous explique nullement l'*origine* des Mondes. En l'acceptant pourtant aussi telle quelle, on peut se proposer de déterminer quelle est la limite de température qui doit résulter de cette chute des atomes les uns vers les autres. C'est ce que j'ai fait à la fin de cet ouvrage; il résulte de cette recherche, assez facile d'ailleurs, que la plus haute température qu'on puisse attribuer à la nébuleuse solaire n'atteint pas cinq millions de degrés. Cette température, nous l'avons dit, est de beaucoup trop faible pour rendre compte des phénomènes dont l'histoire se trouve écrite sur notre seule Planète. Sans remonter même très en arrière, et en partant seulement de l'époque où l'homme est devenu *possible* sur la Terre, on reconnaît aisément que la constance de certains phénomènes, qu'implique cette *possibilité*, est absolument inconciliable avec une température solaire qui n'aurait été que de cinq millions de degrés, lors de l'apparition de notre espèce.

De l'analyse et de la discussion attentive des faits, il découle, en un mot, que l'état actuel des Astres ne peut être identifié à l'état initial; qu'au phénomène, unique d'abord, de perte de chaleur de la nébuleuse par radiation, il s'en est peu à peu, et après la formation des Soleils, surajouté un autre de compensation, tel que le Soleil et les Étoiles ne peuvent plus être aujourd'hui regardés uniquement comme des corps chauds en voie de refroidissement et destinés à tomber un jour au zéro absolu, après un laps de temps plus ou moins long.

Ce phénomène de compensation, qui peu à peu a fait, partiellement d'abord et peut-être complètement aujourd'hui, face aux pertes de chaleur des Corps centraux, doit reposer tout à la fois sur la structure particulière de ces centres et sur une propriété des Éléments dynamiques ou intermédiaires qu'on a voulu jusqu'ici, par suite d'une incroyable méprise, identifier avec la Matière pondérable.

Je ne présente l'énoncé précédent qu'avec la plus extrême réserve, et non pas même comme une hypothèse explicative, mais comme une opinion personnelle. Une découverte, grande et inattendue, sur les propriétés des Éléments dynamiques, dont l'existence a été jusqu'ici niée, viendra peut-être un jour donner à cet énoncé le caractère d'une vérité acquise. D'ici là, je ne le considérerai moi-même que comme une opinion.

TROISIÈME DIVISION

BASE DES DÉMONSTRATIONS ET MÉTHODE ANALYTIQUE SUIVIE DANS CET OUVRAGE.

Le lecteur doit avoir été frappé dès le début des conséquences auxquelles conduit l'assertion posée à la première page même de cette Introduction. Cette assertion a un caractère tellement tranchant et capital qu'on est tout naturellement en droit de s'attendre à la voir justifiée complètement, et tel est précisément l'objet de la partie mathématique et analytique de cet ouvrage, à laquelle je pourrais par suite renvoyer. Toutefois, comme les questions les mieux démontrées par les hautes Mathématiques gagnent encore à être présentées sous une forme abordable et élémentaire, je vais essayer au moins de montrer sur quoi repose la méthode d'analyse et de démonstration que j'ai suivie. Cet exposé me semble d'autant plus nécessaire que bien des personnes, substituant l'arbitraire et, je ne crains pas de le dire, la fantaisie aux données positives de la Science, ont maintes fois contesté le principe de Mécanique qui m'a servi de point de départ.

La Matière pondérable, sous quelque état qu'elle soit, *résiste* au mouvement d'autre Matière pondérable, en ce sens que ce mouvement se communique et s'échange ou se partage, selon les conditions où le phénomène a lieu. Un corps solide qui se meut dans un gaz, si peu dense qu'il soit, éprouve une résistance et, s'il se meut seulement par suite d'une impulsion première, son mouvement diminue et finit par s'annuler, parce qu'il se communique successivement aux parties constituantes du gaz.

§ I

LA MATIÈRE PONDÉRABLE RÉPANDUE A L'ÉTAT DIFFUS DANS L'ESPACE
MODIFIERAIT TOUS LES PHÉNOMÈNES CÉLESTES. — RÉFUTATION DES OBJECTIONS
FAITES A CE PRINCIPE.

Si un fluide matériel, aussi rare qu'on voudra d'ailleurs, remplissait l'Espace stellaire, sa présence se manifesterait donc, entre autres, par une résistance opposée au mouvement de translation des Astres : des Planètes, des Satellites, des Comètes,...... et ces mouvements seraient altérés à la longue. La question du temps dépendrait uniquement de la densité du milieu. — Je dis : entre autres. La présence d'un fluide matériel déterminerait, en effet, la manifestation de plusieurs phénomènes très différents et d'une nature, en quelque sorte spéciale et caractéristique, dont on ne s'est pas occupé jusqu'ici et que je signalerai comme il convient.

Le premier genre d'action a été l'objet des investigations de plusieurs analystes ; il pourrait même sembler qu'il n'y ait plus rien eu à chercher de ce côté après ce qu'a fait, par exemple, LAPLACE. Il n'en est pourtant pas ainsi et, en tous cas, les grands géomètres qui se sont occupés de cette question n'ont jamais poussé à leurs dernières conséquences les résultats auxquels ils sont arrivés.

Avant d'aller plus loin, je m'occupe dès l'abord des objections qui ont été faites de côtés et d'autres au point de départ même admis comme évidemment correct par tous les analystes.

Dans la Doctrine de l'unité de Matière, si accréditée aujourd'hui, il faut nécessairement remplir l'Espace interstellaire d'atomes matériels, pour rendre compte des phénomènes de radiation luminique, calorifique, des phénomènes magnétiques, que dis-je, de l'attraction même. Soit dit en passant, les personnes qui ont proclamé cette Doctrine à l'exclusion de toute autre ne semblent pas même s'apercevoir qu'un fluide matériel discontinu, c'est-à-dire formé d'atomes matériels élastiques séparés par des intervalles vides, ne saurait vibrer luminiquement, calorifiquement; que, pour rendre possibles les phénomènes de l'Optique à elle seule, il faut de toute force rendre les atomes *solidaires* entre eux à l'aide d'une puissance d'élasticité, d'une FORCE; et que, dès qu'on admet l'existence de cette Force, il est désormais parfaitement inutile de recourir encore à la Matière. Mais sautons par-dessus les contradictions étranges où, par esprit de système, sont tombés les esprits les plus élevés. — L'Espace étant supposé rempli de Matière pondérable, si diffuse qu'on voudra d'ailleurs, il fallait expliquer pourquoi la présence de cette Matière ne se manifeste pas dans les phénomènes qu'étudie l'Astronomie. Les explications données et, par conséquent, les objections faites au principe de Mécanique ci-dessus sont diverses. Je me bornerai aux plus saillantes et aussi aux plus singulières.

La toute première a consisté à dire que, pour rendre compte des relations de lumière, de chaleur, etc., des Astres entre eux, il suffit d'un milieu matériel excessivement rare; et que, par suite de cette rareté même, les troubles mécaniques produits dans les mouvements des Astres sont à si longue échéance que nous ne pouvons les constater par l'observation limitée à la période si courte de l'histoire écrite, à une période d'à peine quatre à cinq mille ans. Comme la question, examinée à ce point de vue, forme précisément une partie principale de cet ouvrage et qu'elle exige, pour être résolue, toutes les ressources de l'Analyse appliquée aux données disponibles aujourd'hui, je dois me borner à indiquer les résultats principaux de l'examen.

Bien contrairement à ce qui a été si souvent affirmé, un milieu matériel apte (*par hypothèse*) à rendre compte des phénomènes de lumière seuls amènerait dans les mouvements de certains Astres, et aussi dans d'autres phénomènes dont nous sommes les témoins, des modifications telles que des observations faites pendant quelques siècles suffiraient pour les mettre hors de doute.

Une autre explication logique et rationnelle a consisté à dire que si notre système solaire, par exemple, se trouve plongé dans un milieu matériel, dans un gaz diffus, ce gaz doit avoir le même mouvement général de rotation que nos Planètes et que, dès ce moment, il ne peut plus y avoir de résistance réelle. Cette explication toutefois, si logique qu'elle semble, s'écroule devant un examen sérieux. En tout premier lieu, remarquons que la lumière des Étoiles nous arrive en ligne droite, aussi bien que celle des Planètes, etc. Si milieu matériel il y a, il remplit donc tout l'Espace infini, et non pas seulement l'Espace occupé par notre système planétaire ; de plus, la densité de ce milieu serait partout la même : ce que prouve le mouvement rectiligne de la lumière. L'existence d'un mouvement du fluide autour du Soleil dans le même sens que le mouvement des Planètes devient ainsi une impossibilité, car ce mouvement se communiquerait de proche en proche à tout l'ensemble du fluide partout répandu, en d'autres termes, il *s'userait* nécessairement, et même en fort peu de temps.

Admettons cependant, par impossible, l'existence d'un mouvement général de rotation d'un fluide matériel autour du Soleil, dans le sens de celui des Planètes. Il est évident, en tout premier lieu, que les Comètes à marche rétrograde éprouveraient une résistance beaucoup plus considérable, puisque celle qui relèverait de leur mouvement propre s'ajouterait à celle qui relèverait du mouvement du fluide en sens contraire. En second lieu, pour que le fluide ne résiste pas au mouvement de chaque Planète en particulier, il faudrait qu'il eût toujours précisément la même vitesse que cette Planète. Les parties de l'anneau gazeux où se meut Neptune mettraient donc 164 ans à parcourir leur orbite respective, tandis que celles de l'anneau où se meut la Terre ne mettraient qu'un an. Toute cette suite infinie d'anneaux concen-

triques, à partir de Neptune jusqu'à Mercure, auraient donc des vitesses
croissantes, et même rapidement croissantes. Ils *frotteraient* les uns sur les
autres; leurs mouvements tendraient à s'égaliser; mais une fois égalisé,
l'équilibre n'existerait plus entre leur tendance vers le Soleil et la tendance
contraire naissant de la force centrifuge. Si j'ai réussi à être clair, le lecteur
conclura de lui-même que l'existence du mouvement en question est une
impossibilité mécanique et physique.

J'aborde d'autres explications avancées avec la plus grande assurance
par quelques auteurs, me hâtant toutefois de dire qu'ici nous passons désormais sur le domaine de l'arbitraire.

On a dit que les prétendus chocs des Planètes, des Comètes, etc., contre
les atomes du fluide interstellaire, que les frottements de ce fluide et la
résistance qui en naît, pourraient bien n'être qu'une fiction; que les atomes
de ce fluide pourraient être disposés de telle sorte que les sphéroïdes célestes
glisseraient entre eux à peu près comme un solide trouverait sa route sans
nulle résistance dans du *frai de poisson ou de batraciens*. En admettant que
la comparaison soit juste, il eût du moins fallu prouver d'abord que le frai
de batraciens n'oppose aucune résistance. On voit que nous sommes sur le
domaine de la haute fantaisie et l'on pourrait peut-être me reprocher de
reproduire de pareilles puérilités dans un travail sérieux. Je pense, pour ma
part, que les idées les plus absurdes méritent d'être signalées, et même
d'autant plus qu'elles sont plus absurdes, lorsqu'elles ont trouvé quelque
écho dans le public s'occupant de Science. Je me permets d'ailleurs d'ajouter
que j'en ai rencontré d'au moins aussi singulières sur le domaine des théories
cinétiques que j'ai eu à réfuter.

Sur le domaine de la fantaisie et des inventions gratuites, je ne puis
m'empêcher de signaler le rôle qu'on a essayé de faire jouer à l'*hydrogène-
géniteur*, dont j'ai déjà eu occasion de parler. Chaque chimiste ou physicien
sait que ce gaz ne traverse pas plus les corps solides que ne le fait n'importe quel autre gaz; qu'un baromètre qu'on placerait dans une atmosphère
d'hydrogène garderait le vide dans sa chambre supérieure, aussi bien que
dans notre atmosphère. — Cela est vrai, concède-t-on; mais quand les

atomes de ce gaz sont animés d'une grande vitesse, leurs propriétés changent; ils traversent alors librement les interstices des corps les plus considérables, ils deviennent aptes à produire les ondes lumineuses, calorifiques; ils poussent les corps les uns vers les autres, ils deviennent la cause de la Gravitation universelle ; dans leurs chocs réciproques, ils s'associent et engendrent ce que nous prenions bien gratuitement pour des corps simples... Si je pense que de pareilles inventions méritent d'être rappelées pour mémoire, quand elles ont fait bruit et qu'elles sont même encore acclamées par des esprits qui pourtant cherchent la vérité, je pense aussi, d'un autre côté, qu'elles ne méritent pas réfutation.

Je passe enfin à une autre explication, qui, si elle n'est aussi étrange que la précédente, est du moins aussi arbitraire et aussi peu fondée. — On a dit que la résistance éprouvée par un corps en mouvement dans un gaz ne croît nullement avec la surface, comme on l'avait toujours admis en Mécanique ; que ce qui est vrai pour les surfaces infinitésimales auxquelles se rapportent nos expériences d'Hydrodynamique cesse de l'être quant aux surfaces considérables des Planètes, et que, par conséquent, quand bien même l'Espace serait rempli d'un fluide matériel notablement dense, ces mobiles n'y éprouveraient qu'une résistance insignifiante. Cette assertion ne peut, évidemment, reposer sur aucune expérience, elle ne dérive que d'un raisonnement *a priori*, dont il est facile de montrer l'inexactitude. D'une part, sans doute, nos expériences sur la résistance des fluides n'ont pu porter que sur des surfaces relativement petites; mais, cependant en ce sens, elles ont été faites et se font encore journellement sous nos yeux sur des échelles très différentes : depuis le simple moulinet de nos anémomètres jusqu'à la voilure des plus grands vaisseaux, jusqu'à nos bâtiments les plus grands exposés aux vents. Et sur ces échelles, elles sont décisives. La pression exercée par l'air en mouvement sur une surface en repos, ou la résistance éprouvée par une surface en mouvement dans l'air en repos croissent non seulement comme ces surfaces, mais même suivant une loi mathématique un peu plus rapide; toutes choses égales, une surface de 20 mètres carrés éprouve une résistance plus de vingt fois supérieure à celle qu'éprouve une surface d'un seul mètre carré. Il n'y a, expérimentalement parlant, aucune raison imaginable pour admettre que cette loi change tout d'un coup avec des dimensions beaucoup plus considérables. D'autre part, si nous nous en tenons au raisonnement *a priori,* nous n'avons encore aucun motif plausible pour croire que la loi précédente soit rompue quand nous passons aux dimensions très grandes de nos Planètes, etc.; c'est même le contraire qui est vrai. Toutes les parties gazeuses qui se trouvent sur la route de l'un de ces corps devant être nécessairement jetées de côté pour donner passage au solide, il est manifeste que l'effort à exercer et que, par suite, la force vive perdue par la Planète seront d'autant plus considérables que le gaz interstellaire aura plus de chemin à faire pour éviter le mobile; en aval de la Planète, le volume vide à combler par le gaz sera d'autant plus grand que le diamètre de l'Astre le sera plus.

Je me résume :

1° Si l'on suppose l'Espace interstellaire rempli d'un fluide matériel auquel on attribue les phénomènes de la lumière, de la chaleur rayonnante, du magnétisme, etc., on est obligé d'admettre que ce fluide a partout la même densité et qu'il est à l'état de repos ou du moins que ses déplacements dans l'Espace ont lieu avec des vitesses en quelque sorte infiniment petites, non seulement par rapport à celle de la propagation de la lumière entre autres, mais même par rapport à celles des Corps célestes. Il n'y a, de plus, aucune raison plausible pour admettre que ces déplacements du fluide se passent dans une direction plutôt que dans une autre;

2° En second lieu, la présence de ce fluide étant admise, il n'y a aucune raison imaginable pour soutenir qu'il ne résiste pas aux mouvements de translation des Corps célestes.

Ai-je besoin de rappeler maintenant que ce qui précède a été admis par la grande majorité des astronomes, et n'a jamais été contesté que par des personnes cherchant beaucoup plus à faire prévaloir telle ou telle Doctrine philosophique préconçue que la vérité scientifique toute nue.

§ II

EXPOSÉ ÉLÉMENTAIRE DE LA MÉTHODE ANALYTIQUE SUIVIE.

Le fait de la résistance qu'opposerait aux mouvements des Corps célestes un fluide matériel est hors de toute contestation; il ne s'agit donc que de savoir dans quelles limites nous pourrions en évaluer les effets en Astronomie. Au point de vue mathématique, le problème est un des plus difficiles qui se puissent présenter. Il ne peut, pas plus que le célèbre problème des trois corps, en d'autres termes, pas plus que le problème des perturbations réciproques des Planètes, etc., être résolu sous forme complète et définie. Il ne peut l'être que par approximation. Je ne serai contredit par personne lorsque je dirai que même sous cette forme, la difficulté analytique est encore très grande. Pour s'en convaincre, il suffit de voir ce qu'a fait en ce sens Laplace, qui a abordé la question de main de maître, comme on pouvait s'y attendre.

Il m'a semblé que dans des recherches où, en toute hypothèse, on ne peut arriver qu'à des approximations, il y aurait intérêt à simplifier l'Analyse dans les limites du possible et à sacrifier une partie de l'exactitude devenue purement nominale, pour faciliter les abords du problème et pour le rendre résoluble en son entier. En m'énonçant sous cette forme si réservée, j'espère me mettre complètement à l'abri de toute accusation de présomption ; nul ne pourra me reprocher d'avoir voulu marcher sur les brisées de Laplace, d'avoir eu la prétention de refaire ce qu'il a fait depuis longtemps. Dût la rigueur des Calculs en pâtir un peu, j'ai cherché à simplifier, à rendre relativement facile, ce que chacun, jusqu'ici, a considéré comme très difficile. Tel a été mon but; telle est aussi mon excuse. — Je puis pourtant me permettre d'ajouter qu'en bien des cas, la méthode si facile que j'ai suivie conduit à des résultats plus que suffisamment corrects et que, sous ce rapport, elle ne perd rien à être mise en parallèle avec la méthode si ardue employée jusqu'à présent.

On sait, en Mécanique céleste, que quand les mouvements d'une Planète, d'un Satellite, d'une Comète, sont troublés par l'attraction de plusieurs Corps célestes, on peut estimer séparément l'action de chacun de ces Corps, pour former ensuite une somme totale : à la condition formelle que chaque action perturbatrice en elle-même soit très petite par rapport à l'action directrice principale du Soleil. C'est ce principe qu'avec les modifications convenables et sous de nouvelles formes j'ai appliqué à l'étude de l'action d'un fluide interstellaire matériel.

La résistance d'un milieu interstellaire, s'il existe, est en tous cas extrêmement petite. Pour une Planète, par exemple, elle ne peut devenir sensible dans ses effets qu'au bout d'un grand nombre de révolutions autour du Soleil. — Nous pouvons donc considérer chaque révolution en elle-même comme se faisant sans aucune résistance, et, après avoir estimé l'action de la résistance pour une révolution, transporter cette action en entier sur la révolution suivante; ainsi de suite. — Pour bien me faire comprendre, je prends de suite l'exemple le plus compliqué, celui d'une Planète à orbite très elliptique (de Mercure, je suppose). La vitesse de cette Planète varie continuellement sur son orbite; elle est à son maximum au périhélie et à son minimum à l'aphélie. La résistance du milieu matériel varie donc aussi continuellement; son maximum aura lieu au périhélie et son minimum à l'aphélie. Il serait absolument impossible, dans l'état actuel de l'Analyse, de déterminer exactement la forme de l'orbite nouvelle et non elliptique qui résulterait de l'action de cette résistance; il serait impossible de déterminer la vitesse à chaque instant, et la durée d'une révolution ou l'intervalle de temps entre deux passages au périhélie.....; mais cette résistance, disons-nous, est extrêmement faible; nous pouvons donc regarder chaque révolution à part comme ayant lieu sous l'action *seule du Soleil* et considérer les vitesses en chaque point de l'orbite comme absolument indépendantes de toute résistance. La loi des variations de cette vitesse étant connue, nous pouvons déterminer le travail mécanique que coûte, aux dépens du mouvement de la Planète, la résistance du fluide; et puis retrancher ce travail, traduit en force vive, de la force vive totale que possède la Planète. Celle-ci, par suite de cette réduction, s'approche du Soleil d'une quantité imperceptible; la vitesse acquise par cette chute dans la direction du rayon vecteur ayant lieu graduellement s'ajoute en entier à la vitesse suivant la tangente à l'orbite. Soit dit en passant, ce seul exposé de la méthode suivie nous apprend que la vitesse de la Planète, bien loin de diminuer par la résistance du fluide, s'accroît, au contraire, continuellement. Ce fait est connu depuis longtemps, mais il est loin d'être facile à démontrer par la voie plus classique ordinaire.

A l'aide de la méthode précédente, que j'appellerai *méthode à marche brisée,* il est aisé de déterminer l'équation séculaire qui, pour une Planète quelconque, résulte d'une résistance très faible. Je crois pouvoir dire que le lecteur sera frappé de la simplicité de cette méthode et, en définitive, du degré de l'approximation qu'elle donne, à volonté.

Pour la Lune, pour les Satellites en général, l'analyse est un peu plus délicate; mais elle reste toujours abordable et conduit à des résultats pour ainsi dire inattendus. Pour notre Satellite en particulier, on verra que je suis arrivé à des nombres qui, en apparence, diffèrent un peu de ceux de LAPLACE, mais que de la discussion approfondie de ces différences, il ressort, au contraire, qu'il y a un accord remarquable entre les conclusions tirées des deux méthodes, l'une si effroyablement ardue, et l'autre si simple.

Je termine cette Introduction, laissant le lecteur juge de la partie de l'œuvre qu'il a déjà derrière lui et de celle qui lui reste à étudier. Je n'ai, en quelque sorte, pas le droit d'en appeler à son indulgence. Celui qui s'aventure sur un domaine illustré par LAGRANGE, par LAPLACE, par d'autres grands analystes, semble nécessairement audacieux. Cette apparence d'audace, cependant, s'atténuera singulièrement, lorsqu'on aura vu quelles limites j'ai posées moi-même à l'exactitude des résultats obtenus, et lorsqu'on aura reconnu aussi qu'une méthode très simple, qui permet toujours à notre esprit d'apercevoir la forme et la marche des phénomènes, peut conduire à des données nouvelles qui avaient été réellement masquées par la complication de la méthode classique tout à fait rigoureuse en elle-même. Je puis ajouter aussi qu'il y a toute une face de la question que j'ai pu aborder, sans que j'aie à m'en excuser. Le principe moderne de l'équivalence des Forces, si fécond en grands résultats dans son application à la Physique générale, conduit, soit sur le domaine de la Mécanique pure, soit sur celui de la Physique-Mécanique, à des données qu'on essayerait en vain de poursuivre par d'autres moyens. Ici je me retrouvais sur mon terrain habituel et, pour aller au but, il m'a suffi de bien me servir de ce que j'avais sous main. — J'ai dit que la méthode que j'ai suivie est simple et facile. Ces termes doivent toujours être pris relativement. Les équations qui concernent les perturbations des Corps célestes, par quelque cause qu'elles aient lieu, ne peuvent jamais être *faciles* dans le sens ordinaire du mot; leur traduction numérique, de son côté, est toujours une œuvre laborieuse. Je me fais un devoir et un plaisir de remercier mon jeune secrétaire, M. Émile Schwoerer, pour le concours zélé qu'il m'a prêté dans la revision et dans la vérification de tous les Calculs. Il me sera permis de dire qu'en s'acquittant de cette tâche ingrate et fatigante, il a bien mérité de la Science.

Fin de l'Introduction.

CONSTITUTION DE L'ESPACE CÉLESTE

CHAPITRE PREMIER

ACTION QU'AURAIT SUR LE MOUVEMENT DES PLANÈTES UNE RÉSISTANCE TRÈS FAIBLE D'UN MILIEU GAZEUX.

On a coutume de dire que les masses des Planètes sont trop considérables pour que leurs mouvements puissent être sensiblement altérés par la résistance d'un milieu extrêmement rare qu'on supposerait répandu dans l'Espace. — Cet énoncé n'a qu'un caractère de vérité tout à fait relatif. Il n'est, au contraire, pas difficile de montrer qu'un gaz, d'une rareté dont nous ne pourrions plus même nous former une idée, produirait cependant dans le mouvement des Planètes, des Satellites, des Comètes, des perturbations telles, qu'elles n'échapperaient pas à l'observation la plus grossière.

Pris dans son ensemble, le problème à résoudre est, comme je l'ai dit dans l'Introduction, un des plus difficiles qui puisse se présenter, et il ne pourrait être résolu, sous forme générale. Grâce à deux conditions sous lesquelles il se présente, il peut, au contraire, être ramené à une forme presque élémentaire, sans que la solution perde de son caractère d'approximation. Ces deux conditions sont :

1° La très petite excentricité des orbites de nos Planètes et de leurs Satellites ;

2° La très petite valeur de la résistance du milieu : si cette résistance existe réellement, ce que nous serons amenés, par la force des choses, à nier complètement.

SECTION PREMIÈRE

ANALYSE DES PHÉNOMÈNES POUR LES PLANÈTES DONT L'ORBITE
PEUT ÊTRE CONSIDÉRÉE COMME PRESQUE CIRCULAIRE.

§ I

EXPOSÉ DE LA MÉTHODE GÉNÉRALE
SUIVIE POUR DÉTERMINER LA RÉSISTANCE (EN UNITÉ DE POIDS)
D'UN MILIEU MATÉRIEL DIFFUS DANS L'ESPACE.

Commençons par admettre une orbite tout à fait circulaire, dans le cas d'une résistance nulle. L'effet d'une résistance très faible sera visiblement de convertir le cercle en une spirale à pas très rapprochés, dont le rayon vecteur ira en diminuant très lentement et indéfiniment. — Désignons par :

V_0 la vitesse de la Planète à une époque donnée ;

V_p la vitesse qu'elle perdrait au bout d'un espace parcouru S, si la résistance était la seule force en action ;

V_s la vitesse qu'elle acquerrait en tombant vers le Soleil de la quantité dont diminue le rayon vecteur pendant qu'elle parcourt l'espace S.

La masse de la Planète étant M, on a, en toute hypothèse sur la nature et la grandeur de la résistance, et sur celle de l'espèce de courbe décrite,

$$MV_d^2 = MV_0^2 + MV_s^2 - MV_p^2 ; \qquad \dots \dots \dots \dots \quad (1)$$

c'est-à-dire que la force vive que possède réellement la Planète au bout d'un temps $\mathfrak{C}$ est égale à la somme de ce qu'elle possédait et de ce qu'elle acquerrait en tombant librement vers le Soleil, diminuée de ce qu'elle perd par la résistance du milieu. En divisant par M, on a :

$$V_e^2 = V_0^2 + V_s^2 - V_p^2 ;$$

d'où

$$V_p^2 = V_0^2 + V_s^2 - V_e^2 \quad . \quad . \quad . \quad . \quad . \quad . \quad . \quad . \quad . \quad (\text{II})$$

pour le carré de la vitesse perdue par la résistance.

Dans la supposition que nous avons faite d'une résistance excessivement faible, et d'une orbite circulaire, nous pouvons sans erreur sensible :

1° Considérer chaque révolution à part comme circulaire et comme ne différant de la précédente que par la diminution $(A_0 - \partial A) = A$ du rayon vecteur de la spirale réellement décrite ;

2° Considérer la force centrifuge comme constamment égale à l'attraction solaire répondant au rayon A ;

3° Enfin, considérer l'espace parcouru au bout d'un nombre N de révolutions comme exprimé par la somme des circonférences dont les rayons successifs sont le rayon initial diminué du *pas* de chaque tour de spirale.

En désignant par G l'intensité de l'attraction solaire à la distance A_0, nous avons, pour ce rayon A_0,

$$\frac{V_0^2}{A_0} = G ;$$

$$V_0^2 = GA_0 ;$$

et, pour un rayon quelconque A,

$$\frac{V_c^2}{A} = G \left(\frac{A_0}{A}\right)^2 ;$$

$$V_c^2 = G \left(\frac{A_0^2}{A}\right).$$

Nous pouvons donc écrire :

$$V_c^2 = G \left(\frac{A_0^2}{A}\right) = (GA_0 + V_s^2 - V_p^2) ;$$

d'où :

$$V_p^2 = GA_0 - G \left(\frac{A_0^2}{A}\right) + V_s^2 \quad . \quad . \quad . \quad . \quad . \quad . \quad . \quad . \quad . \quad (\text{III})$$

14

La valeur de V_s est facile à déterminer. Nous avons, en effet,

$$\frac{d^2A}{dt^2} = -\, G \left(\frac{A_0}{A}\right)^2 ;$$

d'où :

$$V_s^2 = 2GA_0 \left[\left(\frac{A_0}{A}\right) - 1\right] \quad . \quad . \quad . \quad . \quad . \quad . \quad . \quad (IV)$$

pour l'accroissement de vitesse que prendrait la Planète en s'approchant du
Soleil de la quantité $(A_0 - A)$. Si elle ne prend pas effectivement cet accroissement, ce ne peut être que par suite de la résistance du milieu, et il vient,
par conséquent,

$$V_\rho^2 = GA_0 \left[\left(\frac{A_0}{A}\right) - 1\right] ; \quad . \quad . \quad . \quad . \quad . \quad . \quad . \quad (V)$$

d'où il résulte qu'une résistance très faible opposée au mouvement d'une
Planète, loin de diminuer sa vitesse, la ferait, au contraire, croître continuellement. Ce fait, depuis longtemps établi en Astronomie, et très bien mis
en lumière par Poisson à l'aide de la méthode de la variation des constantes
arbitraires, ressort, comme on voit, très simplement de notre analyse. La
valeur de l'accélération est même fort nettement définie : on voit, chose très
remarquable, que, quelle que soit la loi de la résistance par rapport à la
vitesse, la force vive perdue est toujours égale à la moitié de celle que la
Planète gagnerait en tombant vers le Soleil de la quantité dont diminue
effectivement le rayon vecteur.

Je n'ai pas besoin d'insister sur cette remarque : que les résultats auxquels
nous arrivons ainsi ne sont corrects qu'au cas d'une résistance excessivement
faible. Dans ce cas seulement, en effet, l'accélération due à la chute de la
Planète vers le Soleil, est très faible, négligeable, suivant le rayon vecteur,
et peut être considérée comme convertie tout entière en vitesse suivant la
tangente au cercle. Si la résistance était grande, il n'en serait plus ainsi, et
nous serions obligés de modifier complètement nos équations pour les maintenir à leur degré d'approximation voulue.

Avec les données de l'analyse précédente, il nous est facile maintenant d'évaluer l'action d'une résistance quelconque sur le mouvement d'une Planète, ou, ce qui nous est beaucoup plus utile quant au but que nous poursuivons, de déterminer la *densité* d'un milieu matériel qui produirait tel effet donné. Commençons par remplacer le rapport $\left(\frac{A_0}{A_1}\right)$ par sa valeur $\left(\frac{\mathfrak{T}_0}{\mathfrak{T}_1}\right)^{\frac{2}{3}}$ que nous donne la troisième loi de KEPLER; et, à la place de GA_0, écrivons V_0^2. Il vient ainsi :

$$V_\rho^2 = V_0^2 \left[\left(\frac{\mathfrak{T}_0}{\mathfrak{T}_1}\right)^{\frac{2}{3}} - 1 \right]. \quad \ldots \ldots \ldots \quad (VI)$$

Nous disons que MV_ρ^2 est la force vive perdue ou le travail dépensé en toute hypothèse pour surmonter la résistance du milieu. Pour un très petit changement de vitesse, nous pouvons, en toute hypothèse aussi, considérer cette résistance comme constante. En la désignant par ρ, il vient donc, pour l'expression du travail,

$$2\rho S = MV_\rho^2;$$

et, par conséquent,

$$2\rho S = MV_0^2 \left[\left(\frac{\mathfrak{T}_0}{\mathfrak{T}_1}\right)^{\frac{2}{3}} - 1 \right]; \quad \ldots \ldots \ldots \quad (VII)$$

d'où

$$\rho = \frac{MV_0^2}{2S} \left[\left(\frac{\mathfrak{T}_0}{\mathfrak{T}_1}\right)^{\frac{2}{3}} - 1 \right]. \quad \ldots \ldots \ldots \quad (VIII)$$

ou, en désignant par s la section équatoriale de la Planète et par ρ_v la résistance rapportée au mètre carré,

$$\rho_c = \frac{MV_0^2}{2sS} \left[\left(\frac{\mathfrak{T}_0}{\mathfrak{T}_1}\right)^{\frac{2}{3}} - 1 \right]. \quad \ldots \ldots \ldots \quad (IX)$$

Nommons :

C la circonférence de la Terre en mètres ;

g la gravité;

Δ la densité de la Planète;

R son rayon en fraction du rayon terrestre ;

A_0 et A_1 ses distances au Soleil (en rayons terrestres), lorsque la durée de l'année s'est réduite de $\mathfrak{T}_0$ à $\mathfrak{T}_1$.

Il vient:

$$M = \frac{\Delta(CR)^3}{6g\pi^2};$$

$$S = NC\left(\frac{A_0 + A_1}{2}\right);$$

$$s = \frac{(CR)^2}{4\pi};$$

d'où l'on tire, pour la valeur de la résistance par mètre carré,

$$\rho_c = \frac{2R\Delta V_0^2}{5g\pi N(A_0 + A_1)}\left[\left(\frac{\mathfrak{T}_0}{\mathfrak{T}_1}\right)^{\frac{2}{3}} - 1\right] \quad . \quad . \quad . \quad . \quad . \quad . \quad . \quad (X)$$

Cette équation, j'insiste fortement là-dessus, n'est très approximative que pour une Planète dont l'orbite est fort peu excentrique et quand on ne l'applique que sur une période telle que la diminution du rayon vecteur soit petite. Elle peut donc s'employer avec une exactitude plus que suffisante à l'altération que produirait un milieu très rare dans le mouvement de notre Terre.

En terminant ce paragraphe, j'appelle l'attention du lecteur sur une remarque très importante, qui fera mieux comprendre la marche de l'analyse, quant à ce qui précède et surtout quant à ce qui va suivre.

J'ai dit : le travail total exécuté est égal à la moitié de la force vive que perdrait la Planète, si elle n'était soumise qu'à l'action seule de la résistance..... Cette expression, au premier abord, pourrait sembler impropre ou même fausse. D'une part, en effet, si la résistance agissait seule, les modifications de vitesse de la Planète seraient tout autres; d'autre part, bien loin de diminuer, la vitesse s'accroît par suite de la résistance. Il importe de rectifier cette espèce de bizarrerie.

Quelle que soit la nature de la résistance, quels qu'en soient les résultats, qu'elle détermine un accroissement ou une diminution de vitesse, qu'elle soit grande ou petite, toujours est-il qu'elle donne lieu à un travail mécanique, qui peut se traduire numériquement par le produit d'un espace parcouru et d'un effort. D'un autre côté, nous pouvons toujours concevoir une vitesse telle qu'on ait l'égalité :

$$MV^2 = 2e\Pi,$$

H étant l'espace parcouru, *e* l'effort et M la masse du mobile. Nous pouvons donc, sans aucune erreur possible, substituer MV^2 à $2eH$ dans les équations pourvu que nous nous rappelions le sens, en quelque sorte conditionnel, de MV^2. Cette valeur, en effet, répondant, non à une perte réelle, mais à une perte en quelque sorte virtuelle, répond numériquement au travail réellement dépensé.

Nous avons admis que le mouvement de la Terre est rigoureusement circulaire. Une pareille supposition est désormais absolument inutile.

La résistance due à un fluide matériel est toujours une fonction de la vitesse du mobile qui y est soumis. Le travail mécanique dérivant de cette résistance est donc lui-même une fonction de cette vitesse. Dans le mouvement d'une Planète *unique,* et parfaitement libre, autour du Soleil, la vitesse, à chaque instant, est une fonction de la distance au Soleil. L'action perturbatrice des autres Planètes étant mise de côté, si nous supposons l'intervention d'une résistance excessivement faible, il n'y aura rien de changé à la question; nous pourrons, sans commettre aucune erreur sensible, faire l'intégration du travail mécanique relevant de la résistance, comme si celle-ci n'apportait aucune modification par elle-même dans les vitesses variables qu'a la Planète sur les divers points de son orbite, selon la distance au Soleil, et ne considérer la résistance comme modifiant réellement la vitesse moyenne qu'au bout d'un nombre déterminé de révolutions.

Les considérations si simples qui précèdent, si j'ai su les présenter clairement, enlèveront ce qui, au premier abord, pourrait sembler fautif et même bizarre dans la méthode d'analyse.

§ II

APPLICATION AUX PHÉNOMÈNES QUE PRÉSENTE LA TERRE.

L'excentricité de l'orbite terrestre n'étant que 0,0167701, on peut ici négliger les variations de vitesses dues aux variations du rayon vecteur. — Je montrerai, d'ailleurs, plus loin comment on peut tenir compte de ces variations, quand elles sont notables, comme il en est de Mercure, par exemple. — Pour notre Terre, nous avons :

$$R = 1 ;$$
$$\Delta = 5500 ;$$
$$A_0 = 25280 ;$$
$$V_0 = 29508^m.$$

Avec ces nombres, notre équation $(\mathbf{X})$ devient :

$$\rho_c = \frac{4450560}{N\left[\left(\dfrac{A_0}{A_1}\right) + 1\right]}\left[\left(\frac{\mathfrak{T}_0}{\mathfrak{T}_1}\right)^{\frac{2}{3}} - 1\right] \quad \ldots \ldots \ldots \ldots \quad (XI)$$

Si l'on remarque de plus que, dans les limites où nous devons l'employer, le rapport $\left(\dfrac{A_0}{A_1}\right)$ est de très peu supérieur à l'unité et peut être remplacé par 1, il vient encore plus simplement

$$\rho_c = \frac{2225180}{N}\left[\left(\frac{\mathfrak{T}_0}{\mathfrak{T}_1}\right)^{\frac{2}{3}} - 1\right] \quad \ldots \ldots \ldots \ldots \quad (XII)$$

La valeur moyenne des grands axes des Planètes et, par conséquent aussi, la durée moyenne des révolutions sidérales autour du Soleil sont les éléments dont la constance est considérée comme la plus certaine par les astronomes. Ces valeurs peuvent osciller entre de certaines limites, plus ou moins écartées ; mais, au bout d'un certain nombre de siècles (aujourd'hui déterminé pour la plupart des Planètes), elles reviennent nécessairement à leur valeur initiale comptée à partir d'une époque donnée. Au point de vue théorique, cet énoncé ressort des premiers travaux de LAPLACE et n'a, je crois, jamais été contredit par personne. Une résistance due à un milieu matériel est la seule cause qui pourrait modifier d'une façon permanente la valeur des éléments dont il est question, notamment en ce qui concerne la grandeur de l'axe terrestre et de la durée de notre année sidérale. Si je dis : *notamment,* c'est parce que, tout naturellement, le mouvement de notre

Terre ou le mouvement apparent du Soleil a, de tous temps, le plus fixé l'attention des hommes intelligents. Le seul fait de l'accord de l'Astronomie d'observation avec l'Astronomie analytique suffirait pour exclure absolument la possibilité de la présence d'un gaz dans l'Espace. — La question est donc de savoir maintenant dans quelles limites on est certain, *pratiquement*, de l'invariabilité de l'année sidérale moyenne. Au lieu de discuter le problème dans ces termes, ce qui a déjà été fait et très bien fait, je vais le prendre, en quelque sorte, en sens inverse, je vais admettre une altération arbitraire, mais très faible dans le cours de l'année sidérale, m'en servir pour calculer la densité que devrait avoir un gaz interstellaire pour la produire et puis montrer que cette altération si faible est absolument inadmissible aujourd'hui. Le lecteur sera frappé certainement des résultats auxquels nous arriverons de la sorte.

Supposons que, depuis l'époque d'HIPPARQUE, c'est-à-dire depuis deux mille ans, la durée de l'année sidérale ait diminué de cinq secondes. Calculons d'abord la résistance nécessaire et puis le *volume spécifique* du gaz qui serait capable, *à lui seul*, de produire une telle altération.

La durée de l'année sidérale étant, à notre époque, de

$$365^{j},256374 = \mathfrak{T}_{1},$$

cinq secondes de plus, à l'époque d'HIPPARQUE, donnent le nombre précédent augmenté de $\frac{5}{86400}$, soit :

$$365^{j},25643187037 = \mathfrak{T}_{0}.$$

Le rapport du premier nombre à ce dernier est 1,00000015843667. Élevé à la puissance $\frac{2}{3}$, ce nombre devient 1,00000010562444. Avec cette valeur et en posant $N = 2000$, notre équation (XII) donne

$$\rho_c = 0^{kg},0001175.$$

Cette pression, si faible, multipliée par la section équatoriale du globe terrestre donne encore en kilogrammes un nombre formé de onze chiffres entiers. On pourrait donc, au premier abord, être étonné qu'une résistance aussi grande opposée au mouvement de la Terre ne donne lieu qu'à une modification aussi faible dans la durée de l'année sidérale, en une période de deux mille ans. La remarque suivante nous ramène de suite à un sentiment tout contraire. La hauteur d'un cylindre de même diamètre et de même volume qu'une sphère est les deux tiers du diamètre; le diamètre de la Terre étant de 12732395^m, un cylindre de même volume aurait près de 8500000^m. Le poids d'un prisme d'un mètre carré et de cette longueur est ici :

$$8500000 \cdot 5500 = 46750000000^{kil.};$$

c'est sur un tel poids de matière, animée de la vitesse de 29508^m, qu'agit notre résistance de $0^{kil.},0001175$. Devant de tels nombres, si quelque chose a lieu de nous étonner, c'est l'exactitude prodigieuse de la Science capable de constater si des influences aussi minimes existent ou non.

§ III

DÉTERMINATION DE LA DENSITÉ

D'UN MILIEU MATÉRIEL CAPABLE DE PRODUIRE TELLE RÉSISTANCE DONNÉE AU MOUVEMENT

D'UNE PLANÈTE A ORBITE PEU ELLIPTIQUE.

Cherchons maintenant à nous rendre compte de la densité d'un milieu matériel capable de produire une résistance ρ au mouvement d'une Planète dont l'orbite est presque circulaire.

Sous forme générale, nous avons,

$$\rho = A \cdot \varphi_0(s) \cdot \varphi_1(V) \cdot \varphi_2(\delta);$$

$\varphi_0(s)$, $\varphi_1(V)$, $\varphi_2(\delta)$, étant des fonctions convenables de la section équatoriale s, de la vitesse V, et de la densité δ. Si nous connaissions la vraie forme de ces fonctions, nous en tirerions la valeur de δ, puisque s et V relèvent de l'observation et que ρ est donné. — L'ancienne équation de HUTTON et de BORDA, qui donne la résistance d'un gaz au mouvement d'une sphère, est, comme on sait,

$$\rho = 0,0451 \, s^{1.4} \, \delta \, V^2.$$

Cette équation n'ayant été vérifiée directement que pour des surfaces et pour des vitesses excessivement petites relativement aux sections et aux vitesses des Planètes, il peut, à première vue, sembler qu'on risquerait de commettre des erreurs considérables en l'employant au cas présent. Remarquons cependant que cette équation n'est que très *partiellement* empirique ; elle ne l'est que par rapport au coefficient relatif à la sphère, et par rapport à l'exposant de *s* ou 1,1. Si nous supposons une surface plane *s* se mouvant dans un gaz, parallèlement à elle-même, avec une vitesse constante V, il est visible que la vitesse minima, avec laquelle les parties du gaz seront rejetées de côté *pour faire place* au plan, sera V. Je dis : la vitesse minima. Il est clair, en effet, que certaines parties du gaz, au lieu d'être simplement jetées de côté, seront, en quelque sorte, réfléchies en arrière et prendront une vitesse 2V. La vitesse minima se trouve aisément, si nous remarquons qu'on a

$$\frac{d'x}{dt'} = \left(\frac{g}{P}\right)\rho$$

pour la force accélératrice d'un corps de poids P, l'effort moteur étant ρ. En intégrant de 0 à x, on a :

$$V' = \frac{2\,g\,\rho\,x}{P}.$$

S'il s'agit d'un gaz dont la densité soit δ, il est visible que le poids P des parties qui, sur le trajet x du mobile, reçoivent la vitesse V sera :

$$P = s\,\delta\,x.$$

Il vient donc ainsi :

$$V' = \frac{2\,g\,\rho}{\delta\,s};$$

d'où :

$$\rho = \frac{\delta\,s\,V'}{2\,g}.$$

Voilà pour ce qui a lieu en amont de notre surface. En aval, il est visible qu'il doit se produire une *diminution de la pression initiale,* laquelle augmente de fait d'autant la pression en amont; mais cette diminution a une limite naturelle, qui résulte de ce que les parties de gaz ambiant ne se jettent plus, avec une vitesse suffisante, dans le vide en aval, pour le *combler;* et qu'ainsi toute pression en aval *disparaît.* Ceci nous explique parfaitement pourquoi, pour les petites vitesses, l'expérience a montré qu'il faut ajouter à l'équation

$$\rho = \alpha \, s^{1,1} \, \delta \, V^x$$

un terme de plus renfermant V à la simple puissance. Ce terme disparaît pour les très grandes vitesses (pour les vitesses de tous les Corps célestes, sans exception).

La sphère, cela est évident, se trouve dans un autre cas qu'un plan, et ceci explique la différence des coefficients de réduction, qui a été constatée par l'expérience. Mais pour la sphère, pas plus que pour le plan, il n'y a de raison pour que la *forme* de l'équation change, quand on passe, par rapport à s, du très petit au très grand. Il n'y a ici que la grandeur du coefficient α qui puisse être modifiée, et celle de l'exposant empirique trouvé par BORDA et, depuis, par moi. Mais il ne peut y avoir le moindre doute que ces nombres, loin de diminuer quand s grandit, doivent, au contraire, croître eux-mêmes. Je le répète, l'équation

$$\rho = 0{,}0451 \, s^{1,1} \, \delta \, V^2 \quad \ldots \ldots \ldots \ldots \quad (\rho)$$

ne peut conduire qu'à des valeurs trop petites pour ρ et, par conséquent, trop grandes par rapport à δ, quand des surfaces, en quelque sorte infinitésimales, essayées dans nos expériences, nous passons aux sections équatoriales des Corps célestes. C'est là tout ce qu'il importe de noter. *Nous ne pourrons nous tromper qu'en trop peu pour ρ et qu'en trop pour δ.*

L'équation (ρ) combinée avec celles que nous avons obtenues plus haut, nous conduit, très aisément, au but que nous poursuivons.

La résistance étant :

$$\rho = 0{,}0451 \, s^{1,1} \, \delta \, V^2,$$

le travail élémentaire dû à cette résistance et exécuté par la Planète, en un élément de révolution dN, devient :

$$F = 0,0451\,\partial\,s^{1,4}\int V^2\,S\,dN + \text{const.}, \quad \ldots \ldots \quad \text{(XIII)}$$

S étant le développement complet de l'orbite circulaire. La variation de la
vitesse étant, en tous cas, excessivement faible, nous pouvons faire :

$$V = \text{const.} = V_0;$$

et, par suite,

$$\int_0^N V_0^2\,dN = V_0^2\,N.$$

Mais le travail ainsi exécuté réellement est égal, nécessairement, à la moitié
de la force vive que perdrait la Planète, si elle n'était soumise qu'à la résistance seule; on a donc :

$$0,0451\,\partial\,s^{1,4}\,V_0^2\,S\,N = \frac{P}{2g}\,V_0^2\left[\left(\frac{z_0}{z_i}\right)^{\frac{2}{3}} - 1\right], \quad \ldots \ldots \quad \text{(XIV)}$$

ou bien

$$0,0451\,\partial\,(\pi R^2)^{1,2}\,2\pi\,A\,N = \frac{4}{3}\pi\,R^3\,\Delta\left[\left(\frac{z_0}{z_i}\right)^{\frac{2}{3}} - 1\right]\frac{1}{2g} \quad \ldots \ldots \quad \text{(XV)}$$

Si nous prenons les mesures de la Terre comme termes de comparaison,
nous avons :

$$R = R'\left(\frac{40000000}{2\pi}\right);$$

$$A = A'\,23280\left(\frac{40000000}{2\pi}\right);$$

$$\Delta = \Delta'\,5500.$$

Introduisant ces valeurs dans l'équation précédente, nous avons, tous
calculs faits, l'équation très simple,

$$\frac{454,14\,N\,\partial\,A'}{\Delta'\,R'^{0,8}} = \left[\left(\frac{z_0}{z_i}\right)^{\frac{2}{3}} - 1\right]. \quad \ldots \ldots \ldots \quad \text{(XVI)}$$

qui convient à une Planète quelconque dont l'orbite diffère peu de la circonférence du cercle.

§ IV

APPLICATION AU MOUVEMENT MOYEN DE LA TERRE.

Pour la Terre même, il vient :

$$\Delta' = 1 ;$$
$$A' = 1 ;$$
$$R' = 1 ;$$

d'où il résulte, pour l'équation (XVI),

$$454,14 \, N \, \delta = \left[\left(\frac{\mathfrak{T}_0}{\mathfrak{T}_1} \right)^{\frac{2}{x}} - 1 \right] \quad . \quad . \quad . \quad . \quad . \quad . \quad . \quad \text{(XVII)}$$

En admettant de nouveau notre diminution de cinq secondes en deux mille ans sur la durée de l'année sidérale, il vient :

$$454,14 \cdot 2000 \, \delta = \left[\left(\frac{565,256374 + \dfrac{5}{86400}}{565,256374} \right)^{\frac{2}{5}} - 1 \right] ;$$

d'où :

$$\delta = \frac{1}{8600000000000} ;$$

c'est-à-dire que le volume de 1 kilogramme de matière répandue dans l'Espace s'élèverait à 8600 kilomètres cubes.

On pourrait, au premier abord, se demander de quel droit je pose

$$V = \text{const} = V_0 ,$$

alors qu'au contraire nous admettons $\mathfrak{T}_0 > \mathfrak{T}_1$, et qu'on a, nécessairement,

$$\frac{V_1}{V_0} = \frac{\mathfrak{T}_0}{\mathfrak{T}_1} .$$

Mais il est facile de reconnaître que la variation de V n'a aucune influence notable sur les résultats. En prenant même

$$V_e = V_0\left(\frac{\mathfrak{T}_0}{\mathfrak{T}_1}\right).$$

ce qui serait inexact, puisque l'intégrale donnerait une valeur moyenne entre V_e et V_0 et non pas $V_0\left(\frac{\mathfrak{T}_0}{\mathfrak{T}_1}\right)$, il est visible que la valeur de ∂ ne serait modifiée que de $V_0\left(\frac{\mathfrak{T}_0}{\mathfrak{T}_1}\right)^2$, ce qui est ici insignifiant.

Nous avons admis arbitrairement une diminution de cinq secondes en deux mille ans sur la durée de l'année sidérale. Ramenons cette réduction à la forme généralement employée en Astronomie. L'année étant aujourd'hui :

$$\mathfrak{T}_1 = 365^j,256374,$$

sa durée, il y a deux mille ans, eût été :

$$\mathfrak{T}_0 = 365^j,256374 + \frac{5^{sec.}}{86400} = 365^j,25645187037.$$

La différence des deux quotients :

$$\left(\frac{1296000''}{365,256374} - \frac{1296000''}{365,25645187037}\right) = 0'',0005621675$$

exprime donc l'accroissement de vitesse *diurne* de la Terre en deux mille ans. En multipliant ce nombre par $365^j,256374$, nous avons, par suite, le même accroissement rapporté à l'année, *prise pour unité*, soit :

$$(\delta V) = 0'',2055552.$$

Dans l'hypothèse d'une résistance comme cause de cette variation, l'accroissement peut être considéré comme proportionnel au temps. L'accroissement annuel est donc de :

$$\frac{0'',2055552}{2000} = 0'',0001026676.$$

Il vient ainsi, pour l'augmentation de la longitude, le siècle étant pris pour unité,

$$\Lambda = \frac{1}{2}(0{,}0001026676)(100\,n)^2;$$

ou

$$\Lambda = 0'',513558\,n^2$$

Depuis l'époque d'Hipparque la longitude de la Terre aurait donc changé de

$$\Lambda = 0'',513558 \cdot 20^2 = 205'',355,$$

abstraction faite de toutes les causes connues et bien déterminées de perturbations périodiques, et par la seule action d'une résistance interstellaire. — Ce nombre est certainement inadmissible.

SECTION SECONDE

ANALYSE DES PHÉNOMÈNES POUR UNE PLANÈTE DONT L'ORBITE EST NOTABLEMENT ELLIPTIQUE.

§ I

Passons à l'analyse des phénomènes, quand il s'agit d'une Planète dont l'orbite est notablement elliptique, comme celle de Mercure, par exemple. Au lieu de chercher ici la valeur de ρ ou de la résistance opposée à la Planète pour produire une altération déterminée dans le moyen mouvement, cherchons immédiatement la densité d'un milieu interstellaire capable de produire tel effet voulu.

Ici, comme pour les orbites peu elliptiques, nous pouvons toujours considérer le moyen mouvement comme variant extrêmement peu d'une révolution à l'autre, et même pour un grand nombre de révolutions; mais en raison de la grande excentricité de l'orbite, nous ne pouvons plus considérer la vitesse comme constante pendant le cours d'une même révolution. Il est toutefois facile de tenir compte de cette remarque. — La résistance étant toujours supposée donnée approximativement par l'équation :

$$\rho = 0{,}0451\, s^{1,4}\, \delta\, v^2,$$

le travail mécanique exécuté en vertu de cette résistance devient :

$$df = 0{,}0451\, s^{1,4}\, \delta\, v^2\, dS,$$

la vitesse étant désormais regardée comme variable, mais sous l'action de l'attraction solaire seule, et dS désignant l'arc élémentaire d'ellipse décrit avec la vitesse v. La vitesse d'une Planète nous est donnée, comme on sait, par l'équation :

$$v^2 = (U^2 - 2\,G\,a) + \frac{2\,G\,a^2}{r},$$

dans laquelle U et G désignent la vitesse au périhélie et l'intensité de l'attraction solaire au même point ou à la distance a. On a ainsi :

$$df = 0{,}0451\, s^{1,4}\, \delta \left[(U^2 - 2\,G\,a) + \frac{2\,G\,a^2}{r} \right] dS. \quad \ldots \ldots \quad \text{(XVIII)}$$

Sous cette forme, l'équation ne serait pas intégrable d'une manière finie. Il nous est toutefois possible de la rendre intégrable, sans diminuer l'approximation dont nous nous contentons ici. — En désignant par $\frac{dr}{dt}$ la vitesse dans le sens du rayon vecteur et par $\frac{r\,d\theta}{dt}$ la vitesse tangentielle ou perpendiculaire à ce rayon, nous avons, en remarquant que $dS = \sqrt{dr^2 + r^2 d\theta^2}$,

$$\left(\frac{dS}{dt} \right)^2 = \left(\frac{dr}{dt} \right)^2 + \left(\frac{r\,d\theta}{dt} \right)^2.$$

Or, malgré l'excentricité considérable de l'orbite de Mercure, il est facile de s'assurer que la vitesse $\frac{dr}{dt}$ est toujours beaucoup plus petite que la vitesse $\frac{r\,d\theta}{dt}$ (1). La variation du travail mécanique étant proportionnelle au carré des vitesses, la part de cette variation due à $\left(\frac{dr}{dt}\right)^2$ est donc toujours petite, *négligeable,* par rapport à celle qui est due à $\left(\frac{r\,d\theta}{dt}\right)^2$. Nous pouvons ainsi, sans erreur trop notable, poser

$$\frac{dr}{dt} = 0.$$

L'équation polaire de l'ellipse étant :

$$r = \frac{a(1 + e)}{(1 + e\cos\theta)},$$

il vient, en remplaçant dans l'équation (**XVIII**) r par cette valeur,

$$df = 0{,}0451\,\tilde{o}\,s^{l,l}\left[(U^2 - 2\,G\,a)\,a\,(1 + e, \frac{d\theta}{(1 + e\cos\theta)} + 2\,G\,a^2\,d\theta\right]. \quad . \quad . \quad (\mathbf{XIX})$$

---

(1) En différentiant l'équation des courbes du second degré, ou

$$r = \frac{a\,(1 + e)}{1 + e\cos\theta},$$

on trouve :

$$dr = \frac{ea(1 + e)\sin\theta\,d\theta}{(1 + e\cos\theta)^2};$$

d'où l'on tire, en remarquant que l'on a : $dS = \sqrt{dr^2 + r^2 d\theta^2}$ et en remplaçant sous le radical dr^2 et r^2 par leurs valeurs respectives,

$$\frac{dr}{dS} = \frac{e\sin\theta}{\sqrt{1 + 2e\cos\theta + e^2}}. \quad . \quad . \quad . \quad . \quad . \quad . \quad . \quad . \quad . \quad . \quad (a)$$

Cette équation, différentiée à son tour et puis égalée à 0, donne

$$\cos\theta = -\frac{1}{2}e.$$

C'est la valeur du cosinus donnant le maximum pour le rapport de dr à dS, et, par conséquent, de la vitesse $\frac{dr}{dt}$ à la vitesse $\frac{dS}{dt}$. En introduisant cette valeur dans l'équation (a), et faisant, comme il convient pour l'orbite de Mercure,

$$e = 0{,}2056048,$$

on trouve :

$$\frac{dr}{dS} = 0{,}204515;$$

c'est-à-dire que la vitesse maxima dans le sens du rayon vecteur ne s'élève qu'au cinquième (en nombres ronds) de la vitesse totale; et, comme ce rapport est au carré dans les équations, il s'ensuit que j'ai, en effet, pu poser, sans grande erreur, $\frac{dr}{dt} = 0$.

Sous cette forme nouvelle, la différentielle exprime, non plus le travail élémentaire total, mais le travail pris exclusivement dans le sens perpendiculaire à l'extrémité du rayon vecteur. Cette différentielle peut s'intégrer sous diverses formes; l'une d'entre elles, que je vais éviter à dessein, rend assez embarrassante la détermination correcte de l'intégrale *définie*. M. Bertrand a très bien fait ressortir ce genre de difficulté dans son beau Traité de Calcul intégral (page 118). Posons :

$$y = \frac{1}{(1 + e \cos \theta)};$$

il vient :

$$\frac{d\theta}{(1 + e \cos \theta)} = \frac{dy}{\sqrt{2y - (1 - e^2)y^2 - 1}};$$

ce qui nous conduit aisément à :

$$\int \frac{dy}{\sqrt{2y - (1 - e^2)y^2 - 1}} = \frac{1}{\sqrt{(1 - e^2)}} \operatorname{arc}\left[\cos = \frac{1 - (1 - e^2)y}{e}\right].$$

En remplaçant y par sa valeur $\frac{1}{(1 + e \cos \theta)}$, on a :

$$\int \frac{d\theta}{(1 + e \cos \theta)} = \frac{1}{\sqrt{(1 - e^2)}} \operatorname{arc}\left[\cos = \frac{(1 + e \cos \theta) - (1 - e^2)}{e(1 + e \cos \theta)}\right] + \text{const.}$$

Pour une demi-circonférence de l'ellipse, cette intégrale, prise depuis 0 jusqu'à π, c'est-à-dire du périhélie à l'aphélie, nous conduit, pour l'équation ci-dessus, à :

$$F' = 0{,}0451 \, \delta s^{t,t}\left[\pi a(U^2 - 2G a)\sqrt{\frac{(1 + e)}{(1 - e)}} + 2G a^2 \pi\right]; \quad \ldots \ldots (XX)$$

et, comme le travail est naturellement le même sur les deux demi-circonférences, cette valeur doit être doublée pour nous donner F; il vient ainsi :

$$F = 0{,}0451 \, \delta s^{t,t}\left[2\pi a(U^2 - 2G a)\sqrt{\frac{(1 + e)}{(1 - e)}} + 4G a^2 \pi\right]. \quad \ldots \ldots (XXI)$$

16

Ce travail répond à une révolution de la Planète autour du Soleil; pour un nombre N de révolutions, on a, par suite,

$$F_N = 0{,}0431\, \delta\, s^{1/1}\, N\left[2\pi a(U^2 - 2G\,a)\sqrt{\frac{(1+e)}{(1-e)}} + 4G\,a^2\pi\right], \quad . \quad . \quad . \text{(XXII)}$$

à la condition formelle, déjà spécifiée, que N ne soit pas assez grand pour que le grand axe A subisse une diminution notable.

Faisons maintenant :

$$U^2 = 2G\,\alpha\,a;$$

on a :

$$F_N = 0{,}0431\, \delta\, s^{1/1}\, 4G\,a^2\pi\left[1 + (\alpha - 1)\sqrt{\frac{(1+e)}{(1-e)}}\right]N \quad . \quad . \quad . \quad . \text{(XXIII)}$$

L'équation générale du mouvement d'une Planète autour du Soleil est, comme on sait :

$$r = \frac{C^2}{G\,a^2\left[1 + \cos\theta\sqrt{\dfrac{(U^2 - 2G\,a)}{G^2\,a^4}C^2 + 1}\right]}.$$

En y posant :

$$C^2 = U^2\,a^2 = a^2\,2G\,\alpha\,a,$$

elle prend la forme extrêmement simple :

$$r = \frac{2\,\alpha\,a}{[1 + (2\,\alpha - 1)\cos\theta]},$$

qui est semblable à :

$$r = \frac{a(1+e)}{(1 + e\cos\theta)};$$

d'où il résulte :

$$2\,\alpha = (1+e);$$

et

$$\alpha = \frac{(1+e)}{2}.$$

Ce qui nous donne, toute réduction faite,

$$F_N = 0,0451 \, \hat{\mathrm{o}} \, s^{4,4} \, 2 \, G \, a^2 \, \pi(2 - \sqrt{(1 - e^2)})N \quad \ldots \ldots \quad \text{(XXIV)}$$

pour l'expression du travail mécanique dépensé pour N révolutions par suite de la résistance du milieu interstellaire. Ce travail est égal à la moitié de la force vive qu'aurait perdue la Planète sous l'action unique de la résistance, et celle-ci, au cas de l'orbite la plus elliptique, peut être encore représentée par l'équation (II)

$$V_p^2 = V_0^2 + V_s^2 - V_c^2.$$

Toutefois, à peine ai-je besoin de le faire remarquer, toute l'analyse précédente n'est rigoureuse et absolument correcte que quand nous admettons, *ce qui est impossible,* que la vitesse de la Planète sur son orbite ne varie à chaque instant qu'en fonction de la distance au Soleil et non par suite de la résistance du milieu; et que, quand on admet, ce qui est *tout aussi impossible,* que la distance périhélie et l'excentricité ne varient non plus, à chaque révolution, par suite de la résistance. Mais comme, en toute hypothèse, la valeur de la résistance ρ est extrêmement petite, nous pouvons aussi, comme pour le mouvement circulaire, admettre que les suppositions *erronées* qui précèdent sont correctes pour chaque révolution prise isolément, et que les éléments de l'ellipse décrite varient, mais extrêmement peu, d'une révolution à l'autre. Dans cette manière de raisonner, l'égalité ci-dessus reste correcte, à la condition que

$$V_\rho, \, V_0, \, V_s, \, V_c,$$

expriment désormais des valeurs prises à un même point de l'ellipse, au périhélio, par oxomplo, ou, ce qui est la même chose, mais ce qui est beaucoup plus commode pour l'usage, à la condition que ces termes répondent aux vitesses constantes pour une révolution, si, au lieu d'une ellipse, nous avions un cercle dont le rayon soit égal au demi-grand axe. La modification de la vitesse due à la chute de la Planète vers le Soleil est due alors à la diminution de la distance périhélie d'une révolution à l'autre. — Ces remarques étant bien posées, notre analyse suffit pour une première approximation. Il serait facile ensuite de tenir compte des variations qui ont lieu pendant chaque révolution même ; mais l'approximation dont nous nous contentons ici rend ce travail inutile.

En partant de ce qui vient d'être dit, en désignant par G_0 l'intensité de l'attraction solaire à la distance A_0, qui est ici le demi-grand axe initial de l'orbite elliptique, et en remarquant que le terme V_0^2 de l'équation (VI) a pour valeur $G_0 A_0$, nous avons :

$$V_p^2 = G_0 A_0 \left[\left(\frac{\mathcal{T}_0}{\mathcal{T}_1}\right)^{\frac{2}{3}} - 1 \right],$$

$\mathcal{T}_0$ étant la durée correspondante d'une révolution sidérale,

$\mathcal{T}_1$ celle qui, au bout d'un nombre N d'années de la Planète, répond à un demi-grand axe devenu A_1, mais peu différent pourtant de A_0.

Nous avons donc l'égalité :

$$0,0431 \, \partial \, s^{1.4} \, 2 G_1 \, a^2 \, \pi \, N \left(2 - \sqrt{(1 - e^2)}\right) = G_0 A_0 \frac{P}{2g} \left[\left(\frac{\mathcal{T}_0}{\mathcal{T}_1}\right)^{\frac{2}{3}} - 1 \right], \quad . \quad . \text{ (XXV)}$$

$\frac{P}{g}$ désignant la masse de la Planète,

G_1 l'intensité de l'attraction solaire à la distance périhélie a,

G_0 étant toujours cette intensité à la distance A_0.

Ces deux derniers termes sont faciles à éliminer. Remarquons, en effet, que l'on a :

$$G_1 = G_0 \left(\frac{A_0}{a}\right)^2 ;$$

$$G_1 \, a^2 = G_0 \, A_0^2.$$

En écrivant ces valeurs dans le membre gauche, $G_0 A_0$ disparaît par la division et il nous reste enfin :

$$0,0431 \, \partial \, s^{1.4} \, 2 A_0 \, \pi \, N \left(2 - \sqrt{(1 - e^2)}\right) = \frac{P}{2g} \left[\left(\frac{\mathcal{T}_0}{\mathcal{T}_1}\right)^{\frac{2}{3}} - 1 \right]. \quad . \quad . \quad . \text{ (XXVI)}$$

Laissons d'abord à l'équation toute sa généralité. Nous avons :

$$s'^{,4} = \frac{(C\,R')^{2,4}}{(4\pi)^{1,4}};$$

$$A_0 = \frac{23280\,C\,A'}{2\pi}\cdot;$$

$$P = \frac{(C\,R')^3}{6\pi^2}\,5500\,\Delta';$$

C étant la circonférence de la Terre,

R' le rayon de la Planète, celui de la Terre étant 1,

A' la distance au Soleil,

Δ' la densité, relative aussi.

On a ainsi, pour n'importe quelle Planète,

$$\frac{454,14\,A'\,N\,\delta}{\Delta'\,R'^{0,8}}\left(2 - \sqrt{(1 - e^2)}\right) = \left[\left(\frac{\mathfrak{T}_0}{\mathfrak{T}_1}\right)^{\frac{2}{3}} - 1\right], \quad . \quad . \quad . \quad (\text{XXVII})$$

ou, en posant :

$$\delta = \frac{1}{W},$$

W étant le volume spécifique du gaz,

$$\frac{454,14\,A'\,N}{W\,\Delta'\,R'^{0,8}}\left(2 - \sqrt{(1 - e^2)}\right) = \left[\left(\frac{\mathfrak{T}_0}{\mathfrak{T}_1}\right)^{\frac{2}{3}} - 1\right]. \quad . \quad . \quad . \quad (\text{XXVIII})$$

Telle est l'équation générale applicable à une Planète dont l'orbite est
notablement elliptique.

§ II

APPLICATION DES ÉQUATIONS A MERCURE.

Pour Mercure, il vient :

$$A' = 0,3870987 ;$$
$$\mathfrak{T}_1 = 87^{\mathrm{j}},969258 ;$$
$$R' = 0,573 ;$$
$$\Delta' = 1,173 ;$$
$$e = 0,2056048 ;$$

d'où il résulte, pour l'équation $(\mathbf{XXVIII})$,

$$\frac{336,92\, N}{W} = \left[\left(\frac{\mathfrak{T}_0}{87,969258} \right)^{\frac{2}{3}} - 1 \right]. \quad \ldots \ldots \quad (\mathbf{XXIX})$$

Comme exemple, supposons que la durée de l'année de Mercure diminue d'une demi-seconde en un siècle (soit en 415,21 révolutions de la Planète, environ). Avec cette donnée, notre équation devient :

$$\frac{336,92 \cdot 415,21}{W} = \left[\left(\frac{87,969258 + \dfrac{0,5}{86400}}{87,969258} \right)^{\frac{2}{3}} - 1 \right],$$

d'où l'on tire, pour W, le nombre colossal,

$$W = 3200\ 000\ 000\ 000^{\mathrm{m}^3},$$

soit trois mille deux cents kilomètres cubes. Et ce nombre, nous allons le voir, est de beaucoup trop faible.

Notre diminution d'une demi-seconde sur la durée de l'année de Mercure, en un de nos siècles, nous donne, en effet,

$$(\delta V) = 365{,}256374 \left(\frac{1296000''}{87{,}969258} - \frac{1296000''}{87{,}969258 + \dfrac{0^{\sec}{,}5}{86400}} \right) = 0''{,}355995$$

pour l'accroissement de vitesse, *notre année étant prise pour unité.* Cet accroissement ayant lieu en un siècle, l'accroissement de vitesse annuel est :

$$\frac{0''{,}355995}{100} = 0''{,}00355995 ;$$

et l'équation séculaire qui résulte de là est : ·

$$\Lambda = \frac{1}{2}(0{,}00355995)(100\,n)^2,$$

ou :

$$\Lambda = 17''{,}69975\,n^2 ;$$

d'où, en 20 siècles,

$$\Lambda = 1^\circ, 58',$$

pour la seule action d'une résistance, et sans tenir compte d'aucune des autres causes de variations périodiques de la vitesse de Mercure. Un pareil nombre est absolument inadmissible. — Réduisons l'équation séculaire à

$$\Lambda = 1''\,n^2,$$

valeur elle-même dont rien ne démontre l'existence réelle. Cette supposition nous donne, pour l'accroissement de la vitesse annuelle en cent ans,

$$(\delta V_a) = \frac{2 \cdot 1'' \cdot 100}{10000} = 0''{,}02.$$

Nous avons donc, pour déterminer la diminution de l'année de Mercure pour un de nos siècles,

$$0'',02 = 365,256374\left(\frac{1296000}{87,969258} - \frac{1296000}{87,969258 + \dfrac{x}{86400}}\right);$$

d'où

$$x = 0^{\text{sec}},028.$$

Reprenons notre équation ($\mathbf{XXIX}$), en y introduisant les valeurs convenables pour N et pour $\mathfrak{T}_0$, soit :

$$N = 415,21 ;$$

$$\mathfrak{T}_0 = \mathfrak{T}_1 + \frac{x}{86400} = 87,969258 + \frac{0,028}{86400}.$$

Elle devient :

$$\frac{356,92 \cdot 415,21}{W} = \left[\left(\frac{87,969258 + \dfrac{0,028}{86400}}{87,969258}\right)^{\frac{3}{2}} - 1\right];$$

d'où l'on tire, pour W,

$$W = 56700\,000\,000\,000^{\text{m}^3}.$$

C'est-à-dire qu'un kilogramme de matière serait répandu dans un espace de cinquante-six mille sept cents kilomètres cubes.

CHAPITRE DEUXIÈME

**ACTION QU'AURAIT UNE TRÈS FAIBLE RÉSISTANCE D'UN MILIEU MATÉRIEL
SUR LE MOUVEMENT DES SATELLITES.**

———

Le problème que nous venons d'examiner, très intéressant déjà en ce qui
concerne les Planètes, l'est bien plus, et sous plus d'un rapport, en ce qui
touche aux mouvements des Satellites. Parmi ces compagnons des Planètes,
deux surtout méritent de fixer particulièrement notre attention :

1° Notre Lune, dont la théorie a été étudiée admirablement par Laplace,
en première ligne, et puis par d'autres analystes distingués ;

2° Phobos, l'un des Satellites, si inopinément découverts, de Mars.

SECTION PREMIÈRE

ÉTUDE DES PHÉNOMÈNES QUE PRÉSENTE LA LUNE.

Le mouvement de la Lune, on le sait, est loin d'être régulier. Il est assu-
jetti à des variations de diverses espèces, les unes à périodes très courtes,
d'autres moins rapides, mais périodiques aussi, d'autres enfin continues dans
le même sens, du moins pour un grand nombre de siècles. C'est de ces
dernières seules que nous avons à nous occuper dans ce travail. Parmi les
causes capables de donner lieu à une modification continue dans le même
sens et sans retour possible vers un même état initial, une résistance matérielle est, en effet, la principale, disons même, la seule peut-être. Ceci
s'applique aux mouvements des Planètes aussi bien qu'à celui des Satellites ;
mais, comme nous allons bientôt voir, par suite des conditions mêmes des
mouvements de ces derniers, les troubles produits par une résistance seraient
beaucoup plus sensibles que cela n'aurait lieu pour une Planète quelconque.

Il est donc essentiel de chercher ce qui, dans les perturbations de notre Satellite, pourrait être attribué, avec quelque certitude, à une telle résistance.

En partant de l'analyse des éclipses, bien observées par les premiers astronomes, Hansen a montré depuis longtemps que le moyen mouvement de la Lune autour de la Terre s'accélère sans cesse, et que l'équation, dite séculaire, qui exprime ce phénomène, est, très sensiblement,

$$\Lambda = 12''{,}2\, n^2,$$

Λ étant l'avance de la longitude de la Lune;

n le nombre de siècles écoulés.

L'accélération étant ici implicitement considérée comme régulière, il s'ensuit que la vitesse moyenne de la Lune s'accroît chaque siècle de

$$2 \cdot 12''{,}2 = 24''{,}4,$$

et que l'on a, pour l'expression de cette vitesse mesurée par siècle,

$$v'' = 24''{,}4\, t_s;$$

et

$$v'' = 0''{,}244\, t_a,$$

si l'on prend notre année pour unité.

La détermination des vraies causes de l'accélération séculaire du moyen mouvement de la Lune constitue une des plus belles parties de la Mécanique céleste de Laplace, et c'est aussi une de celles dont ce grand analyste était le plus justement fier. Avant lui, en effet, plusieurs astronomes avaient été portés à croire que l'accélération de notre Satellite, très exactement déterminée par l'observation, ne pouvait être attribuée qu'à une résistance interstellaire. Laplace eut la satisfaction de démontrer que toutes les perturbations lunaires s'expliquent parfaitement par les seules lois de la Gravitation universelle, et qu'il n'est, au contraire, pas possible de trouver dans l'une quelconque de ces perturbations le moindre indice d'une résistance.

Le travail de Laplace a été repris depuis par Adams et par Delaunay, et ces deux savants ont montré, chacun de son côté, que Laplace, en négligeant à tort certains termes de ses équations, qu'il croyait sans influence notable, avait trouvé une accélération presque de moitié trop forte : $10'',7$ au lieu de $6'',11$ qu'elle est effectivement en théorie, quand on ne tient compte que des causes analysées par Laplace. Toutefois les deux analystes modernes furent assez heureux pour trouver à l'accélération lunaire une autre cause dépendant aussi de la Gravitation universelle et excluant toute intervention *nécessaire* d'une résistance interstellaire. Cette cause n'est autre que le phénomène du flux et du reflux de notre Océan lui-même : la montagne fluide que soulève l'attraction lunaire, restant continuellement en arrière de la ligne de jonction des centres de gravité de la Terre et de la Lune, tend à accélérer le moyen mouvement de la Lune et à retarder le mouvement de rotation de la Terre sur elle-même, en d'autres termes, à augmenter la durée du jour. Contrairement à ce qu'avait pensé Laplace, qui admettait la constance parfaite du jour, Adams a montré qu'il suffit que le jour ait augmenté de $0^{\text{sec.}},012$ en deux mille ans pour que le restant de l'accélération lunaire due au phénomène des marées, ajouté à l'effet dû aux causes étudiées par Laplace, conduise à une concordance parfaite entre les résultats de l'observation et ceux de l'analyse.

Une courte digression me sera permise.

Je considère presque comme un devoir de rappeler un fait peu connu. Robert Mayer, l'un des fondateurs de la Thermodynamique, a fait remarquer dès l'abord que, par suite des frottements qu'éprouvent les eaux de l'Océan en se mouvant sous l'action de l'attraction lunaire, il s'opère sans cesse une perte de force vive dans le mouvement de rotation de notre globe, perte qui doit amener nécessairement une augmentation dans la durée du jour et aussi par contre-coup, une augmentation dans la vitesse lunaire. Il est certainement digne de remarque et d'admiration de voir un grand esprit, absolument étranger à l'Analyse mathématique, arriver par intuition et d'un jet à une découverte qui avait échappé à des astronomes de profession. Cette découverte n'est assurément pas le moindre titre de gloire de Mayer (1).

Mes lecteurs comprendront sans peine quel sentiment de curiosité, et, j'ajoute fort modestement, d'inquiétude, s'est emparé de moi, lorsque je me suis mis à appliquer la méthode d'analyse, presque élémentaire, que je développe dans ce travail à un ordre de phénomènes étudié avec la plus extrême attention par Laplace. Chacun aussi comprendra la satisfaction que j'ai éprouvée en constatant la concordance parfaite des résultats obtenus par deux voies aussi absolument différentes. Je puis espérer, sans manquer le moins du monde aux lois de la modestie, qu'on trouvera dans ce Chapitre quelque chose de plus qu'une simple répétition de ce qui a été traité de main de maître par Laplace.

§ I

ACTION QU'AURAIT LA RÉSISTANCE D'UN FLUIDE
SUR LE MOYEN MOUVEMENT DE LA LUNE SUPPOSÉE SEULE SUR L'ORBITE ACTUELLE
DU CENTRE COMMUN DE GRAVITÉ DE LA TERRE ET DE LA LUNE.

Supposons toujours l'Espace planétaire occupé par un gaz très rare, en repos relatif, et voyons l'action qu'aurait un tel gaz sur le moyen mouvement de notre Satellite.

La Lune est douée d'un mouvement en quelque sorte double; elle accompagne la Terre autour du Soleil avec un mouvement moyen nécessairement égal de part et d'autre ; elle tourne autour de notre globe, ou pour parler plus strictement, les deux sphéroïdes tournent autour de leur centre

---

(1) Je ne puis m'empêcher de montrer digressivement la singulière ressemblance qui a existé entre Mayer et notre Foucault. Tous deux ont été, *en apparence*, étrangers aux Mathématiques ; Foucault avait au début étudié la Médecine ; Mayer est resté médecin pratiquant tout le temps que son état de santé le lui permettait ; et pourtant tous deux ont fait des découvertes de la plus haute portée dans les Sciences physiques et exactes, tous deux sont arrivés par intuition à la révélation de phénomènes dont l'explication rigoureuse a exercé la sagacité d'analystes très habiles. La ressemblance persiste même en un sens,

commun de gravité, comme s'ils étaient seuls dans l'Espace. Commençons par faire abstraction complète du mouvement autour de la Terre; supposons, pour plus de clarté encore, que la Terre n'existe pas et que la Lune chemine seule sur l'orbite commune aujourd'hui au centre de gravité des deux Astres.

Notre équation (XIV) s'appliquera directement, et nous n'aurons à y changer que les valeurs de

s_L section équatoriale de la Lune ;

P_L poids ou masse du Satellite.

Toutefois, au lieu d'introduire de suite des nombres, laissons à nos équations leur forme générale; désignons par :

s_L, s_T les sections équatoriales de la Lune et de la Terre;

P_L, P_T leurs masses;

N_L, N_T le nombre de révolutions sidérales que nous admettons;

D_L, D_T les distances de la Lune et de la Terre au Soleil.

Il vient ainsi :

$$\left.\begin{aligned}
0{,}0451\, s_L^{1,4}\, \delta(2\pi\, D_L)\, N_L &= \frac{P_L}{2g}\left[\left(\frac{\tau_0}{\tau_1}\right)_L^3 - 1\right] \\[2ex]
0{,}0451\, s_T^{1,4}\, \delta(2\pi\, D_T)\, N_T &= \frac{P_T}{2g}\left[\left(\frac{\tau_0}{\tau_1}\right)_T^3 - 1\right]
\end{aligned}\right\} \quad \dots\dots \quad \text{(XIV}a\text{)}$$

Divisons, membre à membre, la première de ces équations par la seconde.

---

hélas! jusque dans la cause qui a déterminé la fin de ces deux grands esprits. Foucault, par une maladie cruelle, a perdu sa puissance de penser pendant plusieurs mois avant sa mort, Mayer a souffert périodiquement d'une absence complète de ses facultés intellectuelles, maladie de l'issue fatale de laquelle il se rendait parfaitement compte comme médecin dans ses périodes de lucidité complète. « *Mors omnia curat* », me disait-il un jour. Semblables dans leur manière de découvrir l'inconnu, ils l'ont été en infortune.

Il vient, en remarquant que par la définition même nous avons $D_L = D_T$ et par suite $N_L = N_T$,

$$\left(\frac{s_L}{s_T}\right)^{1,1} = \frac{P_L}{P_T} \frac{\left[\left(\dfrac{\mathfrak{C}_0}{\mathfrak{C}_1}\right)^{\frac{2}{3}}_L - 1\right]}{\left[\left(\dfrac{\mathfrak{C}_0}{\mathfrak{C}_1}\right)^{\frac{2}{3}}_T - 1\right]} \quad \ldots \ldots \ldots \ldots \quad \text{(XXX)}$$

Tous les termes communs, y comprise la densité même du milieu hypothétique, ont naturellement disparu. En nous donnant maintenant, arbitrairement d'ailleurs, une équation séculaire exprimant l'accélération de la Lune, par exemple, nous pourrons aisément trouver l'équation séculaire qui conviendrait à la Terre.

Pour $\dfrac{P_L}{P_T}$, nous pouvons écrire :

$$\frac{1}{79,7} = 0,012347$$

qui est le rapport des masses.

Pour $\left(\dfrac{s_L}{s_T}\right)^{1,1}$, nous avons :

$$\left(\frac{\pi R_L^2}{\pi R_T^2}\right)^{1,1} = \left(\frac{R_L}{R_T}\right)^{2,2} = (0,275)^{2,2} = 0,0574854.$$

En introduisant ces données dans l'équation $(\mathbf{XXX})$, nous avons :

$$(0,275)^{2,2} = \frac{1}{79,7} \cdot \frac{\left[\left(\dfrac{\mathfrak{C}_1 + x}{\mathfrak{C}_1}\right)^{\frac{2}{3}}_L - 1\right]}{\left[\left(\dfrac{\mathfrak{C}_1 + x}{\mathfrak{C}_1}\right)^{\frac{2}{3}}_T - 1\right]} .$$

Le membre droit de cette équation peut être ramené aussi à la plus extréme simplicité. — Désignons toujours par :

(δV) l'accélération ou plutôt le coefficient de l'accélération séculaire ;

x la diminution de l'année en fraction de jour qui y répond ;

nous avons :

$$(\delta V) = 1296000\, \mathfrak{C}_1 \left[\frac{1}{\mathfrak{C}_1} - \frac{1}{(\mathfrak{C}_1 + x)} \right],$$

d'où

$$x = \frac{(\delta V)\, \mathfrak{C}_1\, (\mathfrak{C}_1 + x)}{1296000\, \mathfrak{C}_1} \cdot$$

Mais le terme x, extrémement petit, peut être supprimé au numérateur, et il reste :

$$x = \frac{(\delta V)\mathfrak{C}_1}{1296000} ;$$

d'où l'on tire :

$$\left[\left(\frac{\mathfrak{C}_1 + x}{\mathfrak{C}_1} \right)^{\frac{1}{3}} - 1 \right] = \left[\left(1 + \frac{(\delta V)}{1296000} \right)^{\frac{1}{3}} - 1 \right].$$

Le développement de

$$\left(1 + \frac{(\delta V)}{1296000} \right)^{\frac{2}{3}}$$

donne :

$$\left[1 + \frac{\frac{2}{3}}{1} \left(\frac{(\delta V)}{1296000} \right) + \frac{\frac{2}{3}\left(\frac{2}{3} - 1 \right)}{1 \cdot 2} \left(\frac{(\delta V)}{1296000} \right)^{2} \ldots\ldots \right];$$

mais, pour une valeur aussi petite que l'est toujours celle de (δV), nous pouvons, sans aucune erreur sensible, nous tenir au premier terme, de sorte qu'il reste :

$$\left[\left(1 + \frac{(\delta V)}{1296000}\right)^{\frac{2}{3}} - 1\right] = \frac{2}{3}\frac{(\delta V)}{1296000} ;$$

et, par suite,

$$\left[\left(\frac{\mathfrak{T}_1 + x}{\mathfrak{T}_1}\right)^{\frac{2}{3}} - 1\right] = \frac{2}{3}\frac{(\delta V)}{1296000}.$$

En partant de là, et en désignant par $(\partial V)'$ l'accélération lunaire et par $(\partial V)_\tau$ l'accélération de la Terre, il vient :

$$\frac{(\delta V)'}{(\delta V)_\tau} = \frac{P_\tau}{P_L}\left(\frac{R_L}{R_\tau}\right)^{2,2} \quad . \quad . \quad . \quad . \quad . \quad . \quad . \quad . \quad . \quad . \quad \text{(XXXI)}$$

Nous avons ainsi, à l'aide des nombres indiqués ci-dessus,

$$\frac{(\delta V)'}{(\delta V)_\tau} = 79,7\,(0,273)^{2,2} = 4,582 ;$$

d'où :

$$(\delta V)' = 4,582\,(\delta V)_\tau.$$

Il résulte de cette équation que, pour une même densité de fluide interstellaire, l'équation séculaire de la Lune, *si ce Corps existait seul,* serait 4,582 fois plus grande que celle de la Terre *si elle existait seule aussi.*

Nous venons d'examiner un fait sans réalité : une Lune seule, une Terre seule. Passons à la réalité.

§ II

ACTION QU'AURAIT LA RÉSISTANCE D'UN FLUIDE SUR LE MOYEN MOUVEMENT
DU CENTRE DE GRAVITÉ COMMUN DE LA TERRE ET DE LA LUNE DÉRIVANT DU MOUVEMENT
DES DEUX SPHÉROÏDES AUTOUR DU SOLEIL.

Nous avons considéré les choses comme si la Lune et la Terre, alternativement, se trouvaient seules sur la même orbite. Tenons maintenant compte de l'effet du mouvement de la Lune autour de la Terre sur leur mouvement commun de translation que, pour plus de simplicité et sans rien altérer d'ailleurs aux résultats, nous regarderons comme rectiligne, comme si le rayon vecteur du Soleil à la Terre avançait parallèlement à lui-même.

Fig. 1. — Désignons par :

U la vitesse moyenne de translation de la Terre;

V la vitesse, moyenne aussi, de révolution de la Lune autour de la Terre;

θ l'angle que fait à chaque instant le rayon vecteur de la Lune avec la ligne ff' de direction *rectiligne* de la Terre, l'origine des angles étant pris en L_0, époque du premier quartier.

Pendant toute la demi-circonférence $L_0 P L_1$ ou du premier quartier au dernier, la Lune marche contre le fluide interstellaire avec la vitesse U qu'elle a de commun avec la Terre, augmentée de la vitesse $(V \sin \theta)$ qui relève à chaque instant de la valeur de l'angle θ. Pendant toute la demi-circonférence $L_1 N L_0$, la Lune marche encore contre le fluide, mais avec la vitesse U *diminuée* de la vitesse $(V \sin \theta)$.

Désignons par :

ρ_0 la résistance pour l'unité de vitesse ;

t le temps compté à partir de L_0.

La résistance opposée par le fluide au mouvement de translation de la Lune sera :

Période de pleine lune, de L_0 en L_1

$$\rho_0(U + V \sin \theta)^2;$$

Période de nouvelle lune, de L_1 en L_0

$$\rho_0(U - V \sin \theta)^2;$$

l'espace parcouru en un temps dt sera :

$$(U + V \sin \theta)dt = de;$$

$$(U - V \sin \theta)dt = de;$$

et, par conséquent, le travail mécanique exécuté par la Lune, en surmontant la résistance, sera, en un temps dt,

$$\rho_0(U + V \sin \theta)^2 (U + V \sin \theta)dt = \rho_0(U + V \sin \theta)^3 dt;$$

$$\rho_0(U - V \sin \theta)^2 (U - V \sin \theta)dt = \rho_0(U - V \sin \theta)^3 dt.$$

En faisant la somme de ces équations, il vient :

$$\rho_0(2\,U^3 + 6\,U\,V^2 \sin^2\theta)dt = dF. \qquad \ldots \ldots \quad \text{(XXXII)}$$

Pour intégrer, désignons par Ω la vitesse angulaire de la Lune relative à la Terre. Nous avons :

$$\Omega \, dt = d\theta;$$

d'où :

$$dt = \frac{d\theta}{\Omega}.$$

Substituant cette valeur dans l'équation précédente, on a :

$$\frac{\rho_0}{\Omega}(2\,U^3 + 6\,U\,V^2 \sin^2\theta)d\theta = dF \quad . \quad . \quad . \quad . \quad . \quad . \quad \text{(XXXIII)}$$

Strictement parlant, U, V et Ω sont variables, non seulement par suite de l'ellipticité des orbites de la Terre et de la Lune, mais en raison même de la résistance supposée du fluide interstellaire. Toujours strictement parlant, notre équation n'est donc pas intégrable telle qu'elle est écrite. Toutefois, comme je l'ai déjà dit pour le mouvement de Mercure et de la Terre, ρ_0 est tellement petit en toute hypothèse que, pour une et même pour plusieurs révolutions sidérales, nous pouvons considérer U et V comme invariables pendant une révolution et comme ne changeant que très peu au bout d'un long temps (je reviendrai encore sur cette question plus loin). En partant de cette remarque, nous pouvons intégrer notre équation de 0 à π, et le résultat obtenu, ou

$$F = \frac{\rho_0}{\Omega}\int_0^\pi (2\,U^3 + 6\,U\,V^2 \sin^2\theta)d\theta = \frac{\rho_0}{\Omega}\,2\,\pi\,U^3\left[1 + 1{,}5\left(\frac{V}{U}\right)^2\right]. \quad . \quad . \quad \text{(XXXIV)}$$

exprime le travail exécuté par la Lune dans le sens $f\,f'$ pendant une révolution sidérale. Désignons par :

$\mathfrak{T}_L$ la durée d'une révolution sidérale de la Lune.

En vertu de

$$\Omega\, t = 0,$$

nous avons :

$$\frac{2\pi}{\Omega} = \mathfrak{T}_{\text{L}};$$

d'où :

$$F = \rho_0\,(\mathfrak{T}_{\text{L}}\,U)\,U^2\left[1 + 1,5\left(\frac{V}{U}\right)^2\right]. \quad\ldots\ldots\ldots\quad (\text{XXXV})$$

Désignons, d'un autre côté, par :

$\mathfrak{T}_{\text{T}}$ la durée de notre année sidérale ;

S le développement de l'orbite terrestre ;

il vient :

$$U = \left(\frac{S}{\mathfrak{T}_{\text{T}}}\right);$$

d'où :

$$F = \rho_0\,S\left(\frac{\mathfrak{T}_{\text{L}}}{\mathfrak{T}_{\text{T}}}\right)U^2\left[1 + 1,5\left(\frac{V}{U}\right)^2\right]; \quad\ldots\ldots\quad (\text{XXXVI})$$

et, par conséquent, pour une année entière, le travail effectué par la Lune dans son mouvement de translation devient :

$$F = \rho_0\,S\left(\frac{\mathfrak{T}_{\text{L}}}{\mathfrak{T}_{\text{T}}}\,\frac{\mathfrak{T}_{\text{T}}}{\mathfrak{T}_{\text{L}}}\right)U^2\left[1 + 1,5\left(\frac{V}{U}\right)^2\right] = \rho_0\,S\,U^2\left[1 + 1,5\left(\frac{V}{U}\right)^2\right] \quad\ldots\quad (\text{XXXVII})$$

Je montrerai ailleurs que rien absolument n'est changé à ce résultat si nous substituons le mouvement curviligne effectif de la Terre au mouvement rectiligne que nous avons supposé, par impossible.

Remplaçons maintenant ρ_0 par sa valeur :

$$\rho_0 = 0,0451 \, (\pi R_L^2)^{1,4} \, \delta \, ;$$

notre équation de travail devient :

$$F = 0,0451 \, \delta \, (\pi R_L^2)^{1,4} \, S \, U^2 \left[1 + 1,5 \left(\frac{V}{U} \right)^2 \right]. \quad \ldots \ldots \quad \text{(XXXVIII)}$$

D'après toutes les remarques que j'ai présentées, ce travail n'est autre chose que le double de la force vive que la Lune perd par suite de la résistance du fluide interstellaire dans son mouvement de *translation autour du Soleil,* perte qui, par conséquent, est, comme nous l'avons dit pour la Terre et pour Mercure seuls, réparée par la chute commune de la Lune et de la Terre vers le Soleil. Nous avons, en un mot, comme pour la Terre seule,

$$0,0451 \, \delta \, (\pi R_L^2)^{1,4} \, S \, U_0^2 \left[1 + 1,5 \left(\frac{V}{U_0} \right)^2 \right] = \frac{P_L}{2g} U_0^2 \left[\left(\frac{z_0}{z_i} \right)^2 - 1 \right], \quad \ldots \quad \text{(XXXIX)}$$

U_0 désignant la vitesse commune initiale de la Terre et de la Lune, au commencement de la période de L_0 en L_i, et

P_L le poids de la Lune.

Mais nous pouvons, comme nous l'avons fait ci-dessus, écrire :

$$\left[\left(\frac{z_0}{z_i} \right)^2 - 1 \right] = \left[\left(\frac{z_i + x}{z_i} \right)^{\frac{2}{3}} - 1 \right] = \left[\left(1 + \frac{(\delta V)_0}{1296000} \right)^{\frac{2}{3}} - 1 \right] = \frac{2}{3} \frac{(\delta V)_0}{1296000} \, ;$$

d'où il résulte :

$$0,0451 \, \delta \, (\pi R_L^2)^{1,4} \, S \left[1 + 1,5 \left(\frac{V}{U_0} \right)^2 \right] = \frac{P_L}{2g} \frac{2}{3} \frac{(\delta V)_0}{1296000} \quad \ldots \ldots \quad \text{(XL)}$$

Au lieu de résoudre cette équation, divisons-la, membre à membre, par celle qui correspond au mouvement de translation de la Terre, ou

$$0,0451 \; \delta \; (\pi \; R_T^2)^{1,1} \; S = \frac{P_T}{2g} \frac{2}{5} \frac{(\delta V)_T}{1296000} . \quad\quad\quad\quad \text{(XIV)}_a$$

Il vient pour le rapport :

$$\frac{(\delta V)_0}{(\delta V)_T} = \left(\frac{R_L}{R_T}\right)^{7,2} \left(\frac{P_T}{P_L}\right)\left[1 + 1,5\left(\frac{V}{U_0}\right)^2\right] = \overline{0,275}^{\,3,3} \cdot 79,7\left[1 + 1,5\left(\frac{1021,52}{29508}\right)^2\right]; \quad \text{(XLI)}$$

d'où :

$$\frac{(\delta V)_0}{(\delta V)_T} = 4,582 \cdot 1,001797 = 4,59.$$

On voit qu'en tenant compte du mouvement de la Lune autour de la Terre dans son commun mouvement de translation autour du Soleil, l'équation séculaire ne se trouve augmentée que dans le rapport de 1 à 1,001797. Dans la réalité des choses, l'attraction rend les deux mobiles solidaires et inséparables ; il ne peut exister qu'un même mouvement de translation et qu'une même équation séculaire de translation. L'équation réelle de la Terre se trouve donc un peu augmentée et celle de la Lune (toujours, s'entend, dans son mouvement de translation autour du Soleil) se trouve notablement diminuée, par suite de la différence des masses.

Reprenons notre équation (XL), et réduisons-la en nombre. Nous avons :

$$P_L = \frac{4}{3} \pi \left(\frac{40000000 \cdot 0,275}{2\pi}\right)^3 0,615 \cdot 5500;$$

$$(\pi R_L^2)^{1,1} = \frac{(40000000 \cdot 0,275)^{2,2}}{(4\pi)^{1,1}};$$

$$S = 40000000 \cdot 25280;$$

$$V = \frac{40000000 \cdot 60,275}{2560591^{\text{sec.}},5} = 1021^{\text{m}},32;$$

$$U_0 = 29508^{\text{m}}.$$

En donnant à g sa valeur habituelle et en effectuant tous les calculs, il vient :

$$(\delta V)_0 = \frac{4063141200}{W}.$$

Nous verrons bientôt quelle est l'importance de cette dernière équation. Étant connu W, elle nous donnerait l'accélération annuelle qu'éprouverait la Lune dans son mouvement de translation, si elle n'était liée à la Terre.

Toute l'analyse précédente est de la plus haute portée quant aux conclusions auxquelles vont nous conduire les paragraphes suivants.

§ III

ACTION QU'AURAIT LA RÉSISTANCE D'UN FLUIDE SUR LE MOYEN MOUVEMENT DE LA LUNE AUTOUR DE LA TERRE.

Première approximation.

LE MOUVEMENT COMMUN AUTOUR DU SOLEIL EST SUPPOSÉ RECTILIGNE.

Passons à l'étude du mouvement relatif de la Lune vis-à-vis la Terre. C'est l'une des questions les plus importantes et les plus intéressantes qui se puissent présenter. Je vais, plus encore que je ne l'ai fait précédemment, ramener l'analyse des phénomènes à la plus extrême simplicité, sauf à montrer ensuite qu'il ne résulte de là aucune erreur notable.

Dans ce qui va suivre je supposerai l'orbite de la Lune circulaire, ce qui, malgré l'excentricité réelle assez considérable $(0,05490807)$, n'a qu'une minime influence sur les résultats finaux. Je ne tiendrai pas compte, non plus, de l'inclinaison de l'orbe lunaire qui, en raison de sa faible valeur, ne modifie en rien les résultats.

Fig. 1. — Supposons la Terre immobile et donnons au fluide interstellaire lui-même la vitesse de translation moyenne U dont notre globe est animé; supposons de plus, *provisoirement aussi*, que la direction du mouvement du fluide soit invariable, dans le sens $\varphi\varphi'$ opposé au mouvement réel de la Terre.

Pendant la période du premier quartier au dernier (1), ou de L_0 en L_1, la Lune marche *contre* le fluide avec une vitesse propre, qui, décomposée dans la direction $\varphi\varphi'$, a pour valeur, à chaque instant $(V \sin \theta)$, V étant la vitesse moyenne de la Lune sur son orbite. La vitesse relative totale de la Lune est, par suite,

$$(U + V \sin \theta).$$

Pendant la période du dernier quartier au premier, ou de L_1 en L_0, la Lune marche *avec* le fluide avec une vitesse propre $(V \sin \theta)$; la vitesse relative totale est donc :

$$(U - V \sin \theta).$$

Désignons par ρ_0 la pression qu'exerce le fluide sur la Lune quand il a une vitesse égale à l'unité; nous aurons :

Période du premier quartier au dernier

$$\rho = \rho_0 (U + V \sin \theta)^2;$$

Période du dernier quartier au premier

$$- \rho = \rho_0 (U - V \sin \theta)^2.$$

Il est évident que la première de ces pressions ou *forces motrices* tend à ralentir le mouvement du Satellite et lui fait perdre, en toute hypothèse, de sa force vive; la seconde, au contraire, tend à accélérer le mouvement et

______

(1) Tout ce qui va être dit reste correct et se rapporte à la révolution sidérale de la Lune, puisque nous supposons la Terre immobile relativement au Soleil.

à augmenter la force vive. La seconde force est donc, comme nous l'avons écrit, de signe contraire. Pour obtenir l'intensité de ces deux forces motrices dans le sens du mouvement de la Lune sur son orbite, il nous suffit de multiplier de part et d'autre par *sin θ*, ce qui nous donne :

Période de L_0 en L_1

$$f_0 = \rho_0 \, (U + V \sin \theta)^2 \sin \theta \, ;$$

Période de L_1 en L_0

$$- f_1 = \rho_0 \, (U - V \sin \theta)^2 \sin \theta .$$

Avant d'aller plus loin, j'insiste encore une fois sur une remarque que j'ai déjà faite et qu'il importe de ne pas perdre de vue un instant dans tout ce qui va suivre. Si la densité et, par conséquent, la résistance du milieu gazeux étaient considérables, les deux vitesses U et V varieraient continuellement et rapidement ; nous ne pourrions tirer aucun résultat correct de nos deux équations de force. Dans la réalité des choses, le facteur de résistance ρ_0, s'il existe, est, en toute hypothèse, excessivement petit. Nous pouvons donc, comme nous l'avons fait pour les Planètes, considérer U et V comme parfaitement constants pendant toute une révolution, et comme variant seulement, d'un coup, d'une révolution à la suivante, et en ce qui concerne la vitesse de la Terre U, nous n'avons nullement à nous occuper de sa variation séculaire. De plus, bien qu'en raison de l'ellipticité des orbites de la Terre et de la Lune, U varie sans cesse pendant le cours de l'année et V pendant le cours d'une même révolution, ces variations, au cas particulier, sont assez petites pour que nous puissions adopter pour chacune une valeur moyenne U_0 et V_0.

Ces remarques étant bien posées, nous pouvons reprendre notre analyse.

Multiplions nos deux forces motrices ci-dessus par $(D_m \, d\delta)$, D_m étant le rayon vecteur moyen initial. Le produit obtenu exprimera le travail élémentaire répondant à chaque demi-révolution. Au lieu d'intégrer séparément, ajoutons la seconde équation à la première. La somme, intégrée de 0 à π

exprimera le travail effectif exécuté par la Lune, en surmontant la résistance du fluide. Il vient ainsi :

$$F_a = \int_0^\pi 4\rho_0\, D_m\, U\, V \sin^2\theta\; d\theta = 2\rho_0\, \pi\, D_m\, U\, V \quad\ldots\ldots\ldots \text{(XLII)}$$

Ce travail toutefois n'est pas le seul à considérer. Il correspond à la résistance dans la direction $\varphi\varphi'$ décomposée en chaque point suivant la tangente à l'orbite lunaire; mais, dans son mouvement relatif V, la Lune frappe aussi le fluide suivant une direction perpendiculaire à $\varphi\varphi'$; l'expression du travail qui résulte de là est visiblement :

$$(\rho_0\, V^2 \cos^2\theta)\, \cos\theta\, D_m\, d\theta,$$

et ce travail, pour une révolution sidérale complète, a pour valeur l'intégrale prise de 0 à 2π, soit :

$$F_b = \int_0^{2\pi}\rho_0\, D_m\, V^2 \cos^3\theta\; d\theta = \frac{8}{3}\,\rho_0\, D_m\, V^2. \quad\ldots\ldots\ldots \text{(XLIII)}$$

En ajoutant ce travail F_b au précédent F_a, il vient, pour le travail total d'une révolution sidérale,

$$F = 2\rho_0\, D_m \left(U\, V\, \pi + \frac{4}{3}\, V^2\right) = \frac{8}{3}\,\rho_0\, D_m\, V^2\left[\frac{3}{4}\!\left(\frac{U}{V}\right)\pi + 1 \right]; \quad\ldots\quad \text{(XLIV)}$$

ou, en tirant π de la parenthèse,

$$F = \frac{4}{3}\,\rho_0\, (2\pi\, D_m)\, V^2\left[\frac{3}{4}\!\left(\frac{U}{V}\right) + \frac{1}{\pi} \right]. \quad\ldots\ldots\ldots \text{(XLV)}$$

Tel est le travail perdu par la Lune en une révolution sidérale. Rigoureusement parlant, pour chaque révolution suivante, nous devrions écrire :

$$F_0 = \frac{4}{3}\,\rho_0\,(2\pi\,D_0)\,V_0^2 \left[\frac{3}{4}\!\left(\frac{U}{V_0}\right) + \frac{1}{\pi}\right];$$

$$F_1 = \frac{4}{3}\,\rho_0\,(2\pi\,D_1)\,V_1^2 \left[\frac{3}{4}\!\left(\frac{U}{V_1}\right) + \frac{1}{\pi}\right];$$

$$F_2 = \frac{4}{3}\,\rho_0\,(2\pi\,D_2)\,V_2^2 \left[\frac{3}{4}\!\left(\frac{U}{V_2}\right) + \frac{1}{\pi}\right];$$

$$\cdot \quad \cdot \quad \cdot \quad \cdot \quad \cdot \quad \cdot \quad \cdot \quad \cdot \quad \cdot \quad \cdot$$

$$\cdot \quad \cdot \quad \cdot \quad \cdot \quad \cdot \quad \cdot \quad \cdot \quad \cdot \quad \cdot$$

Dans la réalité des choses, d'une part, V, bien loin de diminuer, croîtra, comme nous allons voir, d'une révolution à l'autre, mais, d'autre part, croîtra si peu, non seulement d'une révolution à une autre, mais même de 0 à N_1 révolutions, que nous pourrons, sans aucune erreur appréciable, laisser ce terme constant, et poser, pour le travail de N_1 révolutions sidérales,

$$F = \frac{4}{3}\,\rho_0\,(2\pi\,D_0)\,V_0^2\,N_1 \left[\frac{3}{4}\!\left(\frac{U}{V_0}\right) + \frac{1}{\pi}\right] \quad \cdot \quad \cdot \quad \cdot \quad \cdot \quad \cdot \quad \cdot \quad \text{(XLVI)}$$

Je m'arrête sur une question qu'il importe d'éclaircir.

§ IV

ACTION QU'AURAIT LA RÉSISTANCE D'UN FLUIDE SUR LE MOUVEMENT MOYEN DE LA LUNE
AUTOUR DE LA TERRE.

Seconde approximation.

LE MOUVEMENT COMMUN AUTOUR DU SOLEIL
EST SUPPOSÉ CIRCULAIRE.

Dans l'analyse précédente, j'ai considéré le mouvement de la Terre comme rectiligne. Nous allons voir de suite qu'en introduisant le mouvement réel dans les équations, rien n'est altéré quant au résultat final.

Fig. 2. — Soient :

S le Soleil ;

T_0 la position initiale de la Terre ;

L_0 celle de la Lune, la ligne de jonction L_0-T_0 faisant un angle droit avec le rayon vecteur S-T_0.

La Terre s'étant déplacée de T_0 à T_1, et ayant décrit l'angle γ, la Lune aura décrit l'angle Λ mesuré à partir d'une ligne parallèle à T_0-L_0 et passant par le centre de la Terre. Si, à l'extrémité du rayon vecteur S-T_1, nous menons une perpendiculaire, nous aurons :

$$\gamma = \lambda ;$$

et

$$(\Lambda - \lambda) = \theta$$

C'est cet angle θ que nous devons introduire dans notre équation exprimant l'action de la résistance du fluide interstellaire dans le sens perpendiculaire à $S\text{-}T_0$. L'espace parcouru par la Lune sur sa circonférence relative à la Terre est : $D\Lambda$; il vient donc, pour le travail mécanique élémentaire dépensé par la Lune, toujours dans son mouvement relatif,

$$d\mathbf{F}_a = \rho_0 \{[U + V \sin(\Lambda - \lambda)]^2 \sin(\Lambda - \lambda)\, D\, d\Lambda - [U - V \sin(\Lambda - \lambda)]^2 \sin(\Lambda - \lambda)\, D\, d\Lambda \}; \quad \text{(XLVII)}$$

d'où, en achevant les opérations indiquées dans les parenthèses,

$$\mathbf{F}_a = 4\rho_0\, U\, V\, D \int \sin^2(\Lambda - \lambda)\, d\Lambda + \text{const.} \quad \ldots \ldots \quad \text{(XLVIII)}$$

Quant au travail dépensé dans le sens $S\text{-}T_0$, il a partout pour expression :

$$\rho_0\, V^2 \cos^3 \theta'\, D\, d\theta',$$

θ' étant l'angle mesuré à partir de L_0, la Terre étant supposée immobile ; et, au bout d'un nombre quelconque N_L de révolutions sidérales, sa valeur est toujours :

$$\mathbf{F}_b = \rho_0 \left(4 \int_0^{\frac{1}{2}\pi} V^2 \cos^3 \theta'\, D\, d\theta' \right) N_L = \frac{8}{3} \rho_0\, V^2\, D\, N_L. \quad \ldots \ldots \quad \text{(XLIX)}$$

Désignons par :

Θ la vitesse angulaire *moyenne* de la Terre autour du Soleil ;

Ω la vitesse angulaire, moyenne aussi, de la Lune autour de la Terre ; t étant le temps compté à partir de la position T_0 et L_0.

On a visiblement :

$$\Lambda = \Omega t;$$

$$d\Lambda = \Omega\, dt;$$

$$\lambda = \Theta t;$$

$$(\Omega - \Theta)t = (\Lambda - \lambda) = \theta;$$

et, par conséquent,

$$F_a = 4\rho_0 \, U \, V \, D \, \Omega \int \sin^2 (\Omega - \Theta) \, t \, dt =$$

$$= \frac{2\rho_0 \, U \, V \, D \, \Omega}{(\Omega - \Theta)} [(\Omega - \Theta) \, t - \sin (\Omega - \Theta) \, t \cos (\Omega - \Theta) \, t] + \text{const.} \quad . \quad . \quad . \quad \text{(L)}$$

J'introduis le temps dans les équations, pour enlever à la variable λ tout caractère arbitraire ou indéterminé (mécaniquement parlant). L'intégrale (F_a) doit être prise entre $t = 0$ et $(\Omega - \Theta) \, t = \pi$; il en résulte :

$$F_a = \frac{2\rho_0 \, U \, V \, D \, \Omega \, \pi}{(\Omega - \Theta)} N_y. \quad . \quad . \quad . \quad . \quad . \quad . \quad . \quad . \quad . \quad \text{(LI)}$$

Le travail (F_a) est maintenant celui qui répond, non plus à N_L révolutions sidérales de la Lune, mais à N_y révolutions *synodiques*, en d'autres termes, à N_L circonférences de cercle augmentées de l'angle qu'a décrit la Terre, en outre. En désignant par :

$\mathfrak{T}_L$ la durée d'une révolution sidérale ;

$\mathfrak{T}_y$ celle d'une révolution synodique (moyenne),

on a :

$$\Omega \, \mathfrak{T}_y = \Theta \, \mathfrak{T}_y + \Omega \, \mathfrak{T}_L :$$

d'où :

$$\frac{\mathfrak{T}_y}{\mathfrak{T}_L} = \frac{\Omega}{(\Omega - \Theta)} :$$

mais, si nous prenons pour terme de comparaison la durée $\mathfrak{T}_T$ d'une année sidérale de la Terre, il est clair que les nombres de révolutions synodiques et sidérales de la Lune seront précisément en raison inverse de la durée des unes et des autres ; on aura, en un mot,

$$N_y = \left(\frac{\mathfrak{T}_T}{\mathfrak{T}_y}\right);$$

$$N_L = \left(\frac{\mathfrak{T}_T}{\mathfrak{T}_L}\right);$$

d'où :

$$\left(\frac{N_y}{N_L}\right) = \left(\frac{\mathfrak{T}_L}{\mathfrak{T}_y}\right) = \frac{(\Omega - \Theta)}{\Omega};$$

et

$$N_y = N_L \frac{(\Omega - \Theta)}{\Omega}.$$

En introduisant cette valeur de N_y dans l'équation ci-dessus (LI), nous faisons disparaitre le terme $\frac{(\Omega - \Theta)}{\Omega}$, et l'équation finale, lorsque nous y ajoutons

$$F_b = \frac{8}{3} \rho_0 V^2 D N_L,$$

est la même que celle que nous avions obtenue en considérant le mouvement de la Terre comme rectiligne. On a, en un mot,

$$(F_a + F_b) = F = \frac{4}{3} \rho_0 (2\pi D_0) V_0^2 N_L \left[\frac{3}{4}\left(\frac{U}{V_0}\right) + \frac{1}{\pi}\right]. \quad . \quad . \quad . \quad . \quad (XLVI)$$

Continuons donc notre analyse.

§ V

RELATION EXISTANT

ENTRE L'ÉQUATION SÉCULAIRE DE LA LUNE ET UNE FAIBLE RÉSISTANCE

D'UN MILIEU INTERSTELLAIRE.

Pour la Lune comme pour les Planètes, si nous désignons par :

$m V_\rho^2$ la perte de force vive due à la résistance ;

$m V_c^2$ le gain de force vive dû à la chute de la Lune vers la Terre (chute qui est la conséquence immédiate de la perte de force vive $m V_\rho^2$) ;

$m V_0^2$ la force vive initiale ;

$m V_1^2$ la force vive qui reste réellement, après N_L révolutions,

nous aurons :

$$m V_\rho^2 = m V_0^2 + m V_c^2 - V_1^2 . \qquad \ldots \ldots \ldots \ldots \quad (1)_a$$

Rigoureusement parlant, nous devrions, au membre droit, ajouter un terme de plus. — On sait que la Lune nous présente toujours la même face, parce que sa vitesse de rotation sur elle-même est exactement égale à la vitesse angulaire moyenne autour de la Terre. Si donc, par une raison ou une autre, et comme cela a lieu effectivement, la vitesse de translation s'accroît continuellement, il faut, de toute nécessité, que la vitesse angulaire de rotation croisse aussi et précisément de la même manière que la vitesse angulaire de révolution. Quelle que soit donc la cause de l'accroissement du moyen mouvement, il est visible que la force qui le produit est, en même temps, employée à faire croître aussi le mouvement de rotation. — En désignant par mV_i^2 la dépense de force vive qui résulte de cet accroissement, nous avons :

$$m\,(V_p^2 + V_l^2) = m\,(V_u^2 + V_c^2 - V_i^2). \qquad \ldots \ldots \ldots \text{(LII)}$$

Je reviendrai plus tard comme il convient sur cette belle question ; pour le moment, je me borne à dire que la valeur de mV_i^2 est si petite par rapport à mV_p^2, que nous pouvons, sans erreur appréciable, la négliger.

Nous avons trouvé qu'on a, en général,

$$\frac{1}{2}\,m\,V_p^2 = \frac{P_L}{2g}\,V_0^2\left[\left(\frac{\mathfrak{T}_0}{\mathfrak{T}_1}\right)^{\frac{2}{3}} - 1\right]; \qquad \ldots \ldots \ldots \text{(VI)}_a$$

remplaçant ρ_0 par sa valeur $0,0451\,\delta\,s^{1,1} = \dfrac{0,0451\,s^{1,1}}{W}$ dans l'équation (XLVI), nous avons aussi :

$$F = 0,0451\,\frac{s^{1,1}}{W}\,V_0^2\,N_L\,(2\pi\,D_0)\,\frac{4}{5}\left[\frac{3}{4}\left(\frac{U}{V_0}\right) + \frac{1}{\pi}\right].$$

Il résulte de là :

$$0,0451\,\frac{s^{1,1}}{W}\,N_L(2\pi\,D_0)\,\frac{2g}{P_L}\,\frac{4}{5}\left[\frac{3}{4}\left(\frac{U}{V_0}\right) + \frac{1}{\pi}\right] = \left[\left(\frac{\mathfrak{T}_0}{\mathfrak{T}_1}\right)^{\frac{2}{3}} - 1\right]. \qquad \ldots \ldots \text{(LIII)}$$

Pour la Lune, nous avons (approximativement) :

$$s^{1,1} = \frac{(40\,000\,000 \cdot 0,273)^{2,2}}{(4\pi)^{1,1}};$$

$$(2\pi\,D_0) = 40\,000\,000 \cdot 60,273;$$

$$P_L = \frac{(40\,000\,000 \cdot 0,273)^3}{6\pi^2} \cdot 0,615 \cdot 5500;$$

$$V_0 = 1021^m,52;$$

$$U = 29508^m.$$

En introduisant toutes ces valeurs dans l'équation ci-dessus et effectuant les calculs possibles, on a :

$$\frac{158{,}55\,N_L}{W} = \left[\left(\frac{\mathfrak{T}_0}{\mathfrak{T}_1}\right)^{\frac{3}{2}} - 1\right] - \left[\left(\frac{\mathfrak{T}_1 + x}{\mathfrak{T}_1}\right)^{\frac{3}{2}} - 1\right]. \quad\ldots\ldots\quad \text{(LIV)}$$

Occupons-nous du membre droit, dans lequel :

$\mathfrak{T}_1$ exprime la durée *actuelle* d'une révolution sidérale de la Lune ;

$(\mathfrak{T}_1 + x)$ cette durée, il y a un siècle, par exemple.

En désignant par :

$(\delta V)_1$ l'accroissement de la vitesse annuelle (disons de l'année prise pour unité) au bout d'un siècle :

$\mathfrak{T}_\tau$ la durée de notre année sidérale ;

nous avons :

$$(\delta V)_1 = 1296000\,\mathfrak{T}_\tau\left[\frac{1}{\mathfrak{T}_1} - \frac{1}{(\mathfrak{T}_1 + x)}\right] = \frac{1296000\,\mathfrak{T}_\tau\,x}{\mathfrak{T}_1(\mathfrak{T}_1 + x)} ;$$

ou, plus simplement, puisque x est très petit par rapport à $\mathfrak{T}_1$,

$$(\delta V)_1 = \frac{1296000\,\mathfrak{T}_\tau\,x}{\mathfrak{T}_1^2} ;$$

d'où :

$$x = \frac{(\delta V)_1\,\mathfrak{T}_1^2}{1296000\,\mathfrak{T}_\tau} ;$$

et, par conséquent,

$$\left[\left(\frac{\mathfrak{T}_1 + x}{\mathfrak{T}_1}\right)^{\frac{3}{2}} - 1\right] = \left[\left(1 + \frac{(\delta V)_1\,\mathfrak{T}_1}{1296000\,\mathfrak{T}_\tau}\right)^{\frac{3}{2}} - 1\right] = \frac{2}{3}\,\frac{(\delta V)_1\,\mathfrak{T}_1}{1296000\,\mathfrak{T}_\tau}$$

Il résulte de là :

$$\frac{158{,}55\,N_L}{W} = \frac{2}{3}\,\frac{(\delta V)_1\,\mathfrak{T}_1}{1296000\,\mathfrak{T}_\tau}. \quad\ldots\ldots\ldots\quad \text{(LV)}$$

Mais, puisque l'accélération de la vitesse annuelle répond à un siècle, nous avons :

$$N_L = 100 \left(\frac{\mathfrak{T}_T}{\mathfrak{T}_l}\right);$$

d'où :

$$(\delta V)_l = \frac{5}{2} \frac{158,55 \cdot 1296000 \cdot 100}{W} \left(\frac{\mathfrak{T}_T}{\mathfrak{T}_l}\right)^2;$$

remplaçant $\mathfrak{T}_T$ et $\mathfrak{T}_l$ par leurs valeurs actuelles :

$$\mathfrak{T}_T = 365^j,250374;$$

$$\mathfrak{T}_l = 27^j,321661;$$

il vient :

$$(\delta V)_l = \frac{5501685200000}{W}.$$

A cette accélération, nous devons maintenant faire une addition importante. Nous avons vu au paragraphe II que si la Lune, au lieu d'être liée à la Terre par l'attraction réciproque, était libre, tout en étant forcée de décrire son orbite, son accélération annuelle, dans son mouvement de translation autour du Soleil, serait :

$$(\delta V)_0 = \frac{4063141200}{W}.$$

Mais, en réalité, la Lune n'est pas libre ; elle reste à une distance moyenne à la Terre à peu près constante. Toute cette accélération $(\delta V)_0$ *se portera donc sur son mouvement de révolution autour de la Terre.* D'un autre côté, la Terre, non plus, n'est libre ; la partie de son accélération due à la Lune s'ajoute donc à l'accélération de celle-ci, mais l'accélération due au mouvement de la Terre seule ou $(\delta V)_T$, au contraire, se retranche de cette somme. En rapportant $(\delta V)_0$ et $(\delta V)_T$, non plus au centre de gravité du Soleil, mais au centre de gravité commun de la Terre et de la Lune, autrement dit, en multipliant ces deux termes par le rapport de la durée de l'année à la durée d'une révolution de la Lune, et en faisant notre somme d'accélérations, nous avons :

$$(\delta V)_L = (\delta V)_1 + [(\delta V)_0 - (\delta V)_T]\frac{\mathfrak{T}_T}{\mathfrak{T}_1} = (\delta V)_1 + [(\delta V)_0 - (\delta V)_T]\,13,568747.$$

L'équation que nous avons trouvée pour la Terre (XVII) nous donne pour l'accélération en un siècle ou en cent révolutions :

$$(\delta V)_T = \frac{3}{2}\,\frac{454,14 \cdot 1296000 \cdot 100}{W};$$

ou

$$(\delta V)_T = \frac{88284816000}{W}.$$

La valeur de $(\partial V)_0$, tirée de l'équation (XL), étant multipliée par 100, nous avons, pour notre somme réduite en nombres,

$$(\partial V)_L = \frac{5501685200000 + (406314120000 - 88284816000)\,13,568747}{W} = \frac{9755358500000}{W}.$$

Nous avons dit, dès le début de ce chapitre, que l'équation séculaire de la Lune, ou

$$\Lambda = 12'',2\,n^2,$$

tirée de l'observation pure et simple des faits, concorde, à fort peu près, avec les résultats de la théorie. Portons à $0'',5$ l'erreur possible, de telle sorte qu'on puisse attribuer à une résistance interstellaire une part :

$$\lambda = 0'',5\,n^2$$

dans l'accélération *observée*. — D'après le sens que nous avons donné à $(\partial V)_1$, en général, et à $(\partial V)_T$, en particulier, on a :

$$(\partial V)_L = \frac{2 \cdot 0'',5 \cdot 100}{10000} = 0'',01.$$

Introduisant cette valeur dans l'équation ci-dessus, et résolvant par rapport à W, on a, pour le volume spécifique du gaz interstellaire,

$$W = 975\,333\,850\,000\,000^{\text{m}^3}.$$

soit, en nombre rond, neuf cent soixante-quinze mille kilomètres cubes. Ce volume répond, comme on voit, à un kilogramme de matière, à l'état diffus, dans un prisme de un kilomètre carré de base et d'une hauteur égale à près de trois fois la distance de la Terre à la Lune. — On voit, une fois de plus, que, bien contrairement à ce qui a été dit si souvent, il suffirait d'une quantité incroyablement faible de matière diffuse pour modifier notablement le mouvement moyen de quelques Corps célestes.

§ VI

RAPPORT DE L'ÉQUATION SÉCULAIRE DE LA LUNE A CELLE DE LA TERRE. —
IDENTITÉ DU NOMBRE TROUVÉ PAR LAPLACE ET DE CELUI QUE DONNE LA MÉTHODE
SUIVIE DANS CE TRAVAIL.

L'accélération de la Lune, relevant d'une résistance, étant :

$$(\delta V)_L = \frac{97\,5353\,850\,0000}{W},$$

et celle de la Terre étant :

$$(\delta V)_T = \frac{8\,8284\,816\,000}{W};$$

il nous suffit de diviser $(\delta V)_L$ par $(\delta V)_T$ pour faire disparaître le volume spécifique du milieu et pour avoir le rapport cherché. On trouve par cette division :

$$\frac{(\delta V)_L}{(\delta V)_T} = 110,5.$$

LAPLACE avait donné pour ce même rapport :

$$\frac{1}{0,0097642} = 102,4,$$

nombre presque identique au nôtre ; mais il était parti d'autres valeurs concernant la masse lunaire, la parallaxe de la Lune et celle de la Terre. En introduisant dans son équation les valeurs les plus généralement admises aujourd'hui en Astronomie, on trouve :

$$\frac{1}{0,0072152} = 158,6 ;$$

nombre qui diffère considérablement du nôtre ; mais il est facile de montrer d'où dérive cette différence et de la faire disparaître. — LAPLACE a admis que la résistance est proportionnelle à la première puissance des sections équatoriales des sphères ; tandis que, dans mes calculs, j'ai admis que cette résistance est proportionnelle à la puissance 1,1. En introduisant cette même puissance dans l'équation de LAPLACE, la valeur du rapport descend à :

$$\frac{1}{0,0095518} = 106,9.$$

Si, au contraire, nous introduisons la puissance 1 dans nos équations, au lieu de 1,1, le rapport s'élève à :

$$\frac{(\delta V)_L}{(\delta V)_T} = 147,2.$$

On voit que, dans les deux cas, la différence entre les deux valeurs peut être considérée comme insignifiante, si l'on a égard aux doutes qui peuvent encore exister sur la grandeur réelle des divers éléments qui figurent dans les calculs, et aussi aux termes que j'ai, d'ailleurs comme LAPLACE, omis d'introduire dans l'analyse : inclinaison des orbites, excentricité, etc., etc. En partant de ces considérations, on dira, avec moi, que la presque similitude du nombre de LAPLACE avec celui que nous venons d'obtenir est une confirmation aussi satisfaisante qu'on peut la désirer de l'exactitude de la méthode que j'ai suivie dans tout ce travail, méthode qui donne un caractère presque élémentaire à certaines parties des plus compliquées et des plus ardues de la Mécanique céleste.

Ici se présente naturellement une remarque sur laquelle je dois m'arrêter, comme il convient. Lorsqu'on voit l'influence énorme qu'a, dans les résultats numériques, la substitution de la puissance 1,1 à la puissance 1, on peut se demander à bon droit qu'elle est réellement l'exposant qui répond le mieux à la vérité.

Une première réflexion critique se présente à l'esprit.

Plusieurs savants ont avancé que la résistance d'un fluide matériel, d'un gaz croît beaucoup moins que le rapport des sections et qu'ainsi l'emploi de la première puissance de s serait fautive en trop. On a essayé ainsi de soutenir que la présence d'un tel fluide ne se manifesterait pas à beaucoup près autant qu'on pourrait le croire. Il y a ici un raisonnement fautif qu'il importe de signaler. Il est visible que si, dans notre équation concernant la Terre, par exemple, nous substituons à l'exposant 1,1, ou même 1, un exposant beaucoup plus petit, la valeur trouvée pour $(\partial V)_\tau$ diminuera, toutes choses égales d'ailleurs ; mais il est tout aussi visible que, par suite de cette substitution, ce seront les sphéroïdes de moindre section qui, *relativement*, seront le plus affectés par la résistance. Comme conséquence, il est visible que le rapport de l'équation séculaire de la Lune à celle de la Terre grandira. En remplaçant 1,1 par 0,5, par exemple, ce rapport s'élève de 110,5 à 574,8. L'étude des phénomènes lunaires deviendrait donc un moyen encore bien plus décisif pour la constatation d'une résistance, si faible qu'elle fût.

En considérant les choses de plus près et en elles-mêmes, on peut s'assurer aisément qu'il est impossible que l'exposant de s soit moindre que 1 et qu'il est probablement plus élevé que celui que j'ai admis, d'après BORDA. Pour qu'un corps puisse avancer à travers un gaz, il faut, évidemment, que toutes les particules de ce gaz qui se trouvent dans un cylindre ayant la section équatoriale du corps, *supposé sphérique*, fassent place au sphéroïde impénétrable qui s'y meut.

Or, d'une part, le nombre de ces particules est visiblement proportionnel à la section du corps en mouvement et, d'autre part, il est tout aussi visible que les particules situées vers l'axe du cylindre ont un chemin d'autant plus grand à faire pour éviter, pour faire place au corps, que le diamètre de celui-ci est plus grand. Il est donc rigoureusement impossible que l'exposant dont nous devons affecter s descende au-dessous de 1. Et tout nous porte à croire que, si l'on expérimentait sur des surfaces beaucoup plus considérables que celles qu'a su essayer Borda, on trouverait une valeur encore supérieure, et peut-être même très supérieure à 1,1.

§ VII

MODIFICATION QUE PRODUIRAIENT
DANS L'ÉQUATION SÉCULAIRE DE LA LUNE LES RADIATIONS SOLAIRES
SUPPOSÉES DUES A UN MOUVEMENT DE LA MATIÈRE.

Laplace s'est occupé longuement de cette belle question et il n'y aurait rien à ajouter ou à modifier à son analyse, si depuis son époque la Physique ne s'était enrichie de données qu'il ne possédait pas et qui sont de la plus haute importance quant aux conclusions qui en découlent relativement à la Mécanique céleste. Nous savons, en effet, aujourd'hui d'une façon très approximative quelle est la quantité de chaleur émise à chaque instant par le Soleil, et la Thermodynamique nous permet de traduire cette quantité en travail mécanique. Il nous devient ainsi possible de déterminer les effets qu'auraient sur le mouvement des Corps célestes ces radiations *matérialisées*, ou, en d'autres termes, rapportées à une matière émise ou à un fluide matériel en état de vibration. — Bien que, d'une part, la théorie de l'émission soit aujourd'hui abandonnée, et que, d'autre part, ni dans la théorie de l'émission ni dans celle des ondulations, on n'ait jamais pu, sans un contresens patent, rapporter les phénomènes de lumière et de chaleur rayonnante à des mouvements de la Matière pondérable, il est cependant à la fois utile et intéressant, ne fût-ce que comme question historique, d'examiner encore une fois les choses au point de vue où nous place le titre de ce paragraphe.

Plaçons-nous d'abord dans la théorie de l'émission, en matérialisant l'élément en jeu.

La lumière est la chaleur rayonnante consistant désormais en particules matérielles émises et projetées avec une très grande vitesse, ces particules exercent nécessairement une certaine pression sur les surfaces qu'elles frappent, absolument comme le feraient des projectiles ordinaires assez nombreux pour que leurs chocs forment une continuité sans intermittences sensibles. La loi de ces chocs est des plus faciles à établir. En tout premier lieu, si la pression exercée par unité de surface, avec une vitesse de lumière connue Υ, est, toutes choses égales d'ailleurs, p_0, elle deviendra, avec une autre vitesse V,

$$p_0 \frac{V^2}{\Upsilon^2}.$$

De plus, ici il ne s'agit plus de particules qui, ne pouvant toutes pénétrer les surfaces qu'elles frappent, sont obligées de les *éviter; toutes* les particules de lumière frappent les corps et y pénètrent ou sont *réfléchies*. Au cas particulier de la radiation solaire, les corps de notre système qu'elle éclaire et échauffe ne réfléchissent que très peu de chaleur et de lumière, la radiation de la Lune, par exemple, ne s'élève pas à la cent millième partie de celle du Soleil. La pression exercée par les chocs sur une surface plane est donc rigoureusement *proportionnelle* à cette surface. Nous savons que la pleine lune semble aussi éclairée sur les bords qu'au centre : la lumière et la chaleur réfléchies ou absorbées sont donc proportionnelles aux coupes équatoriales des sphéroïdes. On a, en un mot,

$$p = p_0 \, s \left(\frac{\Upsilon \pm V}{\Upsilon} \right)^2$$

pour une section équatoriale s et pour une vitesse relative de percussion $(\Upsilon \pm V)$.

Nous verrons bientôt que la pression p_0 relevant de la radiation solaire est facile à déterminer exactement. — Avant de nous occuper de l'action de cette radiation sur la Lune en particulier, voyons à un point de vue plus général l'effet qui en résulterait sur le mouvement des Planètes.

Dans la théorie de l'émission, l'action de la radiation est double. Pour bien le faire saisir, concevons d'abord une Planète décrivant une orbite parfaitement circulaire.

Dans la direction du rayon vecteur de la Planète, la pression due à l'impulsion est précisément opposée à l'action de l'attraction solaire. Il résulte de cette pression une force accélératrice (pression totale rapportée à l'unité de masse), qui a pour expression :

$$f_r = p_0\, s \left(\frac{A_0}{A}\right)^2 \frac{g}{P},$$

$\dfrac{P}{g}$ étant la masse de la Planète. En désignant par G la valeur de la force accélératrice résultant de l'attraction solaire, on a donc :

$$f_t = G \left(\frac{A_0}{A}\right)^2 - p_0\, s \left(\frac{A_0}{A}\right)^2 \frac{g}{P}.$$

Il suit de là immédiatement que, pour une autre Planète, on aura :

$$f'_t = G \left(\frac{A_0}{A'}\right)^2 - p_0\, s' \left(\frac{A_0}{A'}\right)^2 \frac{g}{P'},$$

et la troisième loi de KEPLER cessera d'être applicable; mais il ne pourra, pour une même Planète, résulter aucun trouble par suite de cette action impulsive; la durée de la révolution sidérale sera seulement plus grande, puisque la tendance vers le Soleil est moindre. — Si maintenant nous supposons, comme il en est réellement, le mouvement elliptique, et si la vitesse de la Planète est U_p suivant la tangente à l'orbite, elle sera $U_p \sin \theta$, si l'angle que fait cette tangente avec le rayon vecteur est θ, et l'expression de la force accélératrice totale agissant dans le sens du rayon vecteur deviendra :

$$f_t = G \left(\frac{A_0}{A}\right)^2 - p_0\, s\, g \left(\frac{Y \pm U_p \sin\theta}{Y}\right)^2 \left(\frac{A_0}{A}\right)^2.$$

Il est visible que le mouvement elliptique de la Planète sera modifié dès ce moment.

Revenons à notre Planète à mouvement circulaire. Les particules de lumière qui *fuient* le Soleil dans le sens du rayon vecteur et qui traversent l'orbite, sont elles-mêmes *frappées par la Planète* et à angle droit avec leur direction. Elles exercent donc en ce sens une résistance qui est absolument la même que celle d'un fluide matériel en repos et partout répandu. Cette pression a pour valeur :

$$p = p_0\, s \left(\frac{U_p}{Y}\right)^2.$$

Pour une orbite elliptique, cette valeur devient :

$$p = p_0\, s \left(\frac{U_p \cos\theta}{Y}\right)^2.$$

Il est visible par soi-même et sans que nous recourions à aucun calcul que cette résistance est beaucoup plus faible, toutes choses égales, que la pression résultant de l'impulsion directe. — Au lieu de nous arrêter à ce qui concerne les Planètes, abordons tout de suite la question au point de vue des mouvements de notre Satellite.

Pour comparer l'action de la radiation solaire exercée sur la Terre à celle exercée sur la Lune, supposons d'abord les deux corps absolument indépendants l'un de l'autre, mais placés sur la même orbite. — Écrivons :

Pour la Lune

$$f_L = p_0\, s_L\, \frac{g}{P_L};$$

Pour la Terre

$$f_\text{T} = p_0\, s_\text{T}\, \frac{g}{\text{P}_\text{T}}.$$

En divisant f_L par f_T, on a :

$$\frac{f_\text{L}}{f_\text{T}} = \frac{s_\text{L}}{s_\text{T}} \cdot \frac{\text{P}_\text{T}}{\text{P}_\text{L}};$$

mais

$$\frac{s_\text{L}}{s_\text{T}} = \frac{\pi\, r_\text{L}^2}{\pi\, r_\text{T}^2};$$

$$\frac{\text{P}_\text{T}}{\text{P}_\text{L}} = \frac{\dfrac{4}{3}\,\pi\, r_\text{T}^3\, \Delta_\text{T}}{\dfrac{4}{3}\,\pi\, r_\text{L}^3\, \Delta_\text{L}};$$

Δ_L étant la densité de la Lune et Δ_T celle de la Terre. Or, on a :

$$\frac{r_\text{L}}{r_\text{T}} = 0{,}273,$$

et

$$\frac{\Delta_\text{T}}{\Delta_\text{L}} = \frac{1}{0{,}615};$$

d'où :

$$\frac{f_\text{L}}{f_\text{T}} = \frac{1}{0{,}273 \cdot 0{,}615} = 5{,}95.$$

Ainsi l'action de la radiation solaire serait presque six fois plus grande sur la Lune que sur la Terre. Ce premier fait est de la plus haute importance.

Nous pouvons, dans l'analyse suivante, négliger, comme nous l'avons déjà fait, l'ellipticité des orbites et l'inclinaison de celle de la Lune sur l'écliptique. Nous pouvons aussi négliger les faibles variations de la distance de la Lune au Soleil pendant une lunaison.

Désignons par :

A_s la distance moyenne de la Terre au Soleil ;

A_L celle de la Lune à la Terre ;

Υ la vitesse de la lumière ;

U_T celle de la Terre ;

V_L celle de la Lune autour de la Terre.

Occupons-nous d'abord de l'action de l'impulsion des rayons solaires. En raison de la grandeur du rapport de la distance de la Lune à la Terre et de celle du Soleil à la Terre, nous pouvons regarder les rayons solaires frappant la Lune comme parallèles au rayon vecteur terrestre pendant toute une lunaison.

En partant de l'époque de la pleine lune et en désignant par θ l'angle que fait le rayon vecteur de la Lune à la Terre avec celui de la Terre au Soleil prolongé, nous avons, pour toute la demi-lunaison,

$$p = p_0\, s_L\, \frac{(\Upsilon + V \sin \theta)^2}{\Upsilon},$$

Pour la demi-lunaison suivante, c'est-à-dire à partir de la nouvelle lune, nous avons, au contraire,

$$p = p_0\, a_L\, \frac{(\Upsilon - V \sin \theta)^2}{\Upsilon}.$$

Le travail dépensé par la Lune dans la première période est donc :

$$p\, de = p_0\, s_L\, \frac{(\Upsilon + V \sin \theta)^2 \sin \theta\, A_L\, d\theta}{\Upsilon^2};$$

dans la seconde période, le travail *accumulé* est :

$$p\, de = p_0\, s_{\text{L}} \frac{(\Upsilon' - V \sin \theta)^2 \sin \theta\, A_{\text{L}}\, d\theta}{\Upsilon'^2}.$$

Retranchant celui-ci du premier, il nous reste pour le travail dépensé pour une révolution lunaire :

$$(F_0 - F_1) = p_0\, s_{\text{L}}\, A_{\text{L}} \frac{4V}{\Upsilon'} \int_0^{\pi} \sin^2 \theta\, d\theta = p_0\, s_{\text{L}}\, 2\,\pi\, A_{\text{L}} \frac{V}{\Upsilon'}.$$

Pendant la première période, l'impulsion lumineuse tend à retarder le mouvement de la Lune; pendant la seconde, elle tend à l'accélérer ; et, comme cette dernière action est inférieure à la première, il en résulte, comme nous l'avons déjà trouvé à plusieurs reprises, que l'un des sphéroïdes se rapprochera de l'autre et que le mouvement de la Lune, au contraire, s'accélérera. Toutefois, l'accélération ainsi trouvée serait beaucoup trop faible.

Si les masses et les sections équatoriales de la Terre et de la Lune étaient égales entre elles, les deux corps tourneraient autour d'un centre de gravité commun situé au milieu de leur rayon vecteur. L'action impulsive de la radiation solaire serait alors la même aussi pour les deux Astres et elle ne tendrait à les rapprocher l'un de l'autre qu'en vertu des raisons sur lesquelles repose l'équation précédente, qui deviendrait alors correcte telle quelle. Dans la réalité des choses et par suite de la grandeur de la masse terrestre par rapport à la masse lunaire, le centre de gravité commun se trouve très rapproché du centre de la Terre, et l'on peut dire que c'est la Lune qui tourne autour de la Terre. Cette considération très simple nous amène à modifier notre équation primitive ci-dessus. — La force accélératrice relevant de l'attraction du Soleil sur la Terre et sur la Lune étant G, la tendance réelle de la Terre vers le Soleil est :

$$G - p_0\, s_{\text{T}} \frac{\prime\prime}{P_{\text{T}}},$$

tandis que celle de la Lune vers le Soleil est :

$$G - p_0\, s_{\text{L}}\, \frac{g}{P_{\text{L}}} \left(\frac{\Upsilon' \pm V \sin\theta}{\Upsilon'}\right)^2.$$

Mais nous avons :

$$p_0\, s_{\text{L}}\, \frac{g}{P_{\text{L}}} = 5{,}95\, p_0\, s_{\text{T}}\, \frac{g}{P_{\text{T}}}.$$

La tendance réelle de la Lune vers le Soleil, traduite en force accélératrice (force motrice rapportée à l'unité de masse), est donc :

$$G - 5{,}95\, p_0\, s_{\text{T}}\, \frac{g}{P_{\text{T}}} \left(\frac{\Upsilon' \pm V \sin\theta}{\Upsilon'}\right)^2.$$

En d'autres termes, la tendance réelle de la Lune vers le Soleil est *toujours
moindre* que celle de la Terre vers le Soleil, mais comme la Lune est de fait
liée à la Terre par leur attraction réciproque, il s'ensuit que c'est sur le
mouvement relatif des deux corps que la différence des deux forces accélé-
ratrices se portera en entier; nous devrons donc multiplier notre équation
ci-dessus par 5,95 pour qu'elle exprime réellement le mouvement de la
Lune autour de la Terre devenue relativement immobile. Il vient ainsi pour
un nombre N_{T} de révolutions de la Terre, et en nous rappelant la marche
suivie antérieurement à plusieurs reprises :

$$(\delta V)'_{\text{T}} = \frac{3\, p_0}{\Upsilon'}\, s_{\text{L}}\, (2\, \pi\, A_{\text{L}})\, \frac{g}{P_{\text{L}}} \cdot 5{,}95\, C'' \, \frac{N_{\text{T}}}{V} \left(\frac{\mathfrak{T}_{\text{T}}}{\mathfrak{T}_{\text{L}}}\right)^2;$$

$\mathfrak{T}_{\text{L}}$ désigne encore la durée d'une révolution initiale lunaire et

$\mathfrak{T}_{\text{T}}$ celle de l'année terrestre.

A cette accélération nous devons ajouter celle qui relève du choc de la
Lune même contre les particules qui fuient le Soleil et qui, ainsi que je l'ai
déjà fait remarquer, se comportent comme le feraient celle d'un fluide

interstellaire en repos. Pour déterminer cette accélération, nous pouvons reprendre nos équations des paragraphes II et V en y faisant toutefois une modification importante. L'expression générale de la résistance qu'oppose un fluide à une sphère qui s'y meut avec une vitesse U est :

$$\rho = 0{,}0451 \, s^{1,4} \, \delta \, U^2 ;$$

Pour le cas du choc latéral de la même sphère contre les particules qui fuient le Soleil, elle devient :

$$p = p_0 \, s \, \frac{U^2}{\Upsilon^2},$$

p_0 étant la pression sur l'unité de surface pour une vitesse de la lumière Υ. Telle est l'expression de la résistance que nous avons à substituer dans nos trois systèmes d'équations. L'équation (LIII) concernant le mouvement relatif de la Lune autour de la Terre doit, en outre, recevoir une autre modification. Le terme qui dérive de l'intégration de $\rho_0 \, U^2 \cos^3 \theta \, d\theta$ ne peut, en effet, plus s'y trouver, puisque dans la direction à laquelle répond ce terme, la lumière arrivant du Soleil agit par impulsion. En partant de ces considérations, on obtient les deux nouvelles équations

$$(\delta V)'_i = \frac{5 \, p_0}{\Upsilon^2} \, s_L \, (2 \, \pi \, A_L) \left(\frac{U}{V} \right) \frac{g}{P_L} \, C'' \, N_T \left(\frac{\mathfrak{T}_T}{\mathfrak{T}_L} \right)^2 ;$$

$$(\delta V)'_0 = \frac{5 \, p_0}{\Upsilon^2} \, s_L \, (2 \, \pi \, A_s) \left[1 + 1{,}5 \left(\frac{V}{U} \right)^2 \right] \frac{g}{P_L} \, C'' \, N_T \left(\frac{\mathfrak{T}_T}{\mathfrak{T}_L} \right) ;$$

C'' désignant le nombre 1296000 de secondes de la circonférence.

De la somme

$$(\delta V)'_\Upsilon + (\delta V)'_i + (\delta V)'_0,$$

nous devons maintenant retrancher l'accélération que subit la Terre elle-

même par suite de ses chocs latéraux contre les molécules de lumière qui
traversent son orbite presque normalement en direction, et qui déterminent
par suite aussi une résistance analogue à celle d'un fluide en repos. Cette
accélération, à l'aide des nouvelles données introduites dans nos calculs,
a pour expression :

$$(\delta V)'_{\tau} = \frac{5\,p_0}{\Upsilon^2}\,s_{\tau}\,(2\,\pi\,A_{L})\,\frac{g}{P_{\tau}}\,C''\,N_{\tau}\left(\frac{\mathfrak{T}_{\tau}}{\mathfrak{T}_{L}}\right).$$

N_{τ} répondant au nombre de révolutions de la Terre autour du Soleil, nous
avons dû naturellement multiplier ce nombre par le rapport $\left(\frac{\mathfrak{T}_{\tau}}{\mathfrak{T}_{L}}\right)$ pour exprimer le nombre de révolutions de la Lune même.

En réduisant en nombres nos diverses valeurs $(\partial V)'$, nous trouvons :

$$(\delta V)'_{\Upsilon} = 1221375618\left(\frac{p_0}{\Upsilon}\right);$$

$$(\delta V)'_{4} = 8076285962000\left(\frac{p_0}{\Upsilon^2}\right);$$

$$(\delta V)'_{0} = 6067968351000\left(\frac{p_0}{\Upsilon^2}\right);$$

$$(\delta V)'_{\tau} = 10169625762000\left(\frac{p_0}{\Upsilon^2}\right).$$

A la place de Υ exprimant la vitesse de la lumière, nous pouvons
écrire 300 000 000. Occupons-nous de la valeur de p_0. D'après les expériences de POUILLET sur lesquelles je reviendrai longuement dans le chapitre (VI), la chaleur reçue par un mètre carré de surface, sur notre Terre,
est, par minute à très peu près 18 calories, soit $0^{cal.},3$ par seconde. Cette
chaleur traduite en travail répond à 127,5 kilogrammètres. Pour avoir la
pression relevant de l'impulsion des particules rayonnantes, il nous suffit
maintenant de diviser ce nombre par la vitesse de la lumière. On a ainsi
$0^{k},000000425$. C'est ce que j'ai montré dès la première édition de ma

Thermodynamique (1862). En introduisant ces valeurs dans nos expressions de $(\partial V)'$, elles deviennent :

$$(\delta V)'_\Upsilon = 0,000001750282125;$$

$$(\delta V)'_i = 0,000000000038158;$$

$$(\delta V)'_0 = 0,000000000028654;$$

$$- (\delta V)'_\Upsilon = 0,000000000004802.$$

On a donc :

$$(\delta V)'_L = (\delta V)'_\Upsilon + (\delta V)'_i + (\delta V)'_0 - (\delta V)'_\Upsilon.$$

On voit que les termes autres que $(\partial V)'_\Upsilon$ sont absolument négligeables. — L'accélération séculaire $(\partial V)'_L$ est rapportée à notre année prise pour unité. Pour arriver à l'équation dite séculaire, nous devons la rapporter au siècle pris pour unité et écrire :

$$\Lambda = \frac{1}{2} \frac{(\delta V)'_L}{100} (100\,n)^2 = 0,0000865\,n^2.$$

Le coefficient de n ou du nombre de siècles est, sans doute, très faible et serait hors de la portée de nos observations les plus exactes; mais dans l'histoire des Mondes, les résultats de la perturbation auraient pourtant une grande importance. Rien absolument ne nous autorise à croire que la Lune ait été jadis beaucoup plus éloignée de la Terre qu'elle ne l'est aujourd'hui; bien plus, l'analyse que je vais présenter dans les paragraphes suivants nous prouve, au contraire, que notre Satellite a toujours été à fort peu près à la même distance. Or, il n'en serait pas ainsi si la radiation solaire avait dès l'origine exercé effectivement la répulsion que nous avons admise; la conséquence de cette répulsion, si faible qu'elle semble par notre équation séculaire, aurait amené la Lune dans le voisinage de la Terre ou l'aurait même fait se confondre avec elle. Le coefficient de l'équation séculaire, en effet, n'est pas une constante; mais sa valeur, comme il est aisé de s'en assurer par nos équations de condition, est une variable qui dépend du rapport de la vitesse de la lumière à celle du Satellite et qui croît à mesure que cette dernière vitesse devient plus grande ; or, cet accroissement eût été la conséquence immédiate de la chute de la Lune vers la Terre, autrement dit, de la diminution de sa distance à notre globe.

Ainsi que je l'ai dit dès le début de ce paragraphe, l'examen auquel nous venons de nous livrer ne doit être considéré que comme une sorte de travail rétrospectif ou historique. Les phénomènes que présente le radiomètre, inventé par M. CROOKES, ont été à l'origine *acclamés*, on peut se servir du terme, comme démontrant sans réplique l'action répulsive des rayons solaires; mais une étude plus approfondie a mis ensuite hors de doute que cette répulsion n'entre pour rien du tout dans les mouvements des ailettes de l'instrument. En ce sens, le radiomètre a même démontré une fois de plus que la radiation solaire ne saurait être considérée comme relevant d'une émission de particules matérielles.

Si, mettant de côté définitivement la théorie de l'émission, nous voulons encore rapporter les phénomènes de radiation solaire aux vibrations d'un fluide matériel, nous annulons de fait l'existence d'une action répulsive qu'on voudrait faire dériver du mouvement de translation de la lumière et de la chaleur rayonnante. Les phénomènes du radiomètre d'ailleurs réfutent cette existence tout aussi bien qu'ils réfutent celle d'une émission matérielle. Au point de vue de la théorie des ondulations, le milieu interstellaire matérialisé se comporterait comme un gaz diffus extrêmement rare, et l'étude des effets d'un tel milieu ne diffère plus en rien du tout de celle à laquelle nous nous sommes livrés jusqu'ici et que nous continuerons encore dans les pages suivantes.

§ VIII

FIGURE DE LA LUNE.

EXCÈS DE POIDS AUX EXTRÉMITÉS DU GRAND AXE DE FIGURE,
NÉCESSAIRES POUR QUE LA DURÉE DE LA ROTATION DU SATELLITE DEMEURE TOUJOURS
ÉGALE A CELLE DE LA RÉVOLUTION AUTOUR DE LA TERRE.

Je vais m'arrêter maintenant sur une question qui est intéressante au plus haut degré et qui ne sera nullement une digression ici. — On sait de temps immémorial que la Lune nous présente toujours la même face. La raison très simple de ce phénomène singulier est, on le sait aussi, que la vitesse angulaire de rotation de notre Satellite est toujours égale à sa vitesse angulaire moyenne de révolution autour de la Terre. Il appartenait à LAPLACE d'indiquer la cause réelle du fait observé depuis tant de siècles. — Si la Lune était sphérique et homogène, l'égalité permanente des deux vitesses angulaires serait absolument impossible; eût-elle existé pendant une période donnée, elle eût bientôt cessé par suite des modifications qu'éprouve le moyen mouvement autour de la Terre, car il n'existerait aucune cause de modification semblable du mouvement de rotation. Mais la Lune constitue un ellipsoïde à trois axes inégaux ; son grand axe est dirigé vers nous et les deux pôles inégalement sollicités par l'attraction terrestre tendent continuellement à reprendre leur même position, si, par une raison ou une autre, ils viennent à la perdre. En un mot, le grand axe étant supposé dérangé de sa direction, il doit se mettre à osciller de part et d'autre de sa direction vers le centre de la Terre, et l'égalité des deux mouvements angulaires moyens se trouve ainsi maintenue. — Avec raison, LAPLACE dit qu'il y a des millions à parier contre un que l'égalité que nous observons aujourd'hui n'a pas toujours existé, et que c'est grâce à la forme ellipsoïdale de la Lune qu'elle a pu se produire. — Me sera-t-il permis de le dire? Notre grand analyste a oublié de formuler une remarque essentielle, qui eût été une preuve capitale de plus à l'appui de sa genèse de notre système solaire, selon laquelle

tous les Corps de ce système ont été primitivement gazeux et puis liquides.
Si la Lune avait *toujours* été solide, et si sa vitesse angulaire de rotation
n'avait pas été égale à celle de son centre de gravité autour de celui de la
Terre, l'oscillation du grand axe, de part et d'autre de la ligne de jonction
des deux centres de gravité, eût conservé indéfiniment la même amplitude,
absolument comme il en serait d'un pendule ordinaire, au mouvement duquel
on n'opposerait aucune résistance; et cette amplitude aurait pu atteindre
presque la demi-circonférence. C'est uniquement à cause de son état primitivement gazeux, et puis liquide, que notre Satellite, tournant d'abord sur
lui-même plus vite qu'il ne tournait autour de la Terre, a pu être ralenti
peu à peu dans son mouvement de rotation. L'attraction terrestre, en
détruisant continuellement la forme sphérique, a fait naître dans la masse
même du sphéroïde lunaire des *mouvements angulaires inégaux* et, par
suite, des *frottements internes* qui ont consommé peu à peu une partie de
la force vive initiale, en donnant lieu ainsi à un développement de chaleur.
Si un exemple presque familier, mais d'ailleurs très correct, m'est permis, je
dirai qu'il en est arrivé du mouvement de rotation, *en excès,* de la Lune, ce
qui a lieu quand nous donnons un mouvement giratoire à une masse d'eau
renfermée dans un vase à parois verticales, de coupe *elliptique.* Tandis que
dans un vase cylindrique, ce mouvement d'impulsion se maintient relativement longtemps et n'est *usé* que par suite des frottements du liquide contre
les parois; dans le vase elliptique, au contraire, il cesse au bout de peu
d'instants, par suite de l'inégalité des vitesses angulaires qui se produisent
sur un même rayon vecteur et par suite des frottements internes auxquels
le liquide est ainsi soumis. C'est, soit dit en passant, de la même manière
que s'explique la désagrégation, la pulvérisation des Anneaux de Saturne,
primitivement gazeux aussi et puis liquides (1). Je ne sais si quelqu'un a
déjà présenté les remarques précédentes, concernant le mouvement de rotation primitif de la Lune et l'état de fluidité initiale qu'il implique; elles me

(1) Voyez mon Mémoire sur les conditions d'équilibre et sur la nature probable des
Anneaux de Saturne (Paris, Gauthier-Villars).

semblent corroborer d'une façon éclatante les idées émises par LAPLACE sur l'état originaire des Mondes. — Si la Lune n'avait pas été originairement gazeuse et puis liquide, il serait de toute impossibilité qu'elle nous montrât toujours la même face. — Je vais présenter cette analyse sous la forme la plus facilement abordable, quoique plus que suffisamment exacte, quant aux résultats finaux.

Si, par une raison ou une autre, le moyen mouvement angulaire de la Lune autour de la Terre s'accélère, il est évident que, pour que le Satellite continue de nous montrer la même face, il faudra que sa vitesse angulaire de rotation sur lui-même s'accélère aussi et précisément de la même quantité. Nous avons vu qu'outre les diverses causes d'accélération que LAPLACE a si admirablement mises à jour, une résistance d'un milieu matériel interstellaire aurait pour conséquence immédiate de déterminer une telle accélération du mouvement moyen. Cherchons donc maintenant ce qu'on peut appeler, en quelque sorte, le *mécanisme* du phénomène d'accélération de la rotation lunaire.

FIG. 3. — Pour plus de simplicité et du reste sans rien altérer au fond des choses, nous pouvons provisoirement supposer la Lune parfaitement sphérique et homogène, mais munie aux deux extrémités n et n' de l'axe dirigé vers nous de deux lests *égaux*, dont le poids, évalué à la surface de notre Terre, serait p_0 pour chacun. Supposons d'abord aussi le mouvement de la Lune autour de la Terre circulaire et constant. Enfin admettons que, par une raison ou une autre, l'axe soit écarté de sa direction vers le centre de gravité de la Terre, mais que la Lune ait reçu une vitesse angulaire de rotation rigoureusement égale à sa vitesse angulaire de révolution autour de la Terre. — Nos deux lests égaux p_0 étant, en toute hypothèse, très faibles, la partie sphérique et homogène de la Lune se comportera dans son mouvement de translation absolument comme si elle était, par un lien invisible, attachée au centre de gravité de la Terre. L'action des lests consistera exclusivement à modifier d'une façon ou d'une autre le mouvement de rotation de la Lune sur elle-même. Évaluons donc cette action en qualité et en quantité.

Désignons par :

A la distance du centre de la Terre à celui de la Lune :

R_T le rayon terrestre ;

R_L le rayon lunaire ;

θ l'angle que fait l'axe $n\,L\,n'$ avec la ligne de jonction des centres de gravité ;

Ω la vitesse angulaire de la Lune autour de la Terre ;

g la gravité à la surface de la Terre.

En raison de la grandeur de A par rapport à R_L, nous pouvons considérer la direction de l'attraction terrestre comme partout parallèle à elle-même et à la ligne L T. Il résulte de là que la tendance de p_0 vers la Terre, sera, en n,

$$f_0 = p_0 \frac{R_T^2}{(D - R_L \cos \theta)^2},$$

tandis que celle du lest p_0, en n', sera :

$$f'_0 = p_0 \frac{R_T^2}{(D + R_L \cos \theta)^2}.$$

Ces deux forces motrices, multipliées par le sinus de θ, tendent visiblement à faire tourner la Lune sur elle-même, la première dans le sens $f\,f$ et de façon à diminuer θ, la seconde dans le sens $f'\,f'$ et de façon à augmenter l'angle θ. Cet angle tend donc à diminuer en vertu de la différence :

$$p_0\,R_T^2 \sin \theta \left[\frac{1}{(D - R_L \cos \theta)^2} - \frac{1}{(D + R_L \cos \theta)^2} \right]; \quad \ldots \ldots \quad \text{(LVII)}$$

le premier terme étant nécessairement plus grand que le second.

En même temps que l'attraction terrestre tend à rapprocher les lests p_0 du centre de gravité de la Terre, la force centrifuge, qui nait du mouvement de translation de la Lune, tend à les éloigner. L'intensité de la force centrifuge, décomposée aussi suivant la tangente à l'équateur lunaire, est :

$$\frac{\Omega^2}{g}\, p_0\, (D - R_L \cos \theta) ;$$

et
$$\left.\begin{array}{l} \\ \\ \end{array}\right\} \quad \ldots \quad \ldots \quad \ldots \text{(LVIII)}$$

$$\frac{\Omega^2}{g}\, p_0\, (D + R_L \cos \theta)$$

On a donc, enfin, pour la force motrice tendant à ramener la ligne $n\, L\, n'$ à la direction $L\, T$:

$$F = p_0 \sin \theta \left\{ \left[\frac{R_T^2}{(D - R_L \cos \theta)^2} - \frac{\Omega^2\,(D - R_L \cos \theta)}{g} \right] - \left[\frac{R_T^2}{(D + R_L \cos \theta)^2} - \frac{\Omega^2\,(D + R_L \cos \theta)}{g} \right] \right\} =$$

$$= 2\, p_0 \sin \theta \cos \theta \left\{ \frac{2\, R_T^2\, R_L}{D^3 \left[1 - \left(\dfrac{R_L}{D}\right)^2 \cos^2 \theta \right]^2} + \frac{\Omega^2\, R_L}{g} \right\}. \quad \ldots \quad \ldots \text{(LIX)}$$

L'attraction terrestre étant continuellement en équilibre avec la force centrifuge de la Lune, nous avons évidemment :

$$g \left(\frac{R_T}{D} \right)^2 = \Omega^2\, D ;$$

d'où
$$\Omega^2 = g\, \frac{R_T^2}{D^3} \text{ (1).}$$

---

(1) Si, dans le membre droit de l'équation (LIX), nous remplaçons Ω^2 par sa valeur :

$$\Omega^2 = G \left(\frac{R_T^2}{R_L^3} \right) ;$$

et si nous posons :
$$\theta = 0 ;$$

d'où :
$$\cos \theta = 1,$$

nous voyons que le terme de la seconde parenthèse est négatif, tandis que celui de la première est positif, ce qui nous montre que lo lest en n tend à se rapprocher de la Terre,

Remplaçant Ω^2 par cette valeur, nous avons :

$$F = 2\, p_0\, R_T^2\, R_L\, \frac{\sin\theta\cos\theta}{D^3} \left\{ \frac{2}{\left[1 - \left(\frac{R_L}{D}\right)^2 \cos^2\theta \right]^2} + 1 \right\} \quad . \quad . \quad . \quad . \quad . \quad . \quad (\text{LX})$$

Cette équation se laisse encore simplifier. Remarquons, en effet, que l'on a, au cas particulier,

$$\left(\frac{R_L}{D}\right)^2 \cos^2\theta = \left(\frac{0{,}273}{60{,}273}\right)^2 \cos^2\theta = 0{,}00002052\ \cos^2\theta,$$

fraction dont la plus grande valeur, qui répond à $\cos\theta = \cos 0 = 1$, est encore très petite, de sorte que la différence, *minima*,

$$(1 - 0{,}00002052)^2 = 0{,}99996$$

---

tandis que le lest opposé tend à s'en éloigner. Ce résultat, singulier en apparence, se vérifie directement dans le phénomène des marées terrestres. On sait, en effet, que le niveau de l'Océan se soulève toujours en même temps aux extrémités d'un même diamètre terrestre, sous l'action de la Lune (et du Soleil). Ce phénomène étonne bien des personnes et en a même porté quelques-unes à nier l'exactitude de la théorie astronomique des marées. On voit clairement ici quelle est sa raison d'être. Je puis me permettre de dire que, dans la plupart des traités élémentaires d'Astronomie, il est mal expliqué. On est, en effet, dans l'habitude de dire que si le niveau des mers se soulève des deux côtés à la fois de la surface terrestre, c'est parce que, du côté le plus rapproché de la Lune, l'eau est plus attirée que le centre de la Terre, tandis que du côté opposé elle est moins attirée que ce centre. Cette explication est incorrecte. Si, par impossible, la Terre et la Lune pouvaient être maintenues immobiles dans l'Espace, il n'y aurait absolument rien de changé à l'attraction de notre Satellite sur le fluide aqueux répandu à la surface ; et pourtant, dans ce cas, les eaux ne s'élèveraient absolument que du côté le plus rapproché de la Lune et s'abaisseraient, au contraire, du côté opposé. Si le liquide s'élève du côté le plus éloigné de la Lune, c'est parce que de ce côté la force centrifuge qui naît du mouvement des deux Astres autour de leur centre commun de gravité est plus grande que l'attraction lunaire. L'inverse évidemment a lieu sur la face tournée vers la Lune : c'est ce que nous montre notre équation, qui s'applique tout aussi bien à l'action de la Lune sur la Terre qu'à celle de la Terre sur la Lune.

se confond presque avec l'unité et peut être, sans erreur notable, effacée. Il
en résulte :

$$F = \frac{6\,p_0\,R_T^2\,R_L \sin\theta \cos\theta}{D^3} = 0{,}000007480755\,p_0 \sin\theta \cos\theta. \quad \ldots \ldots \text{(LXI)}$$

Il nous est facile de convertir cette force motrice en force accélératrice,
en la divisant par une *fraction convenable* de la masse lunaire ; on sait que,
pour une sphère homogène, on a :

$$\alpha\left(\frac{P}{g}\right) = \frac{2}{5}\left(\frac{P}{g}\right).$$

Il vient donc ainsi :

$$g' = 15\,R_T^2\,R_L \frac{\sin\theta \cos\theta}{D^3}\left(\frac{p_0}{P}\right)g = 0{,}000185446\left(\frac{p_0}{P}\right)\sin\theta \cos\theta. \quad \ldots \ldots \text{(LXII)}$$

Telle est donc la force en vertu de laquelle l'axe $n\,L\,n'$, dérangé de sa
direction L T, oscillerait *indéfiniment* autour de cette direction, en faisant,
relativement à nous, des écarts égaux de part et d'autre ; mais ceci n'aurait
lieu qu'exclusivement dans l'hypothèse où le mouvement de la Lune autour
de la Terre serait parfaitement uniforme, comme nous l'avons formellement
posé. — La question change complètement si, comme il en est réellement,
le mouvement de la Lune change sans cesse, soit périodiquement, soit d'une
façon continue.

Ne nous occupons que de cette dernière modification, qui donne lieu à
l'équation séculaire de la Lune

$$\Lambda = 12'',2\,n^2.$$

Il est, je l'ai déjà dit, bien évident que si le moyen mouvement de la
Lune s'accélère, il faut, pour que le Satellite nous montre toujours la même
face, que la vitesse angulaire de sa rotation s'accélère aussi, et précisément
de la même manière. Il est tout aussi évident que c'est la force accélératrice
qui naît de l'inclinaison de l'axe $n\,L\,n'$ sur la ligne de jonction, qui seule

pourra donner lieu à cette accélération, *indispensable désormais*, de la rotation lunaire. Examinons donc les choses de beaucoup plus près et reprenons pour cela notre équation complète (LXII).

La seule inspection superficielle de cette équation nous montre que l'intensité de g' est une fonction, à marche très rapide, de l'angle θ. Si nous différentions notre équation simplifiée, et si nous égalons à 0 le rapport, nous trouvons :

$$\sin \theta \cos \theta = 0{,}5;$$

d'où :

$$\theta = 45°.$$

C'est la valeur de θ qui donne pour g' sa valeur maxima. Si l'accélération du mouvement de rotation était trop grande pour que la valeur de g', nécessaire pour y donner lieu, suffise, l'angle $\theta = 45°$ serait *franchi*, et la Lune nous présenterait désormais successivement toutes ses faces.

Désignons par ω la vitesse angulaire de rotation de la Lune, et, comme plus haut, par Ω celle qui répond au mouvement de translation. Il faut, d'après ce que nous voyons, qu'on ait continuellement :

$$\omega = \Omega.$$

et, par conséquent aussi,

$$R_L \frac{d\omega}{dt} = R_L \frac{d\Omega}{dt},$$

en rapportant Ω à la circonférence équatoriale de la Lune.

L'équation séculaire de la Lune étant :

$$A = 12'',2 \, n^2,$$

nous avons :

$$A = \frac{1}{2}(\delta V) n^2;$$

d'où :

$$(\delta V) = 2 \cdot 12'',2 = 24'',4.$$

Mais (δV) n'est autre chose que notre coefficient d'accélération g' rapporté aux unités convenables. (δV) est exprimé en secondes de cercle par siècle; g' l'est, au contraire, en fractions métriques rapportées à la seconde sexagésimale comme mesure du temps. Pour mettre (δV) en rapport avec g', nous devons donc le diviser par 100, par $365^{j},256374$ et par $86400^{sec.}$, et puis le multiplier par la valeur de la circonférence équatoriale de la Lune divisée d'abord par $1296000''$ ou par la circonférence du cercle exprimée en secondes. Il vient ainsi, tout calcul achevé,

$$g' = \frac{(\delta V)\,0{,}275 \cdot 40000000}{100 \cdot 365{,}256374 \cdot 86400 \cdot 1296000} = 0^{m}{,}00000000266997\,(\delta V).$$

En écrivant cette valeur de g' dans l'équation (LXII), il vient :

$$0{,}00000000266997\,(\delta V) = 0{,}000183446\left(\frac{p_{0}}{P}\right)\sin\theta\cos\theta;$$

soit :

$$0{,}0000145545\,(\delta V) = \left(\frac{p_{0}}{P}\right)\sin\theta\cos\theta. \quad . \quad . \quad . \quad . \quad . \quad (\text{LXIII})$$

Avec cette équation, nous pouvons maintenant résoudre des problèmes du plus haut intérêt. Étant, en effet, données deux des trois variables ou, pour mieux dire, deux des trois indéterminées θ, $\left(\frac{p_{0}}{P}\right)$, (δV), nous pouvons trouver aisément la troisième. Examinons le cas le plus essentiel.

Nous avons vu que c'est l'angle de 45° qui donne pour g' la plus grande intensité, et que si, pour une accélération donnée (δV) du mouvement lunaire autour de la Terre, cette valeur ne suffit plus pour maintenir la même accélération dans le mouvement de rotation de la Lune, notre Satellite, au lieu de nous présenter la même face, commencerait à tourner trop vite sur lui-même et nous présenterait successivement toutes ses faces. A ce point de maximum, l'axe, lesté à ses extrémités, disons maintenant, le grand axe, arrive à un état d'équilibre instable, et s'il le dépasse un tant soit peu, l'équilibre est rompu. — Admettons que cet angle soit atteint *actuellement;* admettons aussi l'accélération $(\partial V) = 24'',4$. Notre équation nous donne :

$$\left(\frac{p_0}{\mathrm{P}}\right) = 0{,}00071026.$$

Ce nombre, comme on voit, est très élevé; il dépasse considérablement tout ce qu'on avait admis jusqu'ici pour le renflement de la Lune dû à l'attraction terrestre. Avant de discuter la question à ce point de vue, nous devons d'abord nous assurer de la validité du chiffre.

1° J'ai supposé, pour simplifier, que la Lune est homogène. Ceci est absolument impossible. Il doit en être de la Lune comme de la Terre; la densité moyenne de notre globe étant de 5500^k, tandis que la densité de tout l'ensemble des matériaux qui forment son écorce est à peine de 2500^k, il est évident que la partie centrale est formée nécessairement de corps beaucoup plus dense que 5500. On peut, pour la Lune comme pour la Terre, dire, sans risquer d'hypothèse gratuite, qu'en vertu de leur pesanteur, les corps les plus lourds et en même temps impropres à un simple mélange, ont gagné la partie centrale; absolument comme un mélange de métaux de densités très diverses (platine, plomb, étain, fer) non susceptibles de se combiner, se sépareraient dans un creuset par ordre de densité. Ce fait, introduit, sous une forme ou une autre dans l'analyse des phénomènes, ne change que très peu de chose aux résultats finaux. Au lieu de trouver, comme il en est d'une sphère homogène, la fraction $\alpha \left(\frac{\mathrm{P}}{g}\right) = \frac{2}{3}\left(\frac{\mathrm{P}}{g}\right)$ dans l'équation (LXII), nous trouverions un nombre plus faible, mais quand α tomberait à $\frac{1}{10}$ ou même à $\frac{1}{20}$, notre rapport $\left(\frac{p_0}{\mathrm{P}}\right)$ ne serait pas encore modifié profondément.

2° J'ai supposé que l'angle $v = 45°$, donnant à la force accélératrice sa plus grande intensité, est *atteint ;* mais ceci est aussi une impossibilité. Si jamais cet état d'équilibre instable était atteint par le grand axe de notre Satellite, les causes nombreuses de troubles périodiques du mouvement moyen suffiraient pour le rompre et pour déterminer un mouvement de rotation de plus en plus rapide.

Tout angle inférieur à 45″ nous donne une force accélératrice moindre, et, par conséquent, conduit à un rapport $\left(\dfrac{p_0}{\mathrm{P}}\right)$ plus grand encore que celui que nous avons trouvé.

3° Nous avons supposé que nos deux lests égaux p_0 sont concentrés aux deux extrémités de l'axe dirigé vers nous; mais ceci est une impossibilité et, d'un autre côté, du moment que nous dispersons le lest sur une certaine étendue de la surface lunaire, nous en réduisons l'efficacité, et nous sommes obligés de le supposer plus grand pour obtenir l'accélération nécessaire du mouvement de rotation.

Il me reste à montrer au lecteur qu'il ne peut s'être glissé dans notre analyse aucune erreur capable de fausser le rapport $\left(\dfrac{p_0}{\mathrm{P}}\right)$.

Il peut sembler à première vue, que le lest trouvé est énorme, relativement au très petit effet dynamique à produire : une accélération de $24''{,}4$ en cent ans, le siècle servant d'unité à la vitesse! Ce nombre, ramené à la seconde et à la circonférence lunaire, est, en effet, des plus minimes; et il ne faudrait aussi qu'une force accélératrice très faible, si cette force, située dans le plan de l'équateur lunaire, agissait tangentiellement à la circonférence. Nous aurions, en effet, dans ce cas :

$$0{,}00000000266997\,(\delta \mathrm{V}) = \frac{2}{5} \cdot g\left(\frac{p_0}{\mathrm{P}}\right);$$

et la valeur du lest nécessaire se réduirait au chiffre très petit :

$$\left(\frac{p_0}{\mathrm{P}}\right) = \frac{5}{2g} \cdot 0{,}00000000266997\,(\delta \mathrm{V}) = 0{,}000000016604.$$

Mais, d'une part, ce n'est pas tangentiellement à la circonférence qu'agit la force motrice disponible; cette force se trouve multipliée par un facteur fractionnaire qui ne peut dépasser $0{,}5$ et qui reste probablement bien au-dessous; et puis, d'autre part et surtout, la force motrice disponible naît de la somme de deux forces, très faibles déjà en elles-mêmes, dont l'une est toujours négative. C'est uniquement en raison du très petit excédant :

$$\frac{p_0\,R_T^2}{(D - R_L \cos\theta)^2} - \frac{p_0\,R_T^2}{(D + R_L \cos\theta)^2} - \frac{p_0\,R_T^2}{D^3}(D - R_L \cos\theta) + \frac{p_0\,R_T^2}{D^3}(D + R_L \cos\theta)$$

que l'axe $n\,L\,n'$ tend à se diriger vers le centre de gravité de la Terre ; c'est parce que le point n est un peu plus près de ce centre que le point n', que l'attraction terrestre, en ce point, est un tant soit peu plus grande et que la force centrifuge est un tant soit peu plus petite. Ces différences de force se réduiraient, pour ainsi dire, à zéro, si la distance lunaire était, par exemple, décuple, centuple, et rien, dans ce cas, n'aurait plus pu amener l'égalité des vitesses angulaires de la rotation de la Lune et de la révolution autour de la Terre. Notre accélération très faible se trouve, de fait, divisée par une autre fraction très petite, et prend ainsi une valeur considérable qui se reporte sur $\left(\frac{p_0}{P}\right)$.

Si le lecteur a bien suivi les remarques précédentes, il ne sera plus en aucune façon étonné de la grandeur du rapport $\left(\frac{p_0}{P}\right)$.

Laplace a montré que si la Lune était fluide, la déformation produite, d'une part, par la force centrifuge naissant du mouvement de rotation, et la déformation produite, d'autre part, par l'attraction terrestre altéreraient la forme sphérique de la Lune et en feraient un ellipsoïde à trois axes ; mais il montre, en même temps, que cette déformation est, en résumé, très petite ; que l'excédant du plus grand axe sur le plus petit est quatre fois plus grand que l'excédant de l'axe moyen sur le plus petit ; que, toutefois, si l'on prend le plus petit axe pour unité, l'excédant du plus grand axe ne s'élève qu'à $\frac{1}{27640}$.

Il est facile de s'assurer que le lest qui résulte de cet excédant n'est lui-même aussi que de $\frac{1}{27640}$, en supposant toujours la Lune homogène.

§ IX

ORIGINE DE LA DIFFÉRENCE EXISTANT ENTRE LES RÉSULTATS PRÉCÉDENTS
ET CEUX QU'A TROUVÉS LAPLACE.

Un fait capital découle de ce qui précède. En introduisant dans notre équation (LXIII) l'angle σ donnant à la force accélératrice du mouvement de rotation lunaire son intensité maxima, nous avons trouvé :

$$\left(\frac{p_0}{p}\right) = 0{,}00071026.$$

Il s'ensuit directement que si nous supposions le rapport $\left(\frac{p_0}{p}\right)$ plus petit que ce nombre, si nous le faisions, par exemple, égal à celui qu'a indiqué LAPLACE, la force accélératrice nécessaire pour maintenir l'égalité de ω et Ω deviendrait trop faible, et, par conséquent, la Lune cesserait de nous montrer toujours la même face.

D'où peut naître cette différence énorme qui existe entre le lest, *absolument indispensable*, que nous avons trouvé et qui, en définitive, n'a pu aussi se produire que sous l'action de l'attraction terrestre et le lest trouvé par l'analyse de LAPLACE?

Ce grand analyste se serait-il trompé? — Assurément non; il me sera, sans doute, permis de faire ici une réflexion tout à fait générale, qui dissipera toutes les incertitudes, tous les doutes.

LAPLACE, comme d'ailleurs la plupart des grands géomètres qui ont recherché quelles doivent être les figures des Planètes, des Satellites, quelles sont les conditions d'équilibre et la nature des Anneaux de Saturne, ne s'est préoccupé absolument que de l'état *actuel* des choses; en déterminant la figure de la Lune, il ne s'est occupé que du corps que nous avons *aujourd'hui* sous les yeux; or, c'est là un point de vue qui n'est certainement pas correct.

D'après la genèse même de Laplace, le Soleil, les Planètes, les Satellites devaient, à l'origine, occuper des volumes considérablement supérieurs à ceux qu'ils occupent aujourd'hui. La Lune avait primitivement un diamètre peut-être décuple, centuple de son diamètre actuel. La différence qui existait alors entre l'intensité de l'attraction terrestre sur les parties situées en n et sur celles qui se trouvaient en n', devait être aussi énormément supérieure. La déformation produite était donc très considérable, et c'est là, comme je l'ai dit dès le début de ce chapitre, la vraie cause qui a amené très rapidement l'égalité des vitesses angulaires dont nous avons parlé. Originairement, en un mot, le grand axe de l'ellipsoïde lunaire a pu être trois, quatre, cinq fois supérieur au petit axe. Cette énorme différence a, sans doute, diminué à mesure que le Corps s'est liquéfié et solidifié ; mais il n'est en aucune façon impossible que, par suite de conditions particulières de refroidissement naissant précisément de la forme primitive, la différence des axes soit restée assez notable.

La forme que la Lune a réellement prise et *gardée* pendant son passage de l'état gazeux à l'état fluide et à l'état solide peut donc fort bien n'être, en aucune façon, celle qu'elle aurait prise si, dès le début, elle s'était trouvée à l'état de fluidité pâteuse.

Le but poursuivi par Laplace était tout autre que celui que j'avais à atteindre ici. Laplace a cherché quelle est la forme que doit prendre une sphère fluide de dimension déterminée sous l'action d'attractions externes, la forme que devait prendre la Lune, par exemple, sous l'action de la Terre. J'ai dû chercher, au contraire, quelle doit être cette figure pour que, malgré l'accélération continue du mouvement de la Lune, la durée de sa révolution sur elle-même reste toujours égale à celle de sa révolution autour de la Terre. Le résultat trouvé devait nécessairement être différent, et il s'agissait seulement de montrer comment, par un simple changement d'époque, quant aux calculs de Laplace, on parvient à concilier les deux méthodes de calcul. C'est ce que j'espère avoir montré clairement en dernier lieu.

Laplace, en un mot, ne s'est nullement trompé sur les conditions présentes d'équilibre du Corps ; il n'a eu que le tort de ne pas remonter aux conditions primitives, *très différentes*.

§ X

CONSÉQUENCES IMPORTANTES QUI DÉCOULENT DES PARAGRAPHES
PRÉCÉDENTS.

Des conséquences importantes découlent de tout ce qui précède.

1° Le grand axe de l'ellipsoïde lunaire ne peut être dirigé directement vers le centre de gravité de la Terre, comme on l'a admis jusqu'ici; il fait nécessairement avec la ligne de jonction des centres de la Lune et de la Terre un angle assez grand, mais qui ne peut ni dépasser, ni même atteindre 45°. Cet angle durera tant que durera l'accélération séculaire de la Lune, qui en est la cause déterminante.

2° Cet angle varie nécessairement en grandeur absolue, mais dans des limites très resserrées, de sorte qu'il nous est impossible de constater par l'observation directe, le *très léger* allongement de la Lune dans la direction de la Terre. Nous disons : *très léger*. Bien que la valeur du lest par rapport au poids de la Lune, soit :

$$p_0 = 0{,}00071026 \, P,$$

dépasse de beaucoup la valeur admise, l'excès du grand axe sur le petit qui résulte de là est pourtant minime, puisque, sur une sphère d'un mètre de diamètre, par exemple, il répondrait à un allongement de sept dixièmes de millimètre à peine.

3° Ni la presque constance de l'angle θ, ni la grandeur du lest p_0 ne peuvent être expliquées par l'Analyse mathématique, si nous l'appliquons à *l'état actuel* des choses. L'explication que donne LAPLACE de l'égalité des vitesses angulaires de la rotation de la Lune et de sa révolution autour de la Terre échouerait complètement, si nous l'appliquions à une Lune solide ou seulement à l'état de fluidité pâteuse. Les oscillations du grand axe, de part et d'autre de la ligne de jonction L-T, n'eussent jamais cessé, sous l'action de l'attraction terrestre, avec une Lune solide ou très incomplètement fluide, et elles seraient restées très considérables, si nous avons égard aux probabilités qu'indique LAPLACE. Et, de même, la valeur relativement considérable du lest p_0, indispensable pour maintenir l'accélération du mouvement de rotation de la Lune, ne peut s'expliquer quand on applique les calculs à un corps à l'état de fluidité incomplète ou pâteuse. — La constance de l'angle θ et la grandeur du lest s'expliquent, au contraire, très facilement, si l'on remonte à l'état primitif des choses.

4° D'après ce que nous avons vu, l'accélération séculaire de la Lune dérive de plusieurs causes, les unes déterminées par LAPLACE, mais exagérées par lui dans leur résultat, les autres déterminées par DELAUNAY et ADAMS. Parmi les effets de ces causes, les uns sont renfermés dans des périodes immenses, et après avoir marché dans un sens ils marcheront en sens opposé, pendant des siècles aussi. D'autres, au contraire, semblent ne devoir jamais changer de signe. En d'autres termes, et pour préciser par des nombres, une partie du facteur $12'',2$ de l'accélération est de nature à diminuer, au bout d'un grand nombre de siècles toutefois; cette partie, en diminuant, amènera aussi la diminution de l'accélération de la vitesse angulaire de rotation de la Lune, et, par conséquent, la diminution de l'angle θ que fait le grand axe lunaire avec la ligne de jonction des centres de gravité de la Terre et de la Lune. Notre Satellite nous montrera donc ainsi une autre partie de sa surface, limitée, d'ailleurs, à une amplitude *maxima* de 45° du côté oriental de la Lune. — Nous disons qu'une autre partie de la somme $12'',2$ ne semble pas de nature à changer de signe dans sa manifestation : c'est visiblement de la part de l'accélération revenant à l'action des marées de l'Océan qu'il s'agit. Ici cependant encore, si l'on suppose un accroissement continu de vitesse dans le moyen mouvement de la Lune, il arrivera un moment où le flot de l'Océan se trouvera trop en retard sur la direction de l'attraction lunaire, et où, par conséquent, l'intensité de l'action perturbatrice deviendra invariable. — Il me sera permis, sans doute, de dire que de nouveaux et grands progrès seront nécessaires pour que l'Analyse mathématique puisse nous mettre à même de devancer ainsi l'immensité des siècles et de connaître l'époque où l'accélération totale restera stationnaire.

SECTION SECONDE

ÉTUDE DES PHÉNOMÈNES QUE PRÉSENTE PHOBOS
OU LE PREMIER SATELLITE DE MARS.

L'étude de ce Satellite de Mars, si récemment découvert, a la plus haute importance, quant au sujet que nous poursuivons. Aujourd'hui, naturellement, les éléments nous manquent encore absolument pour nous permettre d'aborder la question au point de vue de la réalité. Nous ne connaissons ni la masse, ni l'équation séculaire relative au mouvement moyen de Phobos et de Deimos. Il me semble d'autant plus utile de montrer le parti qu'on pourra tirer un jour des données précises de l'observation, qui ne tarderont pas, sans doute, à être déterminées. On me pardonnera si, pour un moment, je passe sur le domaine de *l'arbitraire*.

§ I

MASSE MAXIMA QUE L'ON PEUT ATTIBUER A PHOBOS, EN PARTANT DE LA COMPARAISON
AVEC L'UN DES SATELLITES DE JUPITER.

Pour découvrir Phobos, il a fallu à **M. Asaph Hall** un instrument des plus parfaits et des conditions atmosphériques qui ne se rencontrent pas dans tous les climats. Les quatre Satellites de Jupiter, le plus petit comme les autres, sont, au contraire, aisément visibles à l'aide d'une lunette tout ordinaire, d'une lorgnette même.

Je ne serai contredit par personne, lorsque je dirai que le premier Satellite de Jupiter serait encore parfaitement visible, si son diamètre était réduit au cinquantième de ce qu'il est réellement et si nous le rapprochions de nous jusqu'à l'orbite de Mars. Il aurait, comme nous allons voir, le double du diamètre qu'assigne ARGELANDER à Hestia, l'une des Planètes télescopiques.

La masse du premier Satellite de Jupiter est, par rapport à la Planète même, 0,000016877. La masse de Jupiter étant 308,99 fois celle de la Terre, la masse du Satellite est, par rapport à celle de la Terre,

$$m_1 = 308,99 \cdot 0,000016877 = 0,0052148;$$

et par rapport à celle de la Lune :

$$\rho = \frac{0,0052148}{0,012547} = 0,415621.$$

Admettons, ce qui est arbitraire, mais ce qui ne peut non plus nous conduire à une faute grossière, que la densité du Satellite de Jupiter soit la même que celle de notre Lune. Le rayon de ce Corps deviendra, par rapport à celui de la Terre,

$$R_{1.J.} = 0,273 \left(\frac{0.0052148}{0,012547}\right)^{\frac{1}{3}} = 0,203733.$$

En divisant maintenant, comme je l'ai dit, ce rayon par 50, il vient :

$$R_\Phi = 0,00407466;$$

ce qui revient sensiblement à 25940 mètres, ou environ le double du rayon de la petite Planète Hestia, à laquelle la formule d'ARGELANDER donne $\frac{1}{2}25000^m$ de rayon.

En supposant toujours l'égalité des densités de la Lune, du I. de Jupiter et de Phobos, la masse de ce dernier est visiblement le quotient de celle du

Satellite de Jupiter divisée par le cube de 50, soit :

$$m_\Phi = \frac{0,0052148}{125000} = 0,000000041718.$$

D'après la manière dont nous avons procédé, cette masse et le rayon ci-dessus sont certainement des maxima; c'est tout ce qu'il m'importait d'établir; à partir de ce moment, et, pour le restant de l'analyse, nous rentrons dans le domaine de la réalité.

§ II

RELATION EXISTANT ENTRE LA VALEUR
DU VOLUME SPÉCIFIQUE DU GAZ INTERSTELLAIRE DE L'ÉQUATION SÉCULAIRE
DÉRIVANT DE LA RÉSISTANCE DE CE FLUIDE.

En raison de tous les détails où je suis entré relativement aux phénomènes lunaires, je pense pouvoir établir, sans autre préambule, l'équation séculaire générale donnant, pour Phobos, l'accélération du mouvement moyen résultant de la résistance d'un fluide de volume spécifique donné, ou, réciproquement, le volume capable de produire une accélération donnée.

Soient :

U_0 la vitesse initiale moyenne de Mars autour du Soleil ;

V_0 la vitesse initiale moyenne aussi de Phobos autour de Mars ;

A_0 le demi-grand axe initial ;

$\mathfrak{T}_1$ la durée actuelle d'une révolution sidérale de Phobos ;

$\mathfrak{T}_0 = (\mathfrak{T}_1 + x)$ cette durée il y a un siècle ;

P_ϕ le poids du Satellite;

R_ϕ son rayon;

C la circonférence de la Terre;

Δ la densité de Phobos que nous avons *a priori* faite égale à celle de la Lune ou $(5500 \cdot 0,615)$;

N_ϕ le nombre de révolutions sidérales en un siècle.

Avec ces désignations notre équation générale (LIII) devient :

$$\frac{0,0451}{W}(\pi R_\phi^2)^{0,1} N_\phi (2\pi A_0)\frac{4}{3}\left[\frac{3}{4}\left(\frac{U_0}{V_0}\right)+\frac{1}{\pi}\right]=\frac{P_\phi}{2g}\left[\left(\frac{\tau_0}{\tau_1}\right)^{\frac{2}{3}}-1\right]. \quad . \quad . \quad \text{(LXIV)}$$

Comme

$$P_\phi=\frac{4}{3}\pi R_\phi^3 \Delta,$$

et puisque

$$\left[\left(\frac{\tau_0}{\tau_1}\right)^{\frac{2}{3}}-1\right]$$

est toujours excessivement petit et que nous pouvons écrire, en conséquence,

$$\left[\left(\frac{\tau_0}{\tau_1}\right)^{\frac{2}{3}}-1\right]=\frac{2}{3}\frac{x}{\tau_1},$$

il vient, en résolvant par rapport à $\dfrac{r}{\tau_1}$,

$$\frac{x}{\tau_1}=\frac{3\cdot 0,0451}{W}\frac{\pi^{0,1} g N_\phi (2\pi A_0)}{R_\phi^{0,8}\Delta}\left[\frac{3}{4}\left(\frac{U_0}{V_0}\right)+\frac{1}{\pi}\right]. \quad . \quad . \quad . \quad . \quad . \quad \text{(LXV)}$$

La distance moyenne de Mars au Soleil étant de $1,5236913 \cdot 23280$

rayons terrestres, le développement métrique de l'orbite est :

$$1,5236913 \cdot 25280 \cdot 40000000 = S,$$

et comme la durée de l'année sidérale de Mars est $686^{j},979646$, on a, pour la valeur de U_0,

$$U_0 = \frac{1,5236913 \cdot 25280 \cdot 40000000}{686,979646 \cdot 86400} = 23903^{m\,sec.}$$

D'après M. Asaph Hall, le demi-grand axe moyen de Phobos à Mars est 2,771 en rayons de la Planète; on a donc, en rayons terrestres, $2,771 \cdot 0,528$; et comme, d'après le même observateur, la durée de la révolution sidérale est $0^{j},318924$, il vient, pour la valeur actuelle de V_0,

$$V_0 = \frac{2,771 \cdot 0,528 \cdot 40000000}{0,318924 \cdot 86400} = 2124^{m\,sec.}$$

La valeur numérique de notre parenthèse du membre gauche devient ainsi :

$$\left[\frac{3}{4} \left(\frac{23905}{2124} \right) + \frac{1}{\pi} \right] = 8,76.$$

Remplaçant maintenant dans notre équation R_Φ, $(2\pi A_0)$, Δ par leurs valeurs respectives admises par nous, ou

$$R_\Phi = 0,0040747 \left(\frac{40000000}{2\pi} \right);$$

$$\Delta = (5500 \cdot 0,615);$$

$$(2\pi A_0) = 2,771 \cdot 0,528 \cdot 40000000;$$

et achevant toutes les opérations indiquées, il vient :   .

$$\frac{66,38}{W} N_\Phi = \frac{x}{\mathfrak{T}_1}. \qquad \cdots \cdots \cdots \cdots \quad \text{(LXVI)}$$

Puisque N répond au nombre de révolutions sidérales par siècle, nous avons, $\mathfrak{T}_{\scriptscriptstyle\mathrm{T}}$ étant la durée de notre année sidérale,

$$N_{\phi} = 100 \left(\frac{\mathfrak{T}_{\scriptscriptstyle\mathrm{T}}}{\mathfrak{T}_{\scriptscriptstyle\mathrm{I}}}\right).$$

D'un autre côté, nous avons, pour la valeur de l'accroissement de la vitesse annuelle,

$$(\delta V)_{\phi} = 1296000 \frac{\mathfrak{T}_{\scriptscriptstyle\mathrm{T}}\, x}{\mathfrak{T}_{\scriptscriptstyle\mathrm{I}}^{2}};$$

d'où :

$$\frac{x}{\mathfrak{T}_{\scriptscriptstyle\mathrm{I}}} = \frac{(\delta V)_{\phi}}{1296000} \left(\frac{\mathfrak{T}_{\scriptscriptstyle\mathrm{I}}}{\mathfrak{T}_{\scriptscriptstyle\mathrm{T}}}\right).$$

Écrivant cette valeur de $\left(\dfrac{x}{\mathfrak{T}_{\scriptscriptstyle\mathrm{I}}}\right)$ à sa place dans l'équation (LXVI), elle donne :

$$(\delta V)_{\phi} = \frac{66{,}58 \cdot 1296000 \cdot 100}{W} \left(\frac{\mathfrak{T}_{\scriptscriptstyle\mathrm{T}}}{\mathfrak{T}_{\scriptscriptstyle\mathrm{I}}}\right)^{2};$$

et, par conséquent, puisque

$$\left(\frac{\mathfrak{T}_{\scriptscriptstyle\mathrm{T}}}{\mathfrak{T}_{\scriptscriptstyle\mathrm{I}}}\right)^{2} = \left(\frac{365{,}256374}{0{,}318924}\right)^{2} = 1311666{,}28,$$

il vient :

$$(\delta V)_{\phi} = \frac{11\,284\,000\,000\,000\,000}{W}.$$

Pour prendre un exemple, supposons que l'accroissement de vitesse annuelle au bout d'un siècle soit de $0'',04$, ce qui donne une équation séculaire dont le coefficient est $0'',5$; soit :

$$\Lambda = 0'',5\, n^{2}.$$

La valeur obtenue ainsi pour W est :

$$W = 1\,128\,400\,000\,000\,000\,000^{\mathrm{m}^{3}};$$

soit $1\,128\,400\,000$ kilomètres cubes.

Nous sommes loin encore, sans doute, du moment où la théorie de Phobos soit assez sûre, pour en tirer un nombre qui puisse réellement s'attribuer à une résistance. Mais on voit déjà quelle est l'importance de cette théorie ; on voit, de plus, à quel volume spécifique colossal on arrive, en partant même de données qui toutes conduisent forcément à une valeur trop petite pour W. La masse que nous avons admise pour Phobos est, en effet, un maximum ; et il est permis de douter qu'on arrive jamais à une équation séculaire dans laquelle on doive, à coup sûr, attribuer une part réelle $0'',5$ à l'action de la résistance.

§ III

RÉFLEXIONS QUE SUGGÈRE L'ÉTUDE DU CAS PARTICULIER
DU PREMIER SATELLITE DE MARS.

Le côté particulièrement frappant des conséquences qui découlent des phénomènes que présente Phobos est relatif à la grande proximité du Satellite de sa Planète.

Mars est pourvu d'une atmosphère, comme la Terre ; les mêmes phénomènes météorologiques que chez nous s'y passent indubitablement, puisque nous pouvons suivre, en quelque sorte, la marche des saisons sur la Planète. A quelle hauteur précise s'arrête cette atmosphère ? — C'est à quoi les phénomènes du premier Satellite nous mettent à même de répondre, non pas par une mesure de hauteur, mais par la fixation d'une limite maxima.

La distance de Mars à Phobos, en rayons de la Planète, étant $2,771$, elle est :

$$2,771 \cdot 0,528 = 1,463$$

en rayons terrestres. Le centre de Phobos se trouve donc à

$$(1,463 - 0,528) = 0,955$$

rayons terrestres de distance de la surface de Mars. Exprimée en une telle unité, cette distance paraît bien minime, insignifiante. Si nous la traduisons en mesures métriques, qui nous sont familières, et si, alors, nous la comparons à la hauteur la plus exagérée de notre atmosphère terrestre, elle devient colossale. — Nous avons, en effet, en multipliant par les 6366198 mètres du rayon terrestre,

$$6366198 \cdot 0{,}935 = 5952395^{\mathrm{m}}.$$

Or, notre atmosphère, de quelque façon qu'on exagère sa hauteur, ne saurait plus être considérée comme ayant une valeur réelle en densité, si nous lui adjugeons seulement 500 kilomètres. En partant de la fonction logarithmique usuelle, qui suppose la possibilité d'une hauteur infinie, et en supposant la température constante à 0°, par exemple, ce qui est absurde, on trouve à cinq cent mille mètres de hauteur une densité :

$$\log \frac{\Delta}{\delta} = \left[\frac{1{,}2932}{2{,}30238 \cdot 10335} \cdot \frac{500000}{\left(1 + \dfrac{500000}{6366198}\right)} \right] = 25{,}1975.$$

Le volume spécifique **W**, soit :

$$W = 15\,700\,000\,000\,000\,000\,000\,000\,000^{\mathrm{m}^3}$$

dépasse encore de beaucoup, comme on voit, les plus grands que nous ayons trouvés en examinant la résistance d'un milieu matériel sur le mouvement des Planètes et des Satellites. — Ainsi donc, quelque hypothèse qu'on veuille faire sur la nature de l'atmosphère de Mars, il est certain que cette atmosphère est loin de s'approcher de l'orbite de Phobos, si peu considérable que soit le rayon vecteur du Satellite.

Je reviendrai bientôt, sous une autre forme, sur cette question de la hauteur des atmosphères planétaires.

Si, arbitrairement en apparence, j'ai pris une hauteur atmosphérique de 500000 mètres, c'est parce que c'est à cette hauteur que j'ai vu, avant le solstice d'hiver de 1883, les rougeurs crépusculaires qui ont tant préoccupé le public et les savants, et qu'on a, un peu à la hâte, attribuées à des poussières volcaniques supportées par notre atmosphère. Il est bien clair qu'un gaz dont le volume spécifique aurait une pareille valeur ne serait guère apte à tenir quoi que ce soit en suspension.

CHAPITRE TROISIÈME

EXAMEN DES CONSÉQUENCES
QU'AURAIT UN MILIEU RÉSISTANT QUANT A TOUT L'ENSEMBLE
DES PHÉNOMÈNES QUE PRÉSENTENT LES COMÈTES.

———

Les Comètes, qui semblaient jadis avoir pour mission principale d'effrayer les hommes par leur apparition imprévue et par leur aspect à la fois majestueux et bizarre, ont conservé et garderont encore fort longtemps le privilège d'exercer la sagacité des savants les plus calmes et les plus réfléchis. De très grands progrès, certes, ont été accomplis récemment dans l'étude de la constitution physique de plusieurs d'entre elles; mais il n'en demeure pas moins vrai que l'interprétation de l'ensemble des phénomènes cométaires est d'une difficulté pour le moment insurmontable. Chose remarquable, cette difficulté ne disparait pas lorsqu'on se borne à étudier ces Astres au seul point de vue de la Mécanique céleste. En ce sens, sans doute, les Comètes constituent des masses matérielles soumises comme les Planètes, comme les Satellites, aux lois de la Gravitation universelle; elles décrivent *grosso modo* des courbes du second degré autour du Soleil. Mais, en raison de l'excentricité presque toujours très grande des orbites cométaires les moins excentriques, cés Astres, dans leur trajet autour du Soleil, traversent ou du moins approchent souvent de très près les orbites de plusieurs de nos grandes Planètes, et les perturbations considérables qu'ils éprouvent alors, soit dans leur vitesse, soit même dans leur direction, ne peuvent être déterminées, analytiquement, que d'une façon approximative. Tandis que pour les Planètes, pour les Satellites, on regarde comme importantes des erreurs d'une seconde et même de fractions de seconde, dans le calcul du retour de l'Astre au même point de son orbite, pour les Comètes, surtout celles à très longues périodes, il faut se contenter d'approximations à des heures, à des jours, à des mois près. — Tous mes lecteurs connaissent l'historique de la comète de HALLEY, dont le retour a été, et avec raison d'ailleurs, acclamé comme le triomphe de la Science. Le moment de ce retour, rectifié de deux ans par CLAIRAULT, a montré que ces Astres obéissent comme les Planètes aux lois ordinaires de la gravitation, mais il a montré en même temps contre quelles immenses difficultés se heurte ici l'Analyse mathématique.

Malgré les remarques précédentes, dont la justesse ne peut échapper à personne, et peut-être même à cause de leur justesse, l'étude des phénomènes cométaires est plus propre encore que les précédentes à nous éclairer sur ce qu'il en est de la prétendue existence d'un milieu interstellaire matériel et résistant.

1° Au point de vue de la Mécanique céleste, les Comètes sont de nature à nous déceler la présence d'un milieu résistant d'une façon beaucoup plus décisive qu'aucun autre Astre. Une masse très petite, un volume souvent immense, une vitesse parfois colossale, une distance périhélie dans ce dernier cas fort petite, ce sont là autant de conditions qui rendent le mouvement des Comètes plus impressionnable, s'il est permis de s'exprimer ainsi, que tout autre à la moindre résistance.

2° Mais la structure même de la plupart des Comètes nous permet d'arriver à des conclusions encore plus nettes, s'il est possible, quant à la nature du milieu interstellaire. C'est ce dont le lecteur ne tardera pas à se convaincre. Cette partie de mon exposé, je puis l'espérer, aura un caractère neuf et original.

Je diviserai ce chapitre en deux sections.

1° Dans la première, je montrerai comment on peut approprier nos équations à l'étude d'orbites extrêmement excentriques, sans leur faire perdre le caractère d'approximation très grande qu'elles ont pour les orbites peu excentriques des Planètes et des Satellites. Puis, je ferai une application des équations à la théorie de la Comète d'ENCKE, dans les mouvements de laquelle on a voulu trouver une preuve positive de l'existence d'un milieu résistant.

2° Dans la seconde section, je me placerai au point de vue de la

Physique et de la Physique-Mécanique, pour examiner un ensemble de phénomènes sur lesquels personne n'a encore appelé l'attention des savants et qui peuvent servir, en quelque sorte, de pierre de touche, quant à la présence des moindres parcelles de matière pondérable qu'on supposerait dispersées dans l'Espace.

SECTION PREMIÈRE

APPROPRIATION DES ÉQUATIONS GÉNÉRALES
A DES ORBITES EXTRÊMEMENT ELLIPTIQUES — APPLICATION
A LA COMÈTE D'ENCKE.

§ I

APPROPRIATION DES ÉQUATIONS GÉNÉRALES AU MOUVEMENT D'UN SPHÉROÏDE
SUR UNE ORBITE TRÈS EXCENTRIQUE.

Dans l'exposé suivant, je ne m'occuperai absolument d'aucune force perturbatrice autre que la résistance d'un milieu matériel. Je supposerai que les Comètes constituent des corps homogènes, nettement limités en volume, et doués d'une cohésion telle que la résistance du milieu ne puisse ni les désagréger, ni même altérer leur forme. Nous verrons dans la seconde section que cette supposition n'est pas admissible un instant.

Pour l'orbite la plus excentrique, comme pour celles des Planètes, comme pour celles des Satellites, nous avons toujours, sous forme rigoureuse,

$$mV_\rho^2 = m(V_0^2 - V_1^2 + V_s^2);$$

mV_ρ^2 étant la perte de force vive due à la résistance du milieu;

mV_0^2 la force vive initiale;

mV_1^2 la force vive finale;

mV_s^2 la force vive due à la chute définitive de la Comète vers le Soleil,

en d'autres termes celle qui naîtrait de la chute $(A_0 - A_1)$, A_0 désignant
le demi-grand axe initial et A_1 le demi-grand axe à l'époque que l'on
considère.

D'un autre côté, si nous désignons par ρ la résistance totale au mouvement
et par S l'arc d'ellipse parcouru, nous avons aussi :

$$dF = \rho dS$$

pour l'expression dF du travail mécanique élémentaire dû à la résistance du
milieu matériel. Si l'on désigne par ρ_0 la résistance répondant à l'unité de
vitesse et par V la vitesse actuelle, provisoirement supposée variable, on a,
par suite, en toute hypothèse,

$$F = \int \rho dS = \rho_0 \int V' dS = \frac{1}{2} m (V_0^2 - V_1^2 + V_2^2).$$

Sous cette forme générale, l'équation, évidemment, ne pourrait s'intégrer.
S, en effet, est l'arc d'une courbe dont l'espèce est inconnue, et V varie non
seulement en fonction de la résistance, mais encore et surtout en fonction de
la grandeur du rayon vecteur. Dans la réalité des choses, il n'en est heureu-
sement pas ainsi. La valeur de ρ, si elle n'est absolument nulle, comme tout
tend à le démontrer, est du moins tellement faible, que la modification qui
en résulte, quant à la nature de la courbe décrite, est absolument négligeable,
même pour un très grand arc parcouru. Cette courbe, en un mot, est du second
degré, à une différence inappréciable près. S'il s'agit d'une ellipse, quelque
excentrique qu'elle soit, nous pouvons considérer le grand axe comme
constant, au moins pour une révolution et comme ne variant sensiblement
que d'une révolution à une autre. De plus, et ceci est de la plus haute
importance dans cette analyse, nous pouvons considérer la vitesse comme
ne variant à chaque instant qu'en fonction du rayon vecteur, bien qu'en
réalité la résistance varie, au contraire, comme le carré de cette vitesse. En
partant de ces remarques et en se rappelant que l'équation de la vitesse pour

les courbes du second degré est :

$$V^2 = (U_0^2 - 2Ga) + \frac{2Ga^2}{r} = 2Ga\left[(\alpha - 1) + \frac{a}{r}\right],$$

U_0 désignant la vitesse au périhélie a;

G la valeur de l'attraction solaire au même point;

α un facteur qui dépend de l'excentricité;

il vient pour l'expression de la résistance :

$$\rho = 2Ga\rho_0\left[(\alpha - 1) + \frac{a}{r}\right];$$

et, par conséquent, pour celle du travail dû à cette résistance :

$$F = \int 2Ga\rho_0\left[(\alpha - 1) + \frac{a}{r}\right]dS. \quad \ldots \quad \text{(LXVII)}$$

Je ne saurais trop insister sur le sens précis de cette équation, qui, autrement, pourrait être mal interprétée et paraître absurde. Le travail ainsi exprimé suppose, comme je l'ai dit, que la vitesse ne varie absolument que par suite de la distance de l'Astre au Soleil, quoique la résistance qui produit ce travail soit proportionnelle au carré de la vitesse. La somme de perte en force vive, quoique bien réelle, due à ce travail, est supposée sensible seulement d'une révolution à une autre, mais non pendant le *cours* même d'une révolution unique. Au point de vue stricte des faits, cet énoncé répond à une impossibilité physique; mais en raison de la valeur extrêmement petite de ρ_0, il répond, au contraire, à une approximation très grande et bien plus que satisfaisante, au cas particulier. Si l'on y regarde de près, on reconnaît que la méthode que je suis, répond implicitement, mais sous une forme singulièrement facilitée, à celle de la variation des constantes arbitraires dans l'étude des perturbations réciproques des Planètes, etc.

Je ne fais que répéter ce que j'ai dit dès l'origine de ce travail; mais il m'a semblé utile d'insister. Ce qui saute en quelque sorte aux yeux, quand il s'agit de masses relativement énormes et d'orbites presque circulaires, comme celles des Planètes et des Satellites, cesse absolument de sembler vrai quand on passe aux conditions dans lesquelles se montrent à nous les Comètes.

L'équation générale des courbes du second degré étant :

$$r = \frac{a(1 + e)}{(1 + e \cos \theta)}, \quad \ldots \ldots \ldots \ldots \quad (r)$$

on a, en différentiant,

$$dr = \frac{ae(1 + e) \sin \theta \, d\theta}{(1 + e \cos \theta)^2};$$

et, par conséquent, la valeur de l'arc élémentaire dS est :

$$dS = \sqrt{dr^2 + r^2 \, d\theta^2} = a(1 + e) \sqrt{(1 + e^2)} \, d\theta \, \frac{\sqrt{1 + \dfrac{2e}{(1 + e^2)} \cos \theta}}{(1 + e \cos \theta)^2}.$$

C'est cette valeur de dS que nous devons écrire dans l'équation du travail. Elle devient ainsi :

$$\mathrm{F} = \int 2 G a \rho_0 \left[(\alpha - 1) + \frac{a}{r} \right] a(1 + e) \sqrt{(1 + e^2)} \, d\theta \, \frac{\sqrt{1 + \dfrac{2e}{(1 + e^2)} \cos \theta}}{(1 + e \cos \theta)^2}. \quad \text{(LXVIII)}$$

Si nous remarquons que l'équation (r) donne

$$\frac{a}{r} = \frac{(1 + e \cos \theta)}{(1 + e)},$$

et qu'on a aussi (page 122)

$$\alpha = \frac{(1 + e)}{2},$$

d'où :

$$(\alpha - 1) = - \frac{(1 - e)}{2},$$

notre équation devient, toutes réductions et simplifications faites :

$$F = \int 2Ga^2\rho_0 \sqrt{(1+e^2)}\left[\frac{1}{(1+e\cos\theta)} - \left(\frac{1-e^2}{2}\right)\frac{1}{(1+e\cos\theta)^2}\right]d\theta\sqrt{1 + \frac{2e}{(1+e^2)}\cos\theta} \quad \text{(LXIX)}$$

L'intégration, sous forme finie et générale, n'est pas possible; et, d'un autre côté, celle que nous pourrions obtenir en développant le radical est extrêmement longue et pénible. Nous pouvons toutefois l'éluder, en quelque sorte, par un artifice très simple, qui ne diminue en rien l'approximation des résultats finaux. En raison même de la grandeur de l'excentricité des orbites cométaires, en général, nous pouvons provisoirement poser :

$$e = 1,$$

pour les facteurs des cosinus, tout en laissant à e sa valeur comme facteur des autres termes. Cette considération nous donne :

$$F = \int 2Ga^2\rho_0\sqrt{(1+e^2)}\left[\frac{1}{(1+\cos\theta)} - \left(\frac{1-e^2}{2}\right)\frac{1}{(1+\cos\theta)^2}\right]d\theta\sqrt{(1+\cos\theta)} =$$

$$= \int 2Ga^2\rho_0\sqrt{(1+e^2)}\left[\frac{1}{\sqrt{(1+\cos\theta)}} - \left(\frac{1-e^2}{2}\right)\frac{1}{\sqrt{(1+\cos\theta)^3}}\right]d\theta \quad . \quad . \quad . \quad \text{(LXX)}$$

En y posant :

$$y = \frac{1}{\sqrt{(1+\cos\theta)}},$$

l'intégration devient facile. Il vient, en effet, par là :

$$d\theta = \frac{dy\sqrt{2}}{y\sqrt{y^2 - \frac{1}{2}}},$$

d'où :

$$F = 2\,G\,a^2\rho_0\,\sqrt{(1 + e^2)}\int\left[y - \left(\frac{1 - e^2}{2}\right)y^3\right]\frac{dy\sqrt{2}}{y\sqrt{y^2 - \dfrac{1}{2}}} \; ;$$

équation dont l'intégrale est :

$$F = 2\,G\,a^2\rho_0\,\sqrt{2(1 + e^2)}\left\{\log\left(y + \sqrt{y^2 - \frac{1}{2}}\right) - \right.$$

$$\left. - \frac{1 - e^2}{4}\left[y\sqrt{y^2 - \frac{1}{2}} + \frac{1}{2}\log\left(y + \sqrt{y^2 - \frac{1}{2}}\right)\right]\right\} + \text{const.} \qquad (\text{LXXI})$$

Remplaçons maintenant

$$y = \frac{1}{\sqrt{(1 + \cos\theta)}}$$

par sa valeur réelle

$$\frac{1}{\sqrt{(1 + e\cos\theta)}}$$

et posons successivement

$$\theta_0 = 0$$

et

$$\theta_1 = \pi,$$

d'où il résulte :

$$\cos\theta_0 = 1$$

et

$$\cos\theta_1 = -1.$$

Il vient ainsi :

$$y_0 = \frac{1}{\sqrt{(1 + e)}} \; ;$$

$$y_1 = \frac{1}{\sqrt{(1 - e)}} \cdot$$

En écrivant successivement ces deux valeurs de y dans l'équation (**LXXI**) et en retranchant la première somme de la seconde, nous obtenons :

$$F = 2G a^2 \rho_0 \sqrt{2(1+e^2)} \left\{ \left\{ \log\left[\frac{1+\sqrt{\frac{1}{2}(1+e)}}{\sqrt{(1-e)}} \right] - \frac{1-e^2}{4}\left(\frac{\sqrt{(1+e)}}{(1-e)\sqrt{2}} + \frac{1}{2}\log\left[\frac{1+\sqrt{\frac{1}{2}(1+e)}}{\sqrt{(1-e)}} \right] \right) \right\} - \left\{ \log\left[\frac{1+\sqrt{\frac{1}{2}(1-e)}}{\sqrt{(1+e)}} \right] - \frac{1-e^2}{4}\left(\frac{\sqrt{\frac{1}{2}(1-e)}}{(1+e)} + \frac{1}{2}\log\left[\frac{1+\sqrt{\frac{1}{2}(1-e)}}{\sqrt{(1+e)}} \right] \right) \right\} \right\}. \qquad \text{(LXXII)}$$

C'est le travail de résistance répondant à une *demi*-révolution. Pour avoir celui d'une révolution entière, il suffit donc de doubler, ce qui nous donne, en écrivant par abréviation Y_0 et Y_1 pour les termes entre parenthèses qui répondent à y_0 et à y_1,

$$F = 4G a^2 \rho_0 \sqrt{2(1+e^2)}(Y_1 - Y_0). \quad . \quad . \quad . \quad . \quad . \quad \text{(LXXII)}_a$$

Dans cette équation, G désigne l'intensité de l'attraction solaire à la distance périhélie a; si nous désignons par A_0 le demi-grand axe initial répondant à a, nous avons, pour l'intensité de l'attraction à cette distance,

$$G a^2 = G_0 A_0^2;$$

et il vient, par conséquent,

$$F = 4G_0 A_0^2 \rho_0 \sqrt{2(1+e^2)}(Y_1 - Y_0). \quad . \quad . \quad . \quad . \quad . \quad \text{(LXXIII)}$$

Mais, d'un autre côté, en désignant par V_0 la vitesse moyenne initiale, nous avons aussi .

$$V_0^2 = G_0 A_0;$$

d'où :

$$F = 4A_0 V_0^2 \rho_0 \sqrt{2(1+e^2)}(Y_1 - Y_0). \quad . \quad . \quad . \quad . \quad . \quad \text{(LXXIV)}$$

La vitesse et le demi-grand axe, constants pour une révolution, seront pour la révolution suivante $V_1 > V_0$ et $A_1 < A_0$; $V_2 > V_1$ et $A_2 < A_1$, à la troisième, etc. Toutefois, d'après tout ce que nous avons vu jusqu'ici, même pour une Comète, et si l'on ne considère que deux révolutions consécutives, A_0, A_1, V_0, V_1, G_0 et G_1 différeront tellement peu qu'on pourra laisser V_0 tel quel et, d'après ce que j'ai montré longuement quant aux Planètes, nous aurons ici encore, pour l'accroissement de force vive,

$$F = \frac{PV_0^2}{2g}\left[\left(\frac{\mathfrak{T}_1 + x}{\mathfrak{T}_1}\right)^{\frac{2}{3}} - 1\right], \ldots \ldots \ldots \text{(LXXV)}$$

P étant le poids de la Comète, $\mathfrak{T}_1$ la durée de la seconde révolution et $(\mathfrak{T}_1 + x)$ celle de la première; ou, comme x est en toute hypothèse très petit,

$$F = \frac{PV_0^2}{2g}\left[\left(1 + \frac{x}{\mathfrak{T}_1}\right)^{\frac{2}{3}} - 1\right] = \frac{PV_0^2}{2g}\left[1 + \frac{2}{3}\frac{x}{\mathfrak{T}_1} + \frac{\left(\frac{2}{3} - 1\right)}{1 \cdot 2}\frac{x^2}{\mathfrak{T}_1} \ldots \ldots - 1\right] = \frac{PV_0^2}{2g}\frac{2}{3}\frac{x}{\mathfrak{T}_1}. \quad \text{(LXXVI)}$$

Si nous transformons l'accroissement de vitesse métrique en accroissement de vitesse angulaire, et si nous prenons pour unité la durée de la seconde révolution, il vient, de plus,

$$(\delta V) = 1296000\,\mathfrak{T}_1\left(\frac{1}{\mathfrak{T}_1} - \frac{1}{\mathfrak{T}_1 + x}\right) = 1296000\,\frac{x}{\mathfrak{T}_1 + x},$$

soit :

$$(\delta V) = 1296000\,\frac{x}{\mathfrak{T}_1};$$

et, par conséquent, en remplaçant $\frac{x}{\mathfrak{T}_1}$ par sa valeur $\frac{(\delta V)}{1296000}$ dans l'équation (LXXVI),

$$F = \frac{PV_0^2}{3g}\frac{(\delta V)}{1296000}. \ldots \ldots \ldots \text{(LXXVII)}$$

Le travail exprimé par cette équation étant le même que celui que donne $\left(\text{LXXIV}\right)$, nous avons enfin :

$$\frac{PV_0^2}{5g}\frac{(\delta V)}{1296000} = 4\,A_0\,V_0^2\,\rho_0\sqrt{2(1+e^2)}\,(Y_1 - Y_0);\quad .\quad .\quad .\quad .\quad (\text{LXXVIII})$$

d'où :

$$(\delta V) = 12\cdot 1296000\left(\frac{g}{P}\right)A_0\,\rho_0\sqrt{2(1+e^2)}\,(Y_1 - Y_0).\quad .\quad .\quad .\quad (\text{LXXIX})$$

En remplaçant dans cette équation ρ_0 par sa valeur habituelle :

$$\rho_0 = \alpha\,s^{t,t}\,\delta = \alpha\frac{s^{t,t}}{W},$$

il vient :

$$(\delta V) = 12\cdot 1296000\,\alpha\frac{s^{t,t}}{W}\left(\frac{g}{P}\right)A_0\sqrt{2(1+e^2)}\,(Y_1 - Y_0).\quad .\quad .\quad .\quad (\text{LXXX})$$

Nous pourrions donc, comme nous l'avons fait à plusieurs reprises, déterminer le volume spécifique W capable de donner une accélération (δV) connue à l'avance, pour telle ou telle Comète. Je vais toutefois suivre une autre marche pour l'une de celle-ci, une marche qui nous conduira à des résultats plus utiles et plus concluants.

§ II

DISCUSSION DES PERTURBATIONS DE LA COMÈTE D'ENCKE. —
PERTURBATIONS QUE PRODUIRAIT DANS LE MOUVEMENT DE MERCURE UN FLUIDE ASSEZ DENSE
POUR DONNER LIEU AUX PERTURBATIONS DE LA COMÈTE D'ENCKE.

Tout le monde sait que la Comète d'ENCKE, dite à courte période, éprouve des altérations continues dans son retour au périhélie, dans son grand axe, dans son excentricité. ENCKE, dont elle porte le nom et qui s'en est particulièrement occupé, n'a pas hésité à voir dans ces perturbations la preuve incontestable de l'existence d'un milieu matériel résistant. Les opinions des astronomes, toutefois, se sont divisées à cet égard, et tandis que les uns, partant d'idées absolument préconçues sur la matérialité de l'Éther, ou, pour parler beaucoup plus correctement, du milieu qui donne lieu aux phénomènes de radiation calorifique, luminique,... ont considéré comme certaines les conclusions d'ENCKE, les autres, plus réservés, ont fait remarquer que l'Analyse n'est pas à beaucoup près assez avancée pour démêler ce qui, dans les perturbations de la Comète d'ENCKE appartient à l'action des Planètes ou à l'action réelle d'une résistance. Parmi les premiers mêmes, une autre divergence d'opinion s'est manifestée. Tandis que les uns ont admis une résistance tout à fait générale, dérivant de l'Éther (matérialisé), les autres, ENCKE en première ligne, ont admis une résistance dérivant d'une extension de l'atmosphère du Soleil, au voisinage duquel se trouve le périhélie de la Comète.

Le tableau suivant, dont je dois une grande partie des données à l'obligeance de M. O. BACKLUND, indique nettement les irrégularités des mouvements de la Comète. Ces nombres concordent très bien d'ailleurs avec ceux que présente l'excellent traité d'Astronomie de MAEDLER.

ÉLÉMENTS DE LA COMÈTE D'ENCKE.

ÉPOQUES DES PASSAGES AU PÉRIHÉLIE.	DURÉES DES RÉVOLUTIONS SIDÉRALES $\mathfrak{T}$	DISTANCES PÉRIHÉLIES		DISTANCES APHÉLIES		EXCEN-TRICITÉS e	DEMI-GRANDS AXES $A = \dfrac{a}{(1-e)}$
		a	log. a	a_1	log. a_1		
1819 Janvier . . 27,260	. . . . .	0,33520	9,52530	4,0930	0,61204	0,8446130	2,1572
1822 Mai. 23,970	1212,710	0,34589	9,53894	4,1020	0,61300	0,8485841	2,2844
1825 Septembre. . 16,282	1211,312	0,34476	9,53752	4,1018	0,61207	0,8448885	2,2226
1829 Janvier . . . 9,750	1211,468	0,34548	9,53842	4,1024	0,61304	0,8446245	2,2235
1832 Mai. 3,992	1210,242	0,34338	9,53578	4,1003	0,61282	0,8454141	2,2213
1835 Août 26,368	1209,376	0,34437	9,53703	4,1010	0,61289	0,8450356	2,2222
1838 Décembre . . 19,016	1210,648	0,34394	9,53648	4,1003	0,61282	0,8451775	2,2215
1842 Avril . . . 12,026	1210,010	0,34492	9,53772	4,1008	0,61287	0,8447904	2,2223
1845 Août 9,608	1215,582	0,33800	9,52903	4,0948	0,61223	0,8474362	2,2166
1848 Novembre. . 26,088	1204,480	0,33699	9,52762	4,0928	0,61202	0,8478500	2,2148
1852 Mars 14,776	1204,688	0,33755	9,52834	4,0924	0,61198	0,8476633	2,2158
1855 Juillet. . . . 1,103	1203,327	0,33728	9,52799	4,0923	0,61197	0,8477869	2,2158
1859 Octobre . . 18,434	1205,331	0,34074	9,53243	4,0957	0,61233	0,8463915	2,2182
1862 Février . . . 6,316	1206,882	0,33996	9,53143	4,0953	0,61229	0,8467094	2,2177
1865 Mai. 27,993	1206,677	0,34099	9,53274	4,0958	0,61234	0,8463300	2,2189
1868 Septembre. . 14,682	1205,689	0,33864	9,52928	4,0889	0,61161	0,8491600	2,2119
1871 Décembre. . 28,875	1200,193	0,33305	9,52251	4,0874	0,61145	0,8493573	2,2108
1875 Avril 13,053	1201,178	0,33297	9,52241	4,0888	0,61160	0,8494233	2,2113
1878 Juillet. . . . 26,236	1200,183	0,33346	9,52305	4,0880	0,61151	0,8491669	2,2108
1881 Novembre. . 15,364	1208,128	0,34335	9,53574	4,0984	0,61261	0,8454015	2,2209
1885 Mars 7,703	1208,339	0,34233	9,53445	4,0968	0,61244	0,8457808	2,2197

Avant de discuter les divers nombres de ce tableau, je ne puis mieux faire que de présenter les réflexions du consciencieux astronome de l'ouvrage duquel je parle ici.

Maedler dit qu'à la vérité toutes les apparences semblent être en faveur de l'hypothèse d'une résistance interstellaire, personne jusqu'ici n'ayant su montrer que l'attraction des Planètes rendent suffisamment compte des perturbations de la Comète; mais il ajoute, et avec raison, que la théorie et l'observation même ne sont, quant aux Comètes, de loin pas assez avancées pour nous permettre de trancher déjà une question aussi importante que celle qui concerne la résistance d'un milieu interstellaire. — « L'avance du passage au périhélie est en moyenne de près de six heures par révolution. Si, dit-il, on la considère comme constante, un écolier est apte à nous prédire le moment fatal où la Comète tombera sur le Soleil : mais ce serait là un calcul aussi inutile qu'il est facile. »

Je me permettrai d'être plus affirmatif que Maedler. — Si un physicien, à la recherche d'une loi naturelle, arrivait, en représentant graphiquement les résultats de ses expériences, à des lignes aussi absolument différentes de polygones réguliers, de nature quelconque d'ailleurs, que celles qu'on tirerait de notre tableau, il ne pourrait que faire les réflexions suivantes :

1° Ou soupçonner des erreurs graves dans les expériences;

2° Ou admettre une cause de trouble puissante masquant la marche des phénomènes étudiés;

3° Ou, enfin, admettre que la cause déterminante de ces phénomènes est d'une nature périodique et varie considérablement en intensité d'un moment à l'autre, par des raisons à chercher encore.

En Astronomie, la première réflexion critique, le soupçon d'inexactitude grave dans les observations ou dans les calculs, est exclu. Ce n'est nullement à des erreurs directes d'observation qu'on pourrait attribuer, par exemple, des sauts brusques comme ceux de 1845-1848, quant au passage au périhélie; comme ceux de 1865-1868, 1878-1881, etc., quant aux mesures des distances périhélies.

Dans l'hypothèse d'une résistance constante ou rapidement croissante à l'approche du Soleil, comme l'admettait Encke, le grand axe de l'ellipse devrait aller en diminuant continuellement; or, ce n'est en aucune façon ce que nous montre la colonne (A) que j'ai établie à l'aide de l'équation :

$$A = \frac{a}{(1 - e)}.$$

Dans le cas d'une résistance entraînant une chute vers le Soleil, la diminution continue du grand axe est, en effet, une conséquence forcée; or, notre tableau ne montre aucunement une telle.diminution.

Si, sur la colonne $\mathfrak{T}$, indiquant les durées, nous prenons la période de 1845 à 1855, nous trouvons, il est vrai, une diminution de

$$(1215^j,582 - 1205^j,327) = 12^j,255,$$

ce qui donnerait une réduction moyenne de

$$\frac{12^j,255}{5} = 4^j,085$$

par révolution; mais un tel quotient, indiquant cette moyenne, n'est nullement légitimé, lorsque nous considérons les *accroissements* de durée qui se sont manifestés pendant l'intervalle, et surtout lorsque nous voyons la durée se relever en dernier lieu jusqu'à 1208^j,339. Je montrerai bientôt à quelles conséquences nous mène la moyenne 4,085 admise, je ne dis plus comme juste, mais comme possible.

L'inspection des colonnes donnant les distances périhélies et les excentricités nous conduit aux mêmes conclusions. Il n'est pas possible d'y apercevoir l'indice d'une loi régulière tendant à prouver l'action d'une force perturbatrice constante. Entre ce qu'on pourrait, à première vue, appeler les *anomalies* des trois systèmes $\mathfrak{T}$, a, e, il n'existe qu'une ressemblance éloignée, prouvant tout au plus que ces prétendues *anomalies* ne relèvent pas de fautes de calcul, mais répondent aux faits.

Je me permets de résumer ma pensée sous la forme la plus nette.

De l'ensemble des phénomènes que présente la Comète d'Encke, on n'est, en aucune façon, en droit de conclure à l'existence d'une résistance continue, *tangentielle au mouvement de l'Astre*, et c'est à celle d'une cause bien différente qu'on est conduit.

Nous allons cependant admettre l'existence d'une résistance ; nous la supposerons capable de produire la diminution de $4^j,085$ par révolution et nous chercherons quelles conséquences aurait cette résistance sur le mouvement très bien étudié, de Mercure.

Reprenons l'équation (**XXVI**)

$$4 \, \alpha \, \frac{s^{1,1}}{W} \left(\frac{g}{P}\right) A \, \pi \, N \left[2 - \sqrt{(1 - e^2)}\right] = \left[\left(\frac{\mathfrak{T}_0}{\mathfrak{T}_1}\right)^{\frac{2}{5}} - 1\right]$$

qui se rapporte au mouvement d'une Planète à orbite passablement excentrique, mais moins que celle des Comètes, en général.

Le terme entre parenthèse du membre droit a pour valeur, comme nous avons vu plusieurs fois,

$$\left[\left(\frac{\mathfrak{T}_0}{\mathfrak{T}_1}\right)^{\frac{2}{5}} - 1\right] = \left[\left(\frac{\mathfrak{T}_1 + x'}{\mathfrak{T}_1}\right)^{\frac{2}{5}} - 1\right] = \frac{2}{3} \frac{(\delta V)}{1296000}.$$

On tire de là :

$$(\delta V)_M = 6 \cdot 1296000 \, \alpha \, \frac{s_M^{1,1}}{W} \left(\frac{g}{P_M}\right) A_M \, \pi \, N_M \left[2 - \sqrt{(1 - e_M^2)}\right], \quad . \quad . \quad \text{(LXXXI)}$$

équation qui répond à celle que nous venons d'approprier au mouvement des Comètes. Si nous admettons que la densité du milieu résistant soit partout la même, ce qui, dans l'hypothèse de la matérialité de ce milieu, serait absolument impossible, la valeur de W devient la même dans les deux équations (**LXXX**) et (**LXXXI**). En divisant la première par la seconde, nous obtenons :

$$\frac{(\delta V)_M}{(\delta V)_C} = \frac{1}{2} \frac{s_M^{1,1}}{s_C^{1,1}} \frac{P_C}{P_M} \frac{A_M}{A_C} \frac{N_M}{N_C} \frac{\pi \left[2 - \sqrt{(1 - e_M^2)}\right]}{(Y_1 - Y_0)\sqrt{2(1 + e_C^2)}}, \quad . \quad . \quad . \quad . \quad \text{(LXXXII)}$$

Au cas particulier d'une application à Mercure, nous pourrions prendre N_M très grand, sans risquer aucune erreur sensible dans les résultats finaux. Il n'en est pas de même pour la Comète d'ENCKE dont la durée de révolution subit des modifications très rapides, quelle qu'en soit la cause. La seule chose correcte que nous puissions faire ici, c'est de poser :

$$N_C = 1,$$

et d'écrire, en conséquence, pour N_M :

$$N_M = N_C \left(\frac{\mathfrak{T}_C}{\mathfrak{T}_M}\right) = \frac{\mathfrak{T}_C}{\mathfrak{T}_M},$$

$\mathfrak{T}_C$ et $\mathfrak{T}_M$ étant les durées actuelles d'une révolution de la Comète et de Mercure. Le rapport $\frac{(\delta V)_M}{(\delta V)_C}$ devient ainsi relatif à la durée $\mathfrak{T}_C$ et à un nombre de révolutions fractionnaires pour Mercure.

Nous voyons qu'il nous suffirait de connaître P_M et P_C, pour déterminer avec une approximation plus que suffisante ce rapport $\frac{(\delta V)_M}{(\delta V)_C}$, et, par conséquent, pour connaître l'accélération qui résulterait, dans la durée de la révolution de Mercure, d'une résistance capable de produire celle de la Comète que semblent indiquer quelques-uns des nombres du tableau ci-dessus. Malheureusement les données précises font absolument défaut; la masse des Comètes a été, tour à tour, exagérée en plus et en moins de la façon la plus arbitraire. Tandis que quelques savants réduisent cette masse à des valeurs presque insensibles, tandis que BABINET, par exemple, faisait des Comètes des *riens visibles*, d'autres, au contraire, ont admis pour quelques-unes de ces masses des nombres très grands.

Diverses méthodes ont été proposées pour évaluer, au moins approximativement, la masse de certaines Comètes. Je pense n'avancer rien d'injuste en disant que, parmi ces méthodes, celles de notre regretté ROCHE est la seule qui présente un caractère réellement scientifique. — ROCHE a montré qu'il existe un rapport déterminé entre la distance de l'Astre au Soleil, sa propre masse et le diamètre de sa nébulosité soumise à l'attraction du noyau, autrement dit, le diamètre de son atmosphère véritable. Cette relation n'est correcte que quand la distance de l'Astre au Soleil est assez grande pour que la force, quelle qu'elle soit, qui engendre la formation de la queue, soit encore négligeable.

La Comète d'Encke est précisément une de celles auxquelles Roche a pu le mieux appliquer sa méthode. Il a trouvé que cette masse est très approximativement un millième de celle de la Terre, soit 0,001. La masse de Mercure, par rapport à celle de la Terre, étant 0,061, il vient pour le rapport de la masse de la Comète à celle de Mercure :

$$\frac{P_C}{P_M} = \frac{0,001}{0,061} = 0,016393.$$

Le diamètre d'une Comète varie, comme on sait, non seulement selon la distance au Soleil, mais encore à chaque retour en un même point de l'orbite. Nous ne pouvons donc encore avoir ici que des à peu près numériques. Le diamètre de la Comète d'Encke, mesuré en 1828 par cet astronome lui-même, était 33,379 fois celui de la Terre. Celui de Mercure étant 0,373, on a pour le rapport des sections :

$$\frac{s_M}{s_C} = \left(\frac{R_M}{R_C}\right)^2;$$

et

$$\frac{s_M^{(1)}}{s_C^{(1)}} = \left(\frac{0,373}{33,379}\right)^{2,2} = 0,00005085.$$

L'excentricité de l'orbite de Mercure est :

$$e_M = 0,2056048,$$

et le demi-grand axe moyen est :

$$A_M = 0,5870987.$$

La durée d'une révolution sidérale est :

$$\mathfrak{T}_M = 87^j,969258.$$

Prenons pour la Comète d'Encke, les nombres correspondants donnés par Encke même (1828-1829), soit :

$$e_c = 0,8446245 ;$$

$$A_c = 2,21059 ;$$

$$\mathfrak{T}_c = 1211^j,476262.$$

Nous obtenons pour nos divers rapports :

$$\frac{A_M}{A_c} = \frac{0,3870987}{2,21059} = 0,17511103 ;$$

$$\frac{N_M}{N_c} = \frac{\mathfrak{T}_c}{\mathfrak{T}_M} = \frac{1211,476262}{87,969258} = 13,7715867 ;$$

$$\frac{1}{\sqrt{2(1 + e_c^2)}} = \frac{1}{\sqrt{2\left(1 + \overline{0,8446245}^2\right)}} = 0,540202785.$$

Pour Mercure, on trouve :

$$\pi\left[2 - \sqrt{(1 - e_M^2)}\right] = 3,1415927\left[2 - \sqrt{(1 - \overline{0,2056048}^2)}\right] = 5,2087125.$$

Pour la Comète, on a, quant à la signification de Y_1 et de Y_0 (page 205),

$$Y_1 = \left\{ \log\left[\frac{1 + \sqrt{\frac{1}{2}(1 + e_c)}}{\sqrt{(1 - e_c)}}\right] - \frac{1 - e_c^2}{4}\left(\frac{\sqrt{(1 + e_c)}}{(1 - e_c)\sqrt{2}} + \frac{1}{2}\log\left[\frac{1 + \sqrt{\frac{1}{2}(1 + e_c)}}{\sqrt{(1 - e_c)}}\right]\right)\right\} ;$$

$$Y_0 = \left\{ \log\left[\frac{1 + \sqrt{\frac{1}{2}(1 - e_c)}}{\sqrt{(1 + e_c)}}\right] - \frac{1 - e_c^2}{4}\left(\frac{\sqrt{\frac{1}{2}(1 - e_c)}}{(1 + e_c)} + \frac{1}{2}\log\left[\frac{1 + \sqrt{\frac{1}{2}(1 - e_c)}}{\sqrt{(1 + e_c)}}\right]\right)\right\} ;$$

d'où l'on tire, en donnant à e_c sa valeur 0,8446245 indiquée plus haut,

$$Y_1 = 1,10573615;$$

$$Y_0 = -0,06894155;$$

et, par suite,

$$(Y_1 - Y_0) = 1,1726777.$$

On arrive ainsi, en introduisant ces divers nombres dans (LXXXII) et en achevant tous les calculs, à la valeur :

$$\frac{(\partial V)_M}{(\partial V)_c} = 0,000\,001\,485.$$

Ce rapport entre l'accélération de Mercure et de la Comète d'ENCKE, pour une même résistance, répond, comme nous voyons, à une *seule* révolution sidérale de la Comète, puisqu'il s'agit d'une courbe aussi fortement altérée que le serait l'ellipse cométaire. Il n'en est plus de même pour une Planète dont la masse est relativement aussi grande et dont la section est relativement aussi petite que celles de Mercure comparé à la Comète d'ENCKE. Ici, nous pouvons de nouveau parler d'équation séculaire, sans craindre de tomber dans l'erreur, quant au résultat final.

En raison des irrégularités, jusqu'ici absolument inexpliquées du mouvement de la Comète, on comprend qu'il est impossible de prétendre à une grande exactitude dans la détermination de $(\partial V)_c$. Ce serait, par exemple, peine perdue que de chercher une loi qui traduisit, même seulement par à peu près, les phénomènes observés. Nous en sommes réduits à recourir à un procédé en quelque sorte empirique.

En désignant par :

$\mathcal{T}_0$ la durée de la révolution d'une de nos Planètes, à une époque donnée;

$\mathcal{T}_1$ cette durée au bout d'un nombre de révolutions répondant à N de nos années;

$\mathfrak{T}_{\scriptscriptstyle\mathrm{T}}$ la durée de notre année;

C la circonférence exprimée en angles;

on a tout d'abord, avec une très grande approximation, pour le moyen mouvement diurne aux deux époques,

$$\frac{C}{\mathfrak{T}_0}, \; \text{et} \; \frac{C}{\mathfrak{T}_1},$$

la variation de la vitesse pendant les périodes $\mathfrak{T}_0$ et $\mathfrak{T}_1$ elles-mêmes étant sensiblement nulle, pour n'importe laquelle des Planètes. Nous pouvons de plus considérer comme très sensiblement constante aussi l'accélération due à une très faible résistance. Il vient ainsi, avec une exactitude plus que suffisante,

$$(\delta V) = \frac{\mathfrak{T}_{\scriptscriptstyle\mathrm{T}}}{N}\left(\frac{C}{\mathfrak{T}_1} - \frac{C}{\mathfrak{T}_0}\right) = \frac{\mathfrak{T}_{\scriptscriptstyle\mathrm{T}}\, C\, (\mathfrak{T}_0 - \mathfrak{T}_1)}{N\, \mathfrak{T}_0\, \mathfrak{T}_1},$$

pour la valeur de l'accroissement annuel de la vitesse annuelle elle-même. C'est de cette équation que nous avons pu nous servir jusqu'ici et sans aucune crainte d'erreur notable pour une Planète soumise à une résistance très faible; c'est à elle aussi que nous pouvons recourir, en ne visant toutefois plus qu'à une approximation, en ce qui concerne la Comète d'Encke.

Entre les deux passages au périhélie de 1842 à 1845, il s'est écoulé $1215^{\mathrm{j}},582$; entre les passages de 1852 à 1855, il s'est écoulé $1203^{\mathrm{j}},327$. Le passage de 1845 répondant au 9 août et celui de 1855 au 1er juillet, nous avons (*à fort peu près*) $N = 10$. En prenant, pour C, $1296000''$ et pour $\mathfrak{T}_{\scriptscriptstyle\mathrm{T}}$, $365^{\mathrm{j}},256374$, nous avons .

$$(\delta V)_c = \frac{1296000'' \cdot 365,256374\,(1215,582 - 1203,327)}{10 \cdot 1215,582 \cdot 1203,327} = 396'',60.$$

En multipliant ce nombre par la fraction $0,000001485$, on trouve pour la valeur répondant à l'accélération de Mercure :

$$(\delta V)_{\text{M}} = 0,000\,589.$$

Si l'on désigne par n le nombre de siècles, il suffit de multiplier cette valeur par $\frac{1}{2}\,(100\,n)^{2}$ pour avoir l'équation séculaire de Mercure qui résulterait d'une résistance capable de déterminer l'altération admise pour le mouvement de la Comète d'Encke. Il vient ainsi :

$$\Lambda_{\text{M}} = 2'',995\,n^{2}.$$

A peine est-il nécessaire de faire remarquer qu'une pareille altération du mouvement de Mercure n'existe certainement pas ; et de cette non-existence on est en droit d'inférer que les troubles qu'éprouve la Comète ne relèvent pas d'une résistance, comme on s'était trop hâté de l'admettre.

Des objections sérieuses peuvent être faites à la méthode que je viens de suivre ; je devancerai en ce sens le lecteur en les faisant moi-même.

1° En premier lieu, il est visible que plus on suppose grande la masse de la Comète, plus aussi on accroît la résistance nécessaire pour produire les troubles observés. Or, on peut très bien soutenir que l'évaluation de cette masse, d'après Roche, est trop élevée ;

2° On peut dire aussi que la section que j'ai adjugée à la Comète d'après Encke lui-même, est trop faible, quand la Comète est arrivée au périhélie et qu'ainsi la résistance du milieu se trouve de fait exagérée par suite du mode de calcul ;

3° On peut objecter enfin que la méthode analytique que j'ai suivie pour évaluer la résistance quand il s'agit d'orbites extrêmement elliptiques n'est peut-être pas suffisamment approximative. De ce côté, je ferai toutes les concessions qu'on voudra, mais je me permettrai pourtant de dire que les fautes auxquelles ma méthode peut conduire ne nous éloignent pas de 20 pour cent de la réalité ; or, une pareille approximation est plus que satisfaisante au cas dont il s'agit.

Je dois faire observer maintenant aussi que si, d'une part, on peut craindre que la voie que j'ai suivie fausse les nombres en trop, quant à l'équation séculaire finale obtenue pour Mercure, d'autre part, Mercure, par des raisons faciles à indiquer, devrait subir beaucoup plus énergiquement que la Comète d'ENCKE l'action d'une résistance. Du moment qu'on matérialise le milieu qui constitue l'Espace stellaire, il est évident que la densité de ce milieu ne peut plus être constante; elle doit croître et même rapidement à mesure qu'on s'approche du Soleil. Par cette raison, Mercure se trouverait soumis à une résistance continuellement plus grande que la résistance moyenne qu'éprouverait la Comète, qui s'éloigne considérablement du Soleil sur une grande partie de son orbite et qui ne s'en approche jamais plus que Mercure même.

En définitive et pour nous résumer, il est permis de dire que les phénomènes que présente la Comète d'ENCKE, bien loin de mettre en relief l'existence d'une résistance, nous conduisent plutôt, par leur irrégularité même, à une conclusion précisément opposée et nous montrent que c'est dans une cause très différente qu'il faut chercher une explication. J'en hasarderai une comme physicien, à la fin de ce chapitre; toutefois, comme il est fort possible et même probable que dans un ensemble de phénomènes aussi complexes que ceux des Comètes, plusieurs causes concourent à la fois au même résultat, j'indiquerai dès à présent une explication qui a tout au moins le mérite d'être très simple et de ne faire intervenir aucune force nouvelle.

Le centre de gravité d'un corps parfaitement libre, en mouvement dans l'espace, conserve indéfiniment la même vitesse de translation, quels que soient les phénomènes de mouvements internes qui se produisent dans ce corps : c'est là un des axiomes les plus évidents, comme les plus inattaquables de la Mécanique. Il n'en est plus nécessairement ainsi, si le corps se trouve à proximité d'un centre d'attraction et si, de plus, il est de nature à subir des changements de forme, par suite de mouvements internes et par suite de l'attraction exercée sur lui. C'est là-dessus que j'appelle l'attention du lecteur.

Si une masse gazeuse en mouvement se trouve soumise tout à la fois à l'attraction du Soleil et à sa radiation calorifique, et si, de plus, les dimensions de cette masse ne sont plus négligeables par rapport à la distance au Soleil, il est clair tout d'abord que ce corps gazeux dont les parties sont rendues solidaires par leur attraction réciproque, ne pourra plus conserver sa forme sphérique primitive et naturelle; il s'allongera suivant une ligne dirigée vers le Soleil. Il est clair de plus que par suite des mouvements internes que pourra y exciter la radiation solaire, il arrivera que le centre de gravité se déplacera continuellement par rapport au centre moyen de figure. Ce phénomène à lui seul suffirait déjà pour modifier sensiblement le mouvement de translation de la masse, d'un moment à un autre de sa course. A cette cause de perturbation s'en joint une autre que je n'ai vu signaler nulle part. Si, par suite de l'action de la radiation solaire, des parties centrales de la masse gazeuse sont amenées rapidement vers la périphérie externe la plus rapprochée du Soleil et si d'autres parties, au contraire, sont amenées à la périphérie la plus éloignée du Soleil, il est clair que les parties qui s'approchent du Soleil tendront à devancer le centre de gravité commun, tandis que celles qui s'éloignent, tendront à retarder. De toute cette complication de mouvements internes, il ne pourrait résulter aucune modification dans le mouvement général de translation, si les déplacements relatifs des parties de la masse gazeuse avaient lieu sans aucune perte de force vive; mais c'est précisément là ce qui n'est pas possible. L'inégalité de tous ces mouvements internes donne nécessairement lieu à des *frottements* qui tendent à égaliser les vitesses relatives; il se produit dès lors de la chaleur et *une partie du mouvement est anéanti.* Selon la manière particulière dont auront lieu ces altérations de vitesses internes, le mouvement de translation du centre de gravité commun pourra être modifié en plus ou en moins.

Nous parlons dans ce qui précède d'une masse gazeuse qui s'approche du Soleil et qui éprouve des mouvements internes par suite de la radiation calorifique. Mais c'est précisément là le cas de certaines Comètes, peut-être de toutes les Comètes. Un des faits les plus curieux et les plus remarquables qu'aient mis au jour les observations modernes, ce sont les changements rapides qui se manifestent dans ces Astres à leur approche du Soleil. Il arrive, en effet, souvent que sous les yeux du même observateur et en un

temps extrêmement court, l'apparence, la structure d'une Comète se modifie
profondément. — Il me sera permis de citer une observation que m'a com-
muniquée M. Winnecke, le directeur distingué de l'Observatoire de Strasbourg
Cet astronome a vu se produire dans l'espace de vingt minutes les changements les plus frappants dans l'aspect d'une Comète qu'il avait eu la chance
de pouvoir étudier avec suite par un beau ciel. J'aurai l'occasion de revenir
bientôt sur cette communication. — D'après ces remarques, il est évident
que la chaleur solaire détermine dans les Comètes des mouvements internes
d'une rapidité et d'une violence extrêmes. Il n'est donc nullement impossible
que les perturbations de quelques-unes d'entre elles, celle d'Encke notamment, dérive, en partie du moins, des causes que je signale, abstraction
faite, bien entendu, des perturbations dues à l'action de nos Planètes et que
l'analyse est parvenue à débrouiller dans plusieurs cas.

SECTION SECONDE

DISCUSSION SUR LA NATURE PROBABLE
DES COMÈTES, SUR LEUR MASSE, SUR LES FORCES AUXQUELLES
ELLES SEMBLENT SOUMISES.

§ I

COMÈTES FORMÉES PAR UNE MASSE
ENTIÈREMENT GAZEUSE ET COMÈTES FORMÉES PAR DES PARTIES SOLIDES DÉSAGRÉGÉES
ENTOURÉES D'UNE ATMOSPHÈRE GAZEUSE.

Malgré les progrès incontestables faits dans ces derniers temps, la nature intime des Comètes est encore entourée de mystères. La magnifique constatation, due à M. SCHIAPARELLI, des rapports qui existent entre l'orbite de certaines Comètes et l'apparition périodique d'Étoiles filantes a plutôt augmenté que diminué les difficultés, quant à l'idée que nous devons nous faire de la structure primitive et actuelle de ces Astres. Les Comètes les plus brillantes et, en apparence, les plus denses vers leur partie centrale, n'occultent pas les Étoiles. Leur partie centrale ne peut donc être ni un corps solide unique, ni même un liquide. D'un autre côté, si elles constituaient uniquement des amas de gaz ou de vapeurs, il serait assez difficile de concevoir la connexion qui peut aujourd'hui exister entre ces amas gazeux et les milliards de milliards de parcelles matérielles solides formant, en réalité, l'orbite cométaire et se manifestant à nous comme pluie d'Étoiles filantes, quand notre Terre traverse cet immense anneau. Il est donc permis de penser que la Comète est formée de parties matérielles solides, mais complètement désagrégées, assez distantes entre elles pour laisser passer la lumière des Étoiles, et entourées d'une atmosphère gazeuse.

Quoi qu'il en soit de la structure cométaire dans ses détails, il n'en demeure pas moins certain que l'ensemble des phénomèmes que présentent ces hôtes étranges, tantôt définitifs, tantôt seulement passagers, de notre système planétaire, est une des preuves les plus manifestes de la non-existence d'un milieu matériel et résistant, remplissant l'Espace. C'est ce dont nous allons nous convaincre aisément.

Pour étudier les conditions mécaniques du mouvement d'une Comète, soumise à une résistance hypothétique, pour traiter le problème au point de vue de la Mécanique céleste, nous avons dû supposer que les Comètes sont des masses matérielles extrêmement peu denses, mais pourtant, en quelque sorte, rigides, de façon à n'être pas déformables par suite d'une résistance et par suite même de leur mouvement autour du Soleil. Mais une pareille supposition n'est pas admissible un seul instant. Une cohésion proprement dite, ne fût-elle égale qu'à celle de l'eau, par exemple, ne peut exister dans l'amas gazeux. Les parties de matière diffuse ne peuvent former un tout que par suite de leur attraction réciproque à distance, que par suite de la Force gravifique. L'intensité de la force qui les maintient en regard est donc extrêmement faible. Les conséquences de ce fait sont évidentes. Faisons deux suppositions différentes sur la structure de la Comète.

I. — Admettons d'abord qu'elle ne consiste qu'en une masse de gaz, sans aucune partie solide désagrégée au centre. Évaluons la pression par unité de surface exercée par un fluide dont le volume spécifique serait W.

Nous avons ici : $s^{1,1} = s^1 = 1^{m2}$; manière d'écrire qui visiblement diminue la pression trouvée. D'un autre côté, comme nous n'avons plus aucune raison pour admettre la forme sphérique, nous devons remplacer le coefficient 0,0451 par 0,11. Il vient ainsi simplement et sous forme approximative :

$$p = 0,11\, \frac{V^2}{W}.$$

Lors de son passage au périhélie, la Comète d'Encke atteint une vitesse de plus de 69500^m à la seconde. Il en résulte :

$$p = \frac{531327500}{W}.$$

Il est maintenant visible que pour un corps dont la densité périphérique est aussi faible, aussi approchée de zéro que l'est celle de la partie externe d'une Comète, une pression qui s'élèverait seulement à un milligramme par mètre carré de surface serait déjà énorme et que, sous son influence, toute la partie en amont serait repoussée en arrière et dispersée peu à peu en tous sens. On a donc, comme valeur absolument inadmissible,

$$0{,}000001 = \frac{531327500}{W};$$

d'où :

$$W = 531\,327\,500\,000\,000^{m^3}.$$

On peut hardiment affirmer qu'avec un milieu interstellaire de ce volume spécifique : *aucune Comète ne pourrait exécuter une seule révolution autour du Soleil sans que le gaz qui la constitue soit complètement dispersé sur l'orbite et finalement arrêté dans son mouvement.*

II. — La supposition d'un noyau cométaire formé de parties solides désagrégées conduit à des résultats encore plus frappants. Il est évident par soi-même que, par suite de la plus légère résistance opposée au mouvement, la masse gazeuse serait *retardée* beaucoup plus dans sa marche que les corps solides qui auraient d'abord formé le noyau et dont la densité serait, en toute hypothèse, des milliards de fois supérieure à celle de la partie périphérique. La *poussière* formant le noyau *gagnerait donc rapidement* la tête de l'Astre et en *sortirait*, en fort peu de temps, pour laisser en arrière tout ce qui est gazeux et sans cohésion. Il est inutile de faire, en ce sens, le moindre calcul pour s'assurer que l'effet précédent ne pourrait pas manquer de se produire, quelque faible qu'on veuille faire la densité du fluide résistant.

En un mot, *la plus légère* résistance opposée à une Comète dont le noyau serait formé de parties solides très petites et désagrégées, ou indépendantes entre elles, amènerait inévitablement et fort vite la séparation de ces parties solides d'avec la masse gazeuse.

§ II

DISCUSSION SUR LA MASSE DES COMÈTES.

Avant de poursuivre notre objet principal, arrêtons-nous un instant sur ce qui concerne la masse des Comètes. La découverte de M. SCHIAPARELLI est de nature à changer singulièrement nos idées sur la valeur de cette masse, du moins pour les Comètes auxquelles s'appliquent les conclusions formulées par cet astronome.

Prenons comme exemple de calcul la Comète de BIÉLA, qui semble répondre à l'essaim d'Étoiles filantes du 27 novembre. Cherchons à déterminer, si grossièrement que ce soit d'ailleurs, le volume de l'anneau que forment actuellement autour du Soleil les corpuscules abandonnés par la Comète.

Désignons par C_c le développement de l'orbite de cette Comète ; supposons que l'anneau d'Aérolithes ou d'Étoiles filantes soit de coupe circulaire et désignons par S_c la section.

Le volume de l'anneau sera visiblement :

$$X = C_c \, S_c.$$

Voyons s'il n'est pas possible de trouver ce volume par une voie très simple, sous forme approximative. Soient :

A et B les demi-grand et petit axes de la Comète;

E le diamètre, en coupe transversale, de l'anneau d'Étoiles filantes, supposé circulaire.

La surface d'une ellipse dont les axes seraient :

$$\left(A + \frac{1}{2}E\right)$$

et

$$\left(B + \frac{1}{2}E\right)$$

est :

$$\left(A + \frac{1}{2}E\right)\left(B + \frac{1}{2}E\right)\pi ;$$

celle d'une ellipse dont les axes seraient :

$$\left(A - \frac{1}{2}E\right)$$

et

$$\left(B - \frac{1}{2}E\right)$$

est :

$$\left(A - \frac{1}{2}E\right)\left(B - \frac{1}{2}E\right)\pi ;$$

la différence des deux surfaces est donc :

$$\left[\left(A + \frac{1}{2}E\right)\left(B + \frac{1}{2}E\right) - \left(A - \frac{1}{2}E\right)\left(B - \frac{1}{2}E\right)\right]\pi = (A + B)E\pi ;$$

et comme E est très petit, en toute hypothèse, par rapport à A et à B, cette différence répondra à très peu près à la surface de la coupe de l'anneau faite dans le plan de l'orbite cométaire. — En raison de la très petite valeur

de E par rapport aux axes, nous pourrons la considérer comme presque
constante sur tout le pourtour de l'ellipse et l'on a alors, pour section transversale moyenne de l'anneau,

$$S = \frac{1}{4}\pi E^2;$$

le volume total est donc :

$$X = C_c S_c = \frac{(A + B)E\pi}{E}\,\frac{1}{4}\pi E^2 = \frac{(A + B)\pi^2 E^2}{4};$$

et il ne nous reste qu'à déterminer E. Ceci ne présente point de difficulté,
puisque nous ne voulons arriver qu'à un aperçu de la réalité. — Si, à l'époque
de la pluie d'Étoiles filantes, c'est-à-dire à l'époque où l'orbite terrestre
coupe l'orbite de la Comète ou des Astéroïdes, les deux courbes se coupaient
à angle droit, il est visible que la valeur de E ne serait autre chose que
l'espace parcouru par la Terre pendant la durée de la chute des Étoiles
filantes. En réalité, les deux orbites se coupent (*à peu près*) sous un angle
de 30 degrés, et pour avoir E, nous devons donc multiplier l'espace parcouru
par la Terre par le sinus de cet angle, soit par 0,5.

La durée de la pluie des Étoiles filantes est rarement de moins de vingt-
quatre heures, quelquefois bien plus. En nombres ronds, on peut admettre
que la Terre décrit toujours plus d'un degré pendant ce phénomène. En
adoptant la parallaxe 8″,86, l'espace parcouru par la Terre, exprimé en
rayons terrestres, est donc :

$$\frac{3600}{8,86}\,R_T;$$

d'où :

$$E = 0,5\,\frac{3600}{8,86}\,R_T = 203,16\,R_T.$$

La distance de la Terre au Soleil étant prise pour unité, on a, pour la
Comète de BIÉLA,

excentricité . . . . $e = 0,7552007;$

distance périhélie. . . . . $a_p = 0,8601610;$

distance aphélie . . . . . $a_a = 6,1673190.$

On tire de là :

$$A = 3,513740 ;$$

$$B = 2,303234 ;$$

ou, en rayons terrestres,

$$23280\,A = 81800 ;$$

$$23280\,B = 53619.$$

Il vient ainsi :

$$(A + B)\pi = 135419\,\pi\,R_T = 425431\,R_T ;$$

$$\frac{1}{4}\,\pi\,E^2 = 32417\,R_T^2 ;$$

et, par conséquent,

$$X = 425431 \cdot 32417\,R_T^3 = 13791196727\,R_T^3.$$

Pour nous rendre compte de la signification de ce volume, rapportons-le à une sphère dont le rayon sera R_0. On a ainsi :

$$\frac{4}{3}\,\pi\,R_0^3 = X ;$$

d'où :

$$R_0 = \sqrt[3]{\frac{3}{4\pi}\,X} = 1487,7\,R_T ;$$

c'est-à-dire que X répond à une sphère dont le rayon est 1487,7 fois celui de la Terre, ou 24 fois la distance de la Terre à la Lune, ou plus de 14 fois le rayon du Soleil. On dira avec raison que les corpuscules qui nous arrivent sous forme périodique de pluie d'Étoiles filantes, sont, en définitive, fort écartés entre eux et que, par suite, l'énorme volume auquel nous venons d'arriver pour l'anneau peut ne pas représenter une masse bien considérable de corps solide. Quelques remarques très simples cependant se présentent à nous et nous montrent que cette dernière conclusion n'a pas la valeur qu'il pourrait sembler. — Quelques auteurs ont avancé que les Étoiles filantes, que les corpuscules qui, par leur vitesse considérable, sont rendus incandescents en traversant l'atmosphère, n'ont pas le poids d'un grain de sable. Ceci est une exagération absolument inadmissible. Les régions de l'atmosphère où apparaissent et où disparaissent les Étoiles filantes se trouvent

incontestablement à une très grande élévation au-dessus de la surface
terrestre. Il est extrêmement rare, si même cela a jamais lieu, qu'une Étoile
filante apparaisse au-dessous des couches de nuages les plus élevées. Les
plus magnifiques bolides qu'on ait observés se trouvent dans le même cas;
on ne les voit jamais que par un ciel découvert; la résistance colossale
qu'ils éprouvent dans les parties déjà denses de l'atmosphère détruit rapidement leur mouvement de translation et, par suite, détruit la cause de leur
visibilité, et quand ils tombent à terre sous forme d'aérolithes, ils sont, en
réalité, éteints pour nous. En fixant à une trentaine de kilomètres l'altitude
où ces corps sont trop ralentis pour rester visibles, on sera, je pense,
au-dessous de la vérité. — Quel que puisse être l'éclat de la lumière qui
naît de la compression de l'air, il n'est cependant pas soutenable qu'un grain
de sable répande assez d'éclat pour devenir visible à trente mille mètres de
distance. C'est probablement par cent grammes, peut-être par mille
grammes, qu'il faut compter le poids des corpuscules pouvant devenir
visibles et pénétrant assez dans notre atmosphère pour le rester pendant
une ou deux secondes. Rappelons maintenant que, par les grandes averses
d'Étoiles filantes, on voit souvent, et sur une grande étendue de l'horizon,
à la fois des dizaines de ces apparitions par seconde. — On arrive ainsi à
conclure, presque à coup sûr, que la masse de l'anneau des parcelles solides,
qui jadis appartenaient à la Comète et qui aujourd'hui forment l'anneau
circulant autour du Soleil, doit être bien plus considérable que ne l'ont
avancé quelques auteurs, et, en tous cas, le terme de *riens visibles*, appliqué
jadis par BABINET aux Comètes, en général, est certainement une hyperbole.
— Je ferai toutes les concessions imaginables quant à la méthode de calcul
que j'ai suivie pour la détermination du volume de l'anneau correspondant à
la Comète de BIÉLA ; je dirai qu'au point de vue analytique, elle est à peine
approximative et, de plus, que dans les calculs mêmes j'ai introduit bien des
données arbitraires. Il n'en demeurera pas moins clair pour quiconque aura
suivi la marche de mon exposé, que les résultats finaux restent toujours une
image frappante de la réalité et donnent une idée nette de l'importance que
peut avoir la masse de quelques Comètes. — Mais occupons-nous des forces,
autres que la seule attraction, auxquelles semblent soumises les Comètes.

§ III

FORCES AUTRES QUE L'ATTRACTION, AUXQUELLES SEMBLENT ÊTRE SOUMISES LES COMÈTES.

Ainsi que l'a très bien montré ROCHE, un grand nombre de circonstances des phénomènes cométaires peuvent s'expliquer par la seule intervention de la Gravitation. La désagrégation de certaines Comètes, admise récemment dans la Science, peut, ce semble, très bien se comprendre par la seule action de l'attraction solaire. Si nous supposons une sphère à l'état encore fluide et gazeux, décrivant une orbite *fortement excentrique* autour de l'Astre central et occupant un volume considérable, il est visible que cette sphère, partant de l'aphélie, se déformera à mesure qu'elle s'approchera du Soleil ; elle tendra à devenir un ellipsoïde à axe allongé vers celui-ci, mais cette déformation sera nécessairement accompagnée de deux phénomènes presque parallèles.

1° Par suite de l'égalité primitive de vitesse angulaire de toutes les parties, lors du passage à l'aphélie, il se produira peu à peu, à l'approche du périhélie, une inégalité dans la vitesse même de translation des parties de la sphère ; il naîtra de là un mouvement de rotation de la masse autour d'un axe perpendiculaire au plan de l'orbite.

2° De cette déformation et de ce mouvement de rotation naîtra nécessairement un frottement interne de toutes les parties les unes contre les autres, un travail *de trituration,* qui tendra à mêler continuellement les parties encore gazeuses avec les parties déjà liquides ou même solides. Par suite du refroidissement de la masse entière, les parties pourront et devront se désagréger peu à peu, et puis s'éparpiller aussi sur toute l'orbite. Cette explication est tellement naturelle qu'elle retourne, en quelque sorte, la difficulté. On peut, en effet, se demander comment les matériaux formant l'anneau ainsi désagrégé auraient jamais pu exister à l'état de sphéroïde, et comment la masse gazeuse formant la Comète actuelle a pu rester ainsi sur un point limité de l'orbite annulaire. On voit qu'ainsi que je l'ai dit dès le début, la belle conception de M. Schiaparelli est bien loin de faciliter l'idée que nous pouvons nous faire de l'*origine* même des Comètes.

Les phénomènes que présente, en général, l'atmosphère cométaire, ceux surtout que présente l'appendice étrange, la queue, qui, avec raison, frappe non seulement le public illettré, mais plus encore les savants, l'ensemble de ces phénomènes, dis-je, ne peuvent plus s'expliquer par l'action de l'attraction solaire seule. On a donné des milliers d'interprétations sur la nature de cet appendice. Nous n'avons à nous arrêter que sur celle qui, du moins en principe, a été admise par tous les observateurs d'aujourd'hui. Elle appartient, on peut le dire sans risquer de commettre d'injustice, à M. Faye : selon cet astronome, la queue est une émanation continue de l'atmosphère cométaire même, repoussée dans l'Espace par la force répulsive de la chaleur solaire. La queue ne suit nullement de toute pièce ce mouvement de l'Astre ; elle est, au contraire, renouvelée à chaque instant, à peu près comme la fumée d'une locomotive.

Nous devons nous arrêter comme il convient sur cette belle question, qui rentre en plein dans notre sujet général.

La forme de la queue des Comètes est très variable ; elle dépend aussi tout naturellement de la position que nous occupons par rapport au plan de l'orbite cométaire. On peut cependant dire qu'en général elle consiste en deux branches curvilignes qui s'écartent entre elles à mesure qu'on s'éloigne de l'Astre central. M. Faye a très bien montré l'origine de cette apparence. Si l'on suppose que la queue forme, par exemple, une surface parabolique de révolution autour d'un axe central, l'éclat de cette sorte d'enveloppe devra, *pour nous,* croître du milieu aux bords externes, parce que la quantité de matière cométaire éclairée par le Soleil ou lumineuse par elle-même, croît *pour nous* aussi en allant de l'axe central vers la partie externe. L'axe géométrique de figure se trouve presque toujours sur la prolongation du rayon vecteur de la Comète, les deux branches s'inclinant seulement un peu en arrière du mouvement de la Comète. Tel est le fait général ; mais il se trouve un bon nombre d'exceptions ou plutôt de modifications à la règle.

Fort souvent, par exemple, la queue se réduit à un simple trait de lumière presque rectiligne faisant un angle très aigu avec le rayon vecteur. — La longueur de la queue varie considérablement aussi, non seulement d'une Comète à l'autre, mais pour la même Comète selon la distance de l'Astre au périhélie. Tandis que pour certaines Comètes la longueur est très réduite, presque nulle, pour d'autres les dimensions dépassent toute idée. Je me permets de rappeler seulement celle de 1843, la première qu'il m'ait été donné de remarquer. La Comète, lors de son passage au périhélie, se couchait presque en même temps que le Soleil ; pour les observateurs privés d'instruments assez puissants, elle était invisible. La queue ne commençait à devenir visible qu'avec la chute du jour. Vers les neuf heures, elle s'étendait, sous forme d'une bande laiteuse presque rectiligne, du couchant aux deux tiers du ciel ; elle embrassait un angle d'au moins 120°!

Le fait du retard de l'extrémité de la queue semble être l'indice certain d'une résistance du milieu interstellaire, lorsque, contrairement à ce qu'a si bien montré M. Faye, on admet encore que la queue forme une pièce tout d'une venue qui balaie, en quelque sorte, l'Espace. Rien n'est pourtant plus inexact qu'une telle conclusion, pour peu qu'on analyse bien les faits, et l'on arrive aisément à reconnaître que, dans leur ensemble, les phénomènes des queues cométaires constituent la réfutation la plus éclatante de l'existence d'une résistance quelconque dans l'Espace. C'est ce qui va ressortir clairement de notre exposition ; mais commençons par montrer que la courbure de la queue des Comètes ne dénote pas le moins du monde l'existence d'une résistance.

Voyons quel chemin doit suivre une molécule M (FIG. 4) détachée de la périphérie de la Comète par la répulsion solaire. Pour donner une forme à la fois plus précise et plus facilement accessible à cet examen, je ferai les trois suppositions suivantes :

1° J'admettrai que la répulsion soit en raison inverse du cube des distances au Soleil. C'est la loi à laquelle on est conduit pour les atomes des gaz qui obéissent sensiblement à la loi de Mariotte ; j'ajoute, de plus, que le choix de cette loi de répulsion a une importance minime dans la question qui nous occupe.

2° J'admettrai que la Comète se trouve au périhélie au moment où la molécule M est chassée : comme c'est à ce moment que la queue a, en général, sa plus grande longueur, et que la Comète est à sa vitesse maxima, c'est aussi le cas le plus important à examiner;

3° Enfin, j'admettrai que la molécule M, une fois détachée, n'obéit plus à la faible attraction qu'exerce sur elle la Comète elle-même.

Désignons par :

G la valeur de l'attraction solaire à la distance périhélie a;

α le rapport de cette attraction à la répulsion ρ à la même distance a;

r la valeur du rayon vecteur au bout d'un temps t.

Il vient, pour la valeur de la force à laquelle est soumise la molécule M :

$$\varphi = \alpha\, G\, \frac{a^3}{r^3} - G\, \frac{a^4}{r^4}.$$

Ici encore nous pouvons faire une simplification très grande. Nous verrons que quand on attribue à la répulsion solaire la formation de la queue cométaire, cette répulsion devient, dans la réalité des choses, si considérablement supérieure à l'attraction, que celle-ci est, en quelque sorte, nulle par rapport à ρ. Nous pouvons donc, sans aucune crainte d'erreur, effacer le terme $G\, \frac{a^2}{r^2}$. En désignant par :

ds (FIG. 4) l'élément de l'arc de courbe décrit en un temps dt;

dr l'accroissement élémentaire du rayon vecteur ;

il vient :

$$\frac{d^2s}{dt^2} = \alpha\, G\, \frac{a^3}{r^3} \frac{dr}{ds}.$$

En multipliant les deux membres par $2ds$, et intégrant, on a :

$$\frac{ds^2}{dt^2} = - \alpha\, G \frac{a^3}{r^2} + \text{const.}$$

Soit U la vitesse de la Comète et par conséquent aussi de la molécule M au périhélie; il en résulte, pour la valeur de la constante :

$$U^2 + \alpha\, G \frac{a^3}{a^2} = U^2 + \alpha\, G\, a;$$

et l'on a, par suite,

$$\frac{ds^2}{dt^2} = \frac{r^2\, d\theta^2}{dt^2} + \frac{dr^2}{dt^2} = (U^2 + \alpha\, G\, a) - \alpha\, G \frac{a^3}{r^2}.$$

En vertu de la relation :

$$C\, dt = r^2\, d\theta;$$

$$dt = \frac{r^2\, d\theta}{C};$$

dans laquelle C désigne le double de l'aire parcourue dans l'unité de temps et θ l'angle que fait le rayon vecteur r avec la ligne de jonction S C des centres de gravité, il vient :

$$C^2 \frac{dr^2}{r^4\, d\theta^2} = (U^2 + \alpha\, G\, a) - \frac{C^2}{r^2} - \alpha\, G \frac{a^3}{r^2}.$$

Si, dans cette équation, nous posons :

$$\frac{1}{r} = z,$$

il vient :

$$\theta = \int \frac{C\, dz}{\sqrt{(U^2 + \alpha\, G\, a) - (C^2 + \alpha\, G\, a^3) z^2}} = \frac{C}{\sqrt{(C^2 + \alpha\, G\, a^3)}}\, \text{arc} \left[\cos = \frac{z \sqrt{(C^2 + \alpha\, G\, a^3)}}{\sqrt{(U^2 + \alpha\, G\, a)}} \right]. \quad \text{(LXXXIII)}$$

Remettant pour z sa valeur, nous avons :

$$\theta = \frac{C}{\sqrt{(C^2 + \alpha\,G\,a^3)}}\;\text{arc}\left[\cos = \frac{\sqrt{(C^2 + \alpha\,G\,a^3)}}{r\sqrt{(U^2 + \alpha\,G\,a)}}\right].$$

Cette équation se simplifie encore. Remarquons, en effet, qu'on a :

$$U = \sqrt{2\,\beta\,G\,a};$$

$$C = U\,a = a\sqrt{2\,\beta\,G\,a};$$

β étant un facteur convenable; il en résulte :

$$\theta = \frac{\sqrt{2\,\beta}}{\sqrt{(2\,\beta + \alpha)}}\;\text{arc}\left(\cos = \frac{a}{r}\right); \quad \ldots \quad \text{(LXXXIV)}$$

ou

$$r = \frac{a}{\cos\left[\theta\sqrt{\left(1 + \dfrac{\alpha}{2\,\beta}\right)}\right]} \quad \ldots \quad \text{(LXXXIV)}_a$$

Telle est donc l'équation de la courbe décrite par la molécule M. — Cherchons maintenant l'angle θ que fait, au bout d'un temps t, le rayon vecteur $SM = r$ avec la ligne SC.

Si nous élevons r au carré et si, dans la relation :

$$C\,dt = r^2\,d\theta,$$

nous remplaçons r^2 par cette valeur, nous avons :

$$C\,t = \int \frac{a^2\,d\theta}{\cos^2\left[\theta\sqrt{\left(1 + \dfrac{\alpha}{2\,\beta}\right)}\right]};$$

équation dont l'intégrale est :

$$C\,t = \frac{a^2}{\sqrt{\left(1 + \dfrac{\alpha}{2\,\beta}\right)}}\,\tan\left[\theta\sqrt{\left(1 + \dfrac{\alpha}{2\,\beta}\right)}\right]; \quad \ldots \ldots \quad \text{(LXXXV)}$$

d'où :

$$t\sqrt{2\,\beta\,G\,a} = \frac{a}{\sqrt{\left(1 + \dfrac{\alpha}{2\,\beta}\right)}}\,\tan\left[\theta\sqrt{\left(1 + \dfrac{\alpha}{2\,\beta}\right)}\right];$$

ou enfin, puisque

$$\sqrt{2\beta\,G\,a} = U,$$

il vient :

$$\frac{U}{a}\,t\sqrt{\left(1 + \dfrac{\alpha}{2\,\beta}\right)} = \tan\left[\theta\sqrt{\left(1 + \dfrac{\alpha}{2\,\beta}\right)}\right]. \quad \ldots \ldots \quad \text{(LXXXVI)}$$

Telle est, en fonction du temps écoulé, l'expression de l'angle que fait à chaque instant avec la ligne S C le rayon mené du centre du Soleil à notre molécule M; mais, pendant que celle-ci *fuit* sous l'action de la force répulsive, la Comète décrit elle-même un angle Θ, et c'est la différence de cet angle Θ et de θ qui indiquera la position de la molécule M, autrement dit, la position de la partie de la queue où elle se trouve, par rapport au rayon vecteur prolongé de la Comète. Déterminons donc aussi l'angle Θ en fonction du temps. L'équation générale des courbes du second degré étant :

$$r = \frac{a\,(1 + e)}{(1 + e\cos\Theta)};$$

il vient :

$$C\,dt = \frac{a^2\,(1 + e)^2}{(1 + e\cos\Theta)^2}\,d\Theta.$$

On rend l'intégration facile, et l'intégrale obtenue très commode, en faisant :

$$e = 1.$$

en d'autres termes, en supposant l'orbite parabolique, ce qui conduit à :

$$\beta = 1.$$

Cette supposition est, en général, acceptable pour un grand nombre de Comètes, lorsqu'on ne considère qu'un arc de courbe assez petit et pris au périhélie ; elle nous sera permise surtout pour les exemples que je choisirai. — Il en résulte :

$$C t = \int \frac{4\, a^2\, d\Theta}{(1 + \cos \Theta)^2}.$$

Pour intégrer, posons :

$$\frac{1}{(1 + \cos \Theta)} = z \, ;$$

d'où :

$$\Theta = \text{arc}\left[\cos = \left(\frac{1}{z} - 1\right)\right].$$

Il en résulte :

$$\frac{d\Theta}{(1 + \cos \Theta)^2} = \frac{z\, dz}{\sqrt{(2\, z - 1)}}.$$

Posant :

$$\sqrt{(2\, z - 1)} = y.$$

il vient :

$$\frac{z\, dz}{\sqrt{(2\, z - 1)}} = (1 + y^2)\, dy :$$

d'où :

$$\int (1 + y^2)\, dy = \left(y + \frac{1}{3} y^3\right) = \sqrt{(2\, z - 1)} + \frac{1}{3} \sqrt{(2\, z - 1)^3}.$$

Remettant pour z sa valeur

$$\frac{1}{(1 + \cos \Theta)},$$

nous avons :

$$\int \frac{d\Theta}{(1 + \cos \Theta)^2} = \frac{1}{2}\left[\sqrt{\frac{(1 - \cos \Theta)}{(1 + \cos \Theta)}} + \frac{1}{3} \sqrt{\left(\frac{1 - \cos \Theta}{1 + \cos \Theta}\right)^3}\right] = \frac{C t}{4\, a^2} \, ;$$

et, comme

$$C = U\,a,$$

il en résulte enfin :

$$\frac{U}{2a}t = \left[\frac{1}{3}\left(\frac{1 - \cos\Theta}{1 + \cos\Theta}\right) + 1\right]\sqrt{\frac{(1 - \cos\Theta)}{(1 + \cos\Theta)}}. \quad \ldots \ldots \text{(LXXXVII)}$$

Si, dans l'équation (**LXXXVI**), nous posons de même

$$\beta = 1,$$

elle devient plus simplement aussi :

$$\frac{U}{a}t\sqrt{\left(1 + \frac{\alpha}{2}\right)} = \tan\left[\theta\sqrt{\left(1 + \frac{\alpha}{2}\right)}\right]. \quad \ldots \ldots \text{(LXXXVIII)}$$

En divisant (**LXXXVIII**) par (**LXXXVII**), nous faisons disparaître U, a et t, et il reste :

$$\sqrt{\left(1 + \frac{\alpha}{2}\right)}\left[\frac{1}{3}\left(\frac{1 - \cos\Theta}{1 + \cos\Theta}\right) + 1\right]\sqrt{\frac{(1 - \cos\Theta)}{(1 + \cos\Theta)}} = \frac{1}{2}\tan\left[\theta\sqrt{\left(1 + \frac{\alpha}{2}\right)}\right]; \text{(LXXXIX)}$$

équation qui nous fait connaître la relation de Θ et θ, étant connu α, ou le rapport de la force répulsive avec la force attractive du Soleil. En posant également :

$$\beta = 1$$

dans l'équation $(\textbf{LXXXIV})_a$, nous avons :

$$\frac{a}{\cos\left[\theta\sqrt{\left(1 + \frac{\alpha}{2}\right)}\right]} = r;$$

d'où :

$$\tan\left[\theta\sqrt{\left(1 + \frac{\alpha}{2}\right)}\right] = \sqrt{\left(\frac{r^2}{a^2} - 1\right)}. \quad \ldots \ldots \ldots \text{(XC)}$$

A l'aide des deux équations (LXXXIX) et (XC), nous pouvons résoudre tous les problèmes relatifs à la forme des queues de Comètes. Prenons deux exemples. Admettons que quand la Comète s'est éloignée de 10° du périhélie, la molécule M se soit éloignée :

1° de 5,0999;

2° de 50,00999 fois la valeur de a;

ce qui nous donne, en nombres ronds :

$$1° \quad \ldots \quad \sqrt{\left(\frac{r'^4}{a^4} - 1\right)} = 5;$$

$$2° \quad \ldots \quad \sqrt{\left(\frac{r'^4}{a^4} - 1\right)} = 50.$$

Le cosinus de 10° étant 0,984808, le membre gauche de l'équation devient, tout calcul fait,

$$0,087711115 \sqrt{\left(1 + \frac{\alpha}{2}\right)},$$

et l'on a, par suite,

$$1° \quad \ldots \quad 0,087711115 \sqrt{\left(1 + \frac{\alpha}{2}\right)} = \frac{1}{2} \cdot 5;$$

$$2° \quad \ldots \quad 0,087711115 \sqrt{\left(1 + \frac{\alpha}{2}\right)} = \frac{1}{2} \cdot 50;$$

d'où :

$$1° \quad \ldots \quad \sqrt{\left(1 + \frac{\alpha}{2}\right)} = 28,5026;$$

$$2° \quad \ldots \quad \sqrt{\left(1 + \frac{\alpha}{2}\right)} = 285,026.$$

On tire de là, pour la valeur de α,

$$1^o \quad . \quad . \quad . \quad . \quad . \quad \alpha = 1623;$$

$$2^o \quad . \quad\quad . \quad . \quad . \quad \alpha = 162478.$$

Quant à la valeur de θ, elle est donnée par les équations :

$$\tan(\theta \cdot 28,5026) = 5;$$

$$\tan(\theta \cdot 285,026) = 50;$$

d'où l'on tire :

$$1^o \quad . \quad . \quad . \quad . \quad . \quad \theta = 2^o,45',38'';$$

$$2^o \quad . \quad . \quad . \quad . \quad . \quad \theta = 0^o,16',34''.$$

Ainsi, quand la force répulsive est (en nombre rond) 1600 fois supérieure à la force attractive du Soleil, le rayon vecteur de la molécule M est 5 fois a et l'angle avec la direction primitive est $2^o,45',38''$; l'angle que fait le rayon vecteur de la Comète est donc :

$$(10^o - 2^o,45',38'') = 7^o,14',22'';$$

et quand la force répulsive est 160000 fois supérieure à la force attractive du Soleil, le rayon vecteur étant devenu $50\ a$ pour la molécule M, l'angle que fait ce rayon avec la direction initiale est seulement $16',34''$; l'angle des deux rayons vecteurs est donc :

$$(10^o - 16',34'') = 9^o,43',26''.$$

Avec les équations que nous venons de développer, il serait facile de construire la trajectoire de la molécule M, ou, en d'autres termes plus frappants, la forme de la queue cométaire, puisque, à mesure que la Comète avance sur son orbite, il s'en détache continuellement des particules qui passent par les mêmes conditions et pour chacune desquelles nous pourrions calculer l'angle θ et la valeur de r. Toutes ces particules, en raison de leur vitesse tangentielle initiale, marchent dans le même sens que la Comète, mais à mesure qu'elles s'éloignent du Soleil, leur vitesse angulaire diminue et elles restent, par conséquent, en retard sur le rayon vecteur de la Comète même. Pour nous, à qui la queue apparait comme un seul tout, cet appendice affecte donc une courbure en arrière de la Comète, courbure toutefois d'autant moins prononcée que la force répulsive qui souffle les particules est plus intense. Dans l'analyse précédente, j'ai admis, arbitrairement sans aucun doute, que la répulsion du Soleil sur les parties externes gazeuses de la Comète procède suivant la raison inverse du cube des distances. Il serait facile de montrer que, quelle que soit la loi qu'on adopte, il n'y aura de changé que la forme géométrique de la queue cométaire, mais non ce fait général que la queue doit rester légèrement en arrière de la direction de la Comète, et que le retard dépend uniquement du plus ou moins d'énergie de la puissance répulsive exercée sur les particules gazeuses périphériques.

L'examen qui précède nous montre que le retard de la queue des Comètes est une conséquence forcée du mode de formation de l'appendice, et que, par suite, bien loin de relever d'une résistance d'un milieu matériel interstellaire, elle démontre, au contraire, l'absence complète de toute résistance. La rapidité avec laquelle des parties en quelque sorte infinitésimales de matière fuient ainsi le noyau cométaire est absolument inconciliable, en effet, avec la présence d'autres particules matérielles qui n'ont rien de commun avec la Comète.

§ IV

CAUSES PROBABLES DE LA FORMATION DE LA QUEUE DES COMÉTES.

Quelques réflexions me seront permises avant de terminer. On a proposé des centaines d'explications quant à la nature des queues cométaires. La plupart ne soutiennent pas un instant d'examen sérieux. On a, par exemple, voulu faire de l'appendice un simple effet d'optique; la tête de la Comète agirait comme une lentille sur les rayons solaires et les concentreraient sur une même ligne dans la direction du rayon vecteur de l'Astre. Pour soutenir cette interprétation, il fallait, à tout prix, mettre de la matière diffuse dans l'Espace; et, comme on ne pouvait pas admettre pourtant qu'il s'y en trouve effectivement de telles quantités, on a fait de la Comète elle-même le porteur de cette matière. La Comète, dit-on, constitue une immense sphère gazeuse dont le rayon est au moins égal à l'étendue de la queue; ce gaz serait trop *ténu*, trop *rare* pour être partout visible; il ne le deviendrait que là où les rayons solaires seraient fortement concentrés par suite de la réfraction qu'ils éprouvent en traversant la sphère, agissant alors comme une immense lentille convergente. Cette explication, due, si je ne me trompe, à SÉGEAY, est, au point de vue de la Physique seule, une des plus rationnelles qu'on ait proposées. Elle n'a qu'un tort, mais il est grave, c'est que l'existence d'une sphère gazeuse qui, dans bien des·cas, aurait des millions de lieues de rayon, est, mécaniquement parlant, insoutenable.

On admet à peu près généralement aujourd'hui, non pas seulement par suite d'idées théoriques, mais surtout d'après des observations réitérées et très bien faites, que la queue cométaire est une émanation de la tête de l'Astre. A mesure que la Comète approche du périhélie et que les rayons solaires qui la frappent acquièrent plus d'intensité, les parties centrales du noyau semblent entrer en ébullition et se précipiter vers le Soleil; mais arrivées à la périphérie, elles changent de direction, se déversent, en quelque sorte, sur le pourtour et se mettent à fuir rapidement en arrière, paraissant comme *soufflées* par une force nouvelle. — C'est à M. Winnecke que je dois la connaissance complète de ces faits singuliers ; je ne sais s'il en a publié la description ; il les a vus se produire sous ses yeux et en un espace de temps incroyablement court, en observant une Comète avec une lunette puissante dont il disposait. Ces faits ont, d'ailleurs, été constatés par d'autres observateurs.

Mais quelle est la force qui agit d'une manière aussi énergique sur certaines parties de la Comète et nullement sur d'autres? — Est-ce une répulsion calorifique exercée par le Soleil sur les parties périphériques les plus ténues de l'Astre, comme le pense mon éminent ami M. Faye? — Ou est-ce une répulsion électrique qui est en jeu ici, comme l'ont avancé d'autres astronomes.

Ces deux explications peuvent, pour le moment, se soutenir ; peut-être même sont-elles vraies toutes deux à la fois. Il n'est pas inutile de nous y arrêter, comme elles le comportent, car il s'agit d'une des plus belles questions de Physique qui se puissent poser.

Plusieurs physiciens ont fait des recherches pour constater si un corps chaud en repousse un autre également chaud. Il faut bien le dire, les résultats obtenus ont été d'autant plus négatifs que les expériences ont été mieux conduites. Dans ces dernières années, le radiomètre de M. Crookes est venu avec éclat prouver, en apparence, la répulsion des rayons solaires ; au début, il ne restait plus de doute, et l'on s'est naturellement hâté d'en conclure la matérialité de la lumière, qui, pourtant, n'était nullement en cause ici. J'ai dès l'abord montré (1) qu'il ne pouvait être question d'une action impulsive des particules lumineuses et qu'en tous cas les résultats donnés par le radiomètre, et faussement attribués à une telle action, seraient cent fois plus grands qu'il ne serait permis de l'admettre, en les rapportant aux chocs de particules lumineuses. Peu à peu, la lumière, je dirais plutôt

(1) Sur les effets impulsifs maxima de la Lumière considérée comme un principe matériel. — *Comptes rendus des séances de l'Académie des Sciences* ; 1876, 1er semestre (tome LXXXII, pages 1472 et suivantes).

l'obscurité, s'est faite sur les causes des mouvements des ailettes du radiomètre ; grâce aux idées étranges émises par l'auteur de la découverte de ce
curieux instrument, grâce à l'invention de la *matière radiante,* on en est
arrivé à ne plus savoir le moins du monde à quoi il faut attribuer l'ensemble
des phénomènes observés. En dépit des immenses progrès faits dans les
méthodes de raréfaction de l'air ou des gaz, il est permis de rapporter ces
énigmes apparentes à des traces de matière pondérable qui restent inévitablement présentes dans nos récipients et qui déterminent les mouvements
si capricieux des ailettes.

Je dois le dire cependant, tous ces résultats négatifs ne réfutent pas
du tout l'affirmation de M. FAYE; je dirais presque que c'est le contraire
qui est vrai. Dans la répulsion solaire exercée sur la matière cométaire pendant la formation de la queue, ce n'est, en effet, pas sur un corps solide ni
même sur un corps liquide qu'agit la lumière; c'est sur un gaz arrivé à un
état de raréfaction auquel nous ne parviendrons peut-être jamais, dans nos
laboratoires. Il ne s'agissait donc plus de chercher, expérimentalement, si
un corps solide ou liquide éprouve ou n'éprouve pas d'action répulsive de
la part de la chaleur d'un autre corps, mais bien de chercher si cette chaleur
ne se comporte pas comme force répulsive sur les gaz amenés à un haut
degré de rareté et de température. M. FAYE fit dans ce but une expérience
dont les résultats, à part même leur importance pour la question qui nous
occupe, sont du plus haut intérêt comme faits physiques. Un arc voltaïque
étant, à l'aide d'une forte pile, produit entre deux charbons dans le vide, si,
à proximité, on dispose un fil de platine qu'on porte à l'incandescence avec
une autre pile, on voit l'arc s'infléchir vers son milieu et s'éloigner du fil de
platine. Cet effet n'a pas lieu tant que le platine est froid ; il se continue, au
contraire, quand, la platine étant incandescent, on interrompt le courant qui
l'échauffait. La répulsion de l'arc voltaïque, en d'autres termes, la répulsion
de la matière incandescente qui le constitue, est donc bien due à la radiation
calorifique du fil de platine, et non pas du tout, comme l'ont allégué quelques personnes, à une action électrique relevant du courant de la seconde
pile. Je ferai ici une remarque sur laquelle on ne saurait trop insister. Les
particules de charbon ardent, portées par le courant d'un pôle à l'autre,

sont animées d'une grande vitesse ; elles exécutent leur trajet d'un charbon
à l'autre en une faible fraction de seconde ; pour les faire dévier sensiblement de la ligne droite en un temps aussi court, pour faire infléchir
notablement l'arc entier, il faut donc que l'intensité de la répulsion exercée
par le fil de platine soit beaucoup plus considérable qu'on ne l'aurait pensé
à première vue.

L'interprétation donnée par M. Faye quant à la formation de la queue
des Comètes est donc, comme on voit, logique et elle est légitime au point
de vue de l'expérience. Je passe à la seconde explication, à celle qui attribue
la dispersion de la matière cométaire à une action électrique.

On a objecté à cette interprétation ce fait : que les courants électriques
ne traversent déjà plus le vide que nous parvenons à faire aujourd'hui avec
les procédés de raréfaction auxquels on est parvenu, et qu'ainsi, à bien plus
forte raison, ces courants ne sauraient traverser le vide, infiniment plus
parfait, des espaces célestes ; d'où l'on a conclu qu'il ne saurait non plus y
avoir d'attraction ou de répulsion électriques à travers ces espaces. Cette
objection, vue de près, n'a aucune valeur. — En tout premier lieu, il n'est
pas encore démontré d'une façon positive que l'électricité ne traverse pas le
vide (de matière pondérable). Deux physiciens distingués, M. Edlund et
M. Goldstein (1), contestent, chacun de son côté, et par des motifs très
valables, cette prétendue *faculté isolante* attribuée au vide parfait. En second
lieu, en acceptant même ce fait dans tout son entier, il est aisé encore de
reconnaître que la conclusion qu'on en a tirée repose sur une erreur fondamentale de Physique. Entre les attractions et les répulsions électriques,
exercées à distance, et le courant en vertu duquel se rétablit l'équilibre
électrique rompu entre deux points distincts de l'Espace, existe la relation
de cause à effet ; ce sont ces actions à distance qui déterminent ce que nous
appelons le *flux électrique*. Ces actions existent donc *avant* que le courant

---

(1) Ueber elektrische Leitung im Vacuum, von E. Goldstein. — *Sitzungsberichte der
königlich preussischen Akademie der Wissenschaften zu Berlin* ; Jahrgang 1884, VI,
31 Januar.

s'établisse, et de ce que ce courant ne pourrait pas se produire dans tel ou
tel milieu donné, il ne s'ensuivrait nullement, même à un point de vue
purement théorique, ou *a priori*, que l'action attractive ou répulsive ne
traverse pas ce milieu. Mais ici l'observation répond d'une façon péremptoire. Le vide le plus complet, pas plus que le verre, la résine, etc., n'inter-
cepte les attractions magnétiques, électrostatiques, électrodynamiques. Si
donc, d'une façon plausible, on peut démontrer que la périphérie du Soleil
possède une charge d'électricité à l'état statique, et que certaines parties de
la matière d'une Comète possèdent aussi une charge électrique, on aura
démontré, à coup sûr, qu'il y a, soit attraction, soit répulsion, entre le Soleil
et ces parties de la Comète. — Des considérations très sérieuses parlent les
unes en faveur, les autres en défaveur de cet état de charge électrique.
Arrêtons-nous d'abord à celles qui sont favorables.

§ V

DIGRESSION AUXILIAIRE SUR L'ORIGINE DU MAGNÉTISME TERRESTRE.

Notre Terre se comporte comme un véritable aimant à l'égard des corps
aimantés, et à l'égard des courants électriques que nous observons ou que
nous produisons à sa surface. Comme il est aisé de le comprendre, les
explications n'ont pas manqué, pour rendre compte du magnétisme terrestre,
et, comme on pouvait s'y attendre aussi, il s'en est produit plus d'arbitraires
et même de puériles que de réellement scientifiques. Nous n'avons pas à nous
occuper de leur historique. La découverte que fit OERSTED de l'action des
courants électriques sur l'aiguille aimantée, et la création d'une science
nouvelle tout entière, fondée par AMPÈRE sur cette découverte, vinrent jeter
un jour inattendu sur la cause du magnétisme de notre Terre. Que ce
magnétisme relève des courants électriques d'intensité et de direction légèrement variables qui circulent autour de notre sphéroïde dans des plans à peu
près parallèles à l'équateur, c'est ce qui ne peut plus être douteux pour

personne. Mais quelle est l'origine de ces courants? Qu'ils soient liés à la rotation terrestre et à l'action du Soleil sur notre Terre, c'est ce qui ne peut pas plus être mis en doute. Mais de quelle *espèce* est cette action? — Deux réponses naturelles se présentent à l'esprit.

1° On peut supposer que la radiation solaire, en ne frappant que *successivement*, en échauffant inégalement, les parties périphériques de la Terre, pendant que celle-ci exécute un tour sur elle-même, détermine la formation de courants thermo-électriques.

2° On peut admettre que la périphérie entière du Soleil possède une charge électrique dont l'intensité dépend, à chaque instant, des phénomènes qui se passent dans l'intérieur de l'Astre, et alors tout l'ensemble des phénomènes électriques et magnétiques de la Terre (et des autres Planètes) s'expliquent, en quelque sorte, d'eux-mêmes. C'est ce qu'il va m'être facile de faire saisir, quant aux plus minimes détails.

Concevons .une sphère S pourvue d'une charge d'électricité statique positive ou négative, peu importe. Vis-à-vis de cette sphère plaçons-en une autre, que je supposerai d'abord métallique, isolée et en repos. Sous l'action inductive de S, la face a va se charger positivement, si S est, par exemple, négatif ; la face b, au contraire, prendra une charge négative. Si la distance D qui sépare les deux sphères est très grande, et, par conséquent, si la distance des deux faces opposées a et b est très petite par rapport à D, la sphère T ne sera ni attirée, ni repoussée par S, puisqu'il y aura égalité entre l'attraction exercée du côté a et la répulsion exercée du côté b. J'ai supposé T en repos ; faisons tourner cette sphère autour de son axe AB. Que va-t-il se passer? — En raison de la conductibilité du métal, la face dirigée vers S et, de même, la face opposée resteront dans le même état électrique ; il se fera donc un déplacement continu des charges électriques sur la surface de la sphère. Si le mouvement de rotation est rapide, ce déplacement constituera, de fait, un courant superficiel absolument identique à ceux que nous provoquons dans nos conducteurs à l'aide de la pile ou de toute autre méthode. Notre sphère deviendra ainsi un véritable solénoïde, un aimant temporaire ou définitif, selon le métal dont elle sera formée. — Passons du très petit au très grand. A la sphère S substituons le Soleil, doué, par hypothèse, d'une charge d'électricité statique. A la sphère métallique, substituons notre Terre. Que va-t-il se passer ?

Nous n'avons aucune donnée sur la constitution interne de la Terre. La densité moyenne étant environ 5,5, tandis que celle de la plupart des parties de la surface atteint à peine 2,5, il est certain que la densité des parties internes est notablement supérieure à 5,5 ; ce ne serait donc pas une hypothèse hasardée et gratuite d'admettre que cet intérieur est formé par des métaux en fusion, ou du moins à l'état pâteux. Mais abstenons-nous de toute hypothèse. Ce qui est certain, c'est que l'ensemble du globe est formé de matériaux qui, sans être des conducteurs électriques parfaits, ne sont pourtant pas non plus des *isolants,* tels que le verre, le soufre, etc., et sont seulement ce que nous appelons des *demi-conducteurs.* Tel est du moins le caractère de la plupart des roches, du marbre, du granit, etc., etc. A la surface terrestre, là où elle est très dense, notre atmosphère constitue un isolant parfait; mais à une hauteur considérable, et là où elle est suffisamment raréfiée, elle devient, au contraire, *un conducteur,* un milieu où l'électricité circule librement. Par suite de l'évaporation et de la condensation continues des eaux de la mer, par suite des courants d'air incessants provoqués par les rayons solaires, il existe nécessairement entre l'état électrique de la surface terrestre et celui des hautes régions atmosphériques une relation continue aussi. Si, par une raison ou une autre, la surface terrestre est électrisée, les hautes régions de l'atmosphère le seront donc aussi d'une façon ou d'une autre.

Sous l'action inductrice du Soleil, les deux faces opposées a et b prendront donc des charges électriques de nom contraire, comme notre petite sphère métallique. En raison de la grandeur de la distance du Soleil par rapport au rayon terrestre, la face b sera repoussée autant que la face a sera attirée, et il n'y aura rien de changé du tout à la *pesanteur de la Terre vers l'Astre central.* — Par suite du mouvement de rotation du globe, les charges électriques des deux faces *voyageront* autour de la sphère absolument comme il en arrive avec une sphère métallique de dimensions extrêmement petites ; et, par suite de ce déplacement, la Terre sera convertie en un vrai solénoïde : elle agira comme tel sur nos boussoles, sur nos courants électrodynamiques, etc., etc., entraînés aussi par son mouvement de rotation. Nous y serons, de plus, témoins journaliers de phénomènes d'électricité statique analogues à ceux auxquels donnent lieu nos conducteurs traversés par des courants puissants.

Pour quiconque voudra y réfléchir, la supposition d'un Soleil, doué d'une charge électrique périphérique, explique avec une telle facilité, dans leurs plus minimes détails, tout l'ensemble des phénomènes magnétiques, électro-statiques, électrodynamiques du globe (orages, aurores polaires, direction de la boussole, etc., etc.), qu'il semblerait que ce n'est point d'une supposition, mais bien d'une réalité qu'il s'agit. L'un de ces phénomènes, dont la découverte est de date récente, a même un sens tellement décisif qu'on est presque en droit de dire que nous nous trouvons devant une vérité acquise. — On sait que, par un travail persévérant de recherches et de calculs pénibles, M. Wolff, de Zurich, est parvenu à mettre hors de doute qu'il existe une relation de cause à effet entre la variation périodique des taches solaires et celle de la position de l'aiguille aimantée. Pour expliquer cette relation, on a eu recours à une action directrice du Soleil, considéré lui-même et *a priori* comme un aimant; on a parlé d'effluves magnétiques, etc., etc... Toutes ces explications auraient besoin elles-mêmes d'explications. Si le Soleil possède une charge électrique à sa surface et si cette charge varie en intensité, d'une époque à une autre, il est de toute évidence que l'intensité de la charge par induction que prend la Terre sur ses deux faces variera aussi et, dès lors, tout l'ensemble des phénomènes que nous présente l'aiguille aimantée sera affecté. Quelle que soit la nature et l'origine des taches solaires, qu'avec M. Faye on les considère comme d'immenses tourbillons qui creusent, en quelque sorte, l'enveloppe gazeuse de l'Astre, ou qu'avec d'autres astronomes on les attribue à un travail interne, ou enfin que, selon toute probabilité, les deux interprétations soient justes à la fois, toujours est-il qu'elles sont l'indice de modifications temporaires très graves auxquelles est sujet l'Astre-géant et dont peut alors dépendre l'état d'intensité de la charge électrique périphérique. La relation si bien étudiée par M. Wolff serait ainsi tout expliquée.

Il semble que l'interprétation précédente tombe sous une objection, des plus naturelles, qui se présente d'elle-même à l'esprit. L'axe terrestre est incliné de 23 degrés sur l'écliptique. L'action par induction du Soleil sur la Terre s'exerce nécessairement suivant la direction de la ligne de jonction des deux Sphères; les deux sortes de calottes sphériques où se forment les charges électriques $+$ et $-$, sont donc perpendiculaires à l'écliptique; mais l'axe terrestre est, au contraire, incliné de 23 degrés sur ce dernier plan. Il semble donc que l'axe magnétique engendré par le déplacement des charges électriques d'induction devrait changer, d'un jour à l'autre, de direction par rapport à nos méridiens et varier avec les saisons. Cette objection pourtant n'a aucune valeur réelle. La conversion de la Terre en un solénoïde dérive, disons-nous, de ce que la surface terrestre se déplace sous la charge électrique dont la direction vers le Soleil reste, au contraire, la même. Les phénomènes magnétiques qui naissent de ce mouvement relatif sont donc nécessairement d'autant plus intenses que le déplacement relatif est plus rapide. Et c'est aux régions équatoriales du globe que répond la plus grande vitesse. Le plan de l'équateur magnétique est donc en corrélation avec le plan de l'équateur proprement dit, et ne dépend pas des saisons.

On est en droit de demander pourquoi, si l'explication donnée est correcte, la direction de l'aiguille aimantée varie d'un siècle à l'autre; pourquoi la déclinaison qui était occidentale le siècle dernier, est devenue orientale pendant ce siècle. Je ferai remarquer que cette question se pose dans toutes les théories possibles du magnétisme terrestre. Elle recevrait probablement une réponse fort simple, si nous connaissions l'état interne de notre Planète; cet état est certainement variable, et peut-être bien plus que nous ne nous en doutons; ses modifications peuvent très bien être en relation avec la direction générale selon laquelle se fait l'induction exercée par le Soleil. Cette réponse, je le répète, convient à toutes les interprétations possibles du magnétisme de la Terre, en y faisant les changements voulus pour chacune. Je n'ai donc pas à m'arrêter davantage sur ce côté de la question.

Ai-je besoin de dire que c'est avec la plus extrême réserve que je présente la supposition d'un Soleil dont la périphérie serait douée d'une charge d'électricité statique légèrement variable. Les conséquences que j'en ai tirées au point de vue de la Physique du globe terrestre sont presque forcées.

Les relations trouvées par M. Wolff entre la variation périodique des taches
solaires et les mouvements périodiques aussi de l'aiguille aimantée, variations
qui dénotent bien positivement une relation électrodynamique entre les deux
sphéroïdes, donnent un degré de probabilité de plus à la réalité de notre
supposition.

§ VI

ACTION D'UN SOLEIL ÉLECTRISÉ A SA PÉRIPHÉRIE DANS LA FORMATION
DES QUEUES DES COMÈTES.

Maintenons encore notre supposition et voyons à quoi elle conduit, en ce
qui touche à la formation des queues cométaires.

La queue des Comètes n'allant jamais *vers* le Soleil, mais le fuyant au
contraire toujours, il est visible que si une action électrique est en jeu dans
le phénomène, il faut que la charge périphérique du Soleil et celle qui se
développe dans les gaz cométaires arrivés à la périphérie soient de *même*
nom. Ceci incontestablement constitue une difficulté de plus à résoudre. La
solution serait, sans doute, fort simple si nous connaissions la nature intime
de la masse des Comètes. Il n'est pas impossible que les phénomènes qui
naissent, dans les parties constituantes solaires, du *refroidissement* périphérique, soient identiques à ceux qui, dans la masse cométaire, naissent de
l'échauffement provoqué par le voisinage du Soleil. Quoi qu'il en soit,
étant admise l'identité des électricités qui forment, d'une part, la charge
statique et peu variable du Soleil, et, d'autre part, la charge des gaz cométaires arrivés à la périphérie, il est évident que ces gaz doivent être comme
soufflés au loin, si l'intensité de la répulsion électrique est supérieure à celle
de l'attraction gravifique. Je reviendrai bientôt sur cette supériorité; je me
borne à faire remarquer qu'il faut l'admettre en toute hypothèse sur la nature
de la répulsion.

Un fait capital est la conséquence de cette *fuite* des parties gazeuses,
que, pour fixer les idées, je supposerai électrisées positivement. De la

rupture de l'équilibre électrique, déterminée par n'importe quelle cause, naît toujours un état de *polarité* : si une charge électrique s'accumule d'un côté, il faut de toute nécessité qu'une charge égale, et de nom contraire, s'accumule d'un autre côté. Si les parties gazeuses *soufflées* de la Comète sont positives, la partie sous-jacente de la masse cométaire sera forcément chargée négativement. Il suit de là qu'en réalité la Comète sera attirée, non seulement en vertu de l'Attraction universelle, mais encore en vertu de l'excès de charge négative qui s'y accumule peu à peu, par suite de la dispersion des parties électrisées positivement.

Il est permis de se demander, sans rien hasarder d'arbitraire, si ce qui précède ne conduit pas à l'explication très naturelle des perturbations des mouvements de certaines Comètes, à commencer par celles de la Comète d'ENCKE. Ainsi également, on apercevrait du même coup la cause des irrégularités de ces perturbations, qui sont tellement considérables, qu'il est impossible d'y apercevoir aucune loi. La façon dont se fait l'électrisation de la Comète à chaque retour au périhélie doit dépendre d'une telle variété de phénomènes, en quelque sorte intimes, qu'aucun caractère régulier ne peut y apparaître. Ne peut-on pas expliquer très simplement de la sorte aussi la rupture en deux qu'on a déjà observée sur la Comète de BIÉLA, entre autres ?

§ VII

CONCLUSIONS GÉNÉRALES DE CE CHAPITRE.

Je m'arrête sur la voie des suppositions, me permettant seulement de dire qu'on en a présenté beaucoup qui sont moins spécieuses et plus gratuites, ajoutant aussi que je suis fort loin de m'attribuer celle-ci, si elle est juste. D'autres l'ont proposée déjà; je n'ai fait qu'en accentuer les conséquences.

Lorsque dans l'ensemble du problème que présentent les Comètes, on est parvenu à répandre un peu de jour et quelque certitude d'un côté, on peut être certain qu'on verra se dresser de nouvelles difficultés d'un autre côté.

Il est à peu près certain que la queue des Comètes est une émanation de la
tête, repoussée au loin par une force répulsive. Mais alors pour concevoir la
direction, parfois presque rectiligne de la queue, on est condamné à dire que
l'intensité de cette force répulsive est de plusieurs milliers de fois supérieure
à l'attraction même du Soleil. J'ai dit que rien n'empêche d'admettre la simultanéité des deux causes de répulsion que nous avons examinées : la répulsion
calorifique et la répulsion électrique. On peut maintenant se demander si
cette superposition même de deux forces suffit pour expliquer les effets
prodigieux de répulsion auxquels conduit l'observation. — Il n'est pas inutile
de fixer les idées par un exemple numérique. Pour la Comète de 1843, lors
du passage au périhélie, l'attraction solaire était près de 25 fois celle de la
Terre à sa surface. En d'autres termes plus clairs encore, une masse pesant
un kilogramme à la surface de la Terre et transportée au périhélie, eût pris
un poids de 25 kilog. — Pour rendre compte de la direction presque droite
de la queue énorme de cette Comète, on est obligé d'adjuger à la répulsion
solaire, quelle qu'en soit l'origine, une intensité plus de dix mille fois supérieure, c'est-à-dire qu'une masse de gaz cométaire pesant 1 kilogramme à la
surface de la Terre, eût dû peser plus de 250000 kilog. en sens *contraire*
de la direction de l'attraction solaire! En présence de pareils nombres, on
se demande si même l'addition de nos deux forces répulsives est suffisante
pour rendre compte des phénomènes dont nous sommes témoins !

Disons qu'en raison même des difficultés et des énigmes qu'elle nous
présente, l'étude des phénomènes cométaires est une des plus belles qui
s'offrent à la Science et, par la manière dont elle est conduite aujourd'hui
par les astronomes, elle amènera, peut-être, d'une façon inattendue à la
découverte d'un mode de manifestation encore inconnu des Forces en jeu
dans l'Espace.

Revenons, pour terminer, au sujet principal de cet ouvrage. S'il est une
étude qui réfute radicalement l'idée d'une résistance relevant d'un milieu
interstellaire matériel, c'est bien certainement, dans tout son ensemble,
l'étude des phénomènes cométaires. — Les astronomes, en petit nombre
d'ailleurs, qui ont voulu trouver dans les perturbations inexpliquées de
certaines Comètes des preuves de la résistance du milieu interstellaire,

ont toujours, au moins implicitement et tacitement, traité ces Astres comme des corps solides ou liquides rigides sur lesquels le frottement du milieu résistant n'exercerait aucune action préjudiciable à l'existence même de la Comète. Cette assimilation à un corps rigide peut être correcte pour une partie de la course d'une Comète; mais elle ne l'est certainement pas pour une autre partie. Les Comètes à orbites très elliptiques passent alternativement des excès de la chaleur aux excès du froid; on peut s'exprimer ainsi sans aucune exagération. La Comète d'ENCKE, par exemple, reçoit au périhélie 8,53 fois plus de chaleur solaire que la Terre; à l'aphélie, elle en reçoit 16,76 fois moins. Par suite de la structure désagrégée de ces corps en général, la Comète peut donc perdre à l'aphélie la totalité de la chaleur qu'elle a reçue au périhélie; ainsi que nous le verrons par les développements donnés au chapitre VI, elle peut tomber à près de 270 degrés au-dessous de notre zéro thermométrique ordinaire. Il résulte de là que tous les gaz, quels qu'ils soient, qui existaient au périhélie doivent se congeler à l'aphélie et la Comète forme alors un assemblage de corps solides désagrégés, retenus ensemble, en un certain espace limité, par leur attraction réciproque. La résistance d'un fluide matériel est dès lors en toute hypothèse réduite à un minimum. – Il cesse absolument d'en être ainsi quand la Comète revient au périhélie. Les gaz solidifiés par le froid se gazéifient de nouveau en prenant un volume souvent énorme et en tombant, par suite, à un état de rareté dont nous n'avons pas d'idée. C'est probablement à ce passage de l'état solide à l'état gazeux extrême qu'il faut attribuer les mouvements violents et tumultueux qu'on observe souvent quand la Comète arrive au périhélie. — C'est évidemment dans ces nouvelles conditions que la résistance d'un milieu matériel arriverait à son maximum, s'il était possible d'assimiler une masse gazeuse à un corps rigide. Mais une pareille assimilation va droit contre toute idée correcte de la réalité des phénomènes. Soutenir qu'une sphère gazeuse puisse, avec des vitesses qui atteignent souvent plusieurs centaines de kilomètres par seconde, se mouvoir dans un milieu gazeux aussi, si rare qu'on voudra d'ailleurs, sans que le frottement détruise la vitesse de translation du gaz périphérique, fasse ainsi rester en arrière la matière cométaire et réduise rapidement à rien l'Astre entier, c'est, je l'ai déjà dit dès l'abord, soutenir une impossibilité physique. Le seul fait du passage d'une Comète au périhélie sans altération notable de masse est la négation la plus éclatante de l'existence d'un milieu résistant interstellaire. Certaines Comètes semblent diminuer de grandeur à chaque passage; mais cette réduction ne peut être attribuée qu'à la formation répétée de l'appendice caudal, et nullement à ce que l'Astre laisserait en arrière sous forme de trainée.

CHAPITRE QUATRIÈME

**CONSÉQUENCES PHYSIQUES
ET PHYSICO-MÉCANIQUES DE LA PRÉSENCE D'UN GAZ DIFFUS
DANS L'ESPACE INTERSTELLAIRE.**

A l'exception des considérations que nous venons de présenter sur la formation, sur la forme et sur la nature des queues cométaires, nous ne nous sommes jusqu'ici occupés des effets d'un gaz interstellaire qu'au point de vue de la Mécanique céleste, qu'à celui des perturbations que produirait un tel gaz sur les mouvements des Planètes, des Satellites et des Comètes. Et déjà nous avons reconnu que, pour ne pas troubler la stabilité de certains mouvements, il faudrait adjuger à ce gaz un volume spécifique en quelque sorte illimité. Nous allons maintenant attaquer la question à un point de vue très différent et, si je puis dire, plus *intime*. Nous allons chercher quels seraient les effets des mouvements des Planètes et des Satellites sur ce gaz lui-même, et puis quels seraient les effets de ce gaz sur les atmosphères de nos Planètes, sur l'état physique et périphérique de ces Corps. Nous verrons ici encore de quelle vive lumière les principes de la Thermodynamique éclairent notre problème et nous conduisent à le résoudre, définitivement, par une négation absolue concernant l'existence d'un gaz interstellaire quelconque.

SECTION PREMIÈRE

EFFETS DES MOUVEMENTS DES PLANÈTES ET DES SATELLITES SUR UN GAZ INTERSTELLAIRE.

§ I

GAZ INTERSTELLAIRE SUPPOSÉ FORMÉ DE PARTIES SOLIDAIRES LES UNES DES AUTRES.

Le seul titre de ce paragraphe nous montre comment la question maintenant se renverse pour notre étude. Nous avions cherché quelles modifications la présence d'un gaz produirait dans les mouvements de ces Corps célestes ; nous allons chercher, au contraire, l'effet que produiraient ces mouvements sur le gaz lui-même. Occupons-nous de ce qui se passerait pour une Planète dénuée d'atmosphère, ou de ce qui se passerait à la surface de notre Lune, par exemple.

Nous nous sommes servis, à plusieurs reprises, de l'équation :

$$\rho = 0{,}0451\, s^{1,1}\, \delta\, V^2$$

exprimant la résistance ρ qu'éprouve un corps sphérique qui se meut dans un gaz de densité δ avec une vitesse V. En ne considérant les résultats donnés par cette équation que comme purement approximatifs, dans le cas de très grandes vitesses, cette approximation, pour ce que nous allons chercher, est plus que suffisante. Au lieu de déterminer la résistance totale éprouvée par la sphère, rapportons cette résistance à l'unité de surface. Nous pouvons, sans erreur notable, poser 1 pour l'exposant de s et, par suite, diviser alors par s pour la résistance cherchée. Comme δ est, en tous cas, petit au delà de toute idée, V peut être regardé comme constant, non pas seulement pendant une unité de temps, mais pendant des siècles et des siècles. Il suit de là que, pour une longue période de temps, le travail mécanique, par unité de temps et de surface, exécuté par la sphère, par suite de la résistance, est constant aussi. Ce travail prend dès lors pour expression correcte :

$$F = 0{,}0451 \; \delta \; V^2 \cdot V = 0{,}0451 \; \delta \; V^3.$$

Ce travail représente une quantité de chaleur :

$$Q_0 = \frac{0{,}0451 \; \delta \; V^3}{E}$$

développée aussi dans l'unité de temps, E étant l'équivalent mécanique de la chaleur.

Désignons par :

K la capacité calorifique absolue du gaz interstellaire ;

t la température que prend ce gaz par le choc.

La densité étant δ, il y a évidemment, par unité de surface, un poids $V\delta$ frappé par la sphère en mouvement. On a donc :

$$Q_1 = K \, V \, \delta \, t;$$

mais Q_1 étant nécessairement égal à Q_0, il vient :

$$\frac{0{,}0451 \; \delta \; V^3}{E} = K \, V \, \delta \, t;$$

d'où :

$$t = \frac{0{,}0451 \; V^2}{E \, K}.$$

Ainsi qu'il en devait être, la densité du gaz interstellaire disparait de l'équation finale. — Prenons maintenant un exemple. Admettons que l'Espace stellaire soit rempli d'hydrogène. C'est à ce *proto-élément* que certains savants rapportent la formation de tous les autres éléments chimiques, qui, dit-on, ne prendraient naissance que par suite de la juxtaposition d'un nombre plus ou moins grand d'atomes de l'élément unique et primitif. Bien loin de particulariser en prenant l'hydrogène comme exemple, on voit qu'au contraire je généralise au plus haut point. On a, pour l'hydrogène, $K = 2,414$. On a aussi, avec l'approximation atteinte jusqu'ici, $E = 425$ kilogrammètres. Il résulte de là :

$$t = \frac{0,0451\ V^2}{425 \cdot 2,414} = 0,00004396\ V^2.$$

Dans son mouvement relatif au Soleil, la Lune a nécessairement la même vitesse moyenne que la Terre, soit 29508 mètres par seconde. Il vient donc :

$$t = 0,00004396\ (29508)^2 = 38280°;$$

c'est-à-dire que le gaz interstellaire, par suite du choc de la surface lunaire, atteindrait la température colossale de trente-huit mille deux cent quatre-vingts degrés. La partie en amont de la Lune serait ainsi entourée d'une coque gazeuse ardente dont la température dépasse presque indéfiniment celle de la fusion des corps les plus réfractaires. On dira, sans doute, que cette température serait *inoffensive* pour l'Astre à la surface duquel elle existerait, puisqu'elle appartient à un gaz dont la densité est, en quelque sorte, nulle. Il n'en resterait pas moins impossible d'expliquer pourquoi un gaz ainsi surchauffé ne deviendrait pas lumineux ou phosphorescent, comme l'est, par exemple, la queue des Comètes qui, quant à la rareté de la matière rendue lumineuse par une raison quelconque, se trouve absolument dans le même cas.

§ II

GAZ INTERSTELLAIRE SUPPOSÉ DISCONTINU.

Ici se présente, en quelque sorte d'elle-même, une remarque qui, quoiqu'elle s'écarte de notre sujet actuel, n'est nullement une digression.

On sait que dans la théorie, dite *cinétique*, des gaz, les atomes ou les molécules sont considérés comme indépendants entre eux, comme parfaitement élastiques, et comme se mouvant en ligne droite avec des vitesses qui varient d'un gaz à l'autre. C'est cette vitesse qui constitue la température du gaz ; ce sont les chocs des molécules contre les parois des vases qui donnent lieu à ce que nous appelons la pression. La vitesse des molécules, dans cette théorie, est donnée par l'équation :

$$u = 485^m \sqrt{\frac{T}{273\,\delta}},$$

T désignant la température absolue du gaz et δ sa pesanteur spécifique, l'air étant pris comme comparaison. On aurait, pour l'hydrogène,

$$u = 1844^m \sqrt{\frac{T}{273}}.$$

Dans mes derniers travaux (1), j'ai opposé à cette théorie neuf objections mortelles. Les défenseurs de la Doctrine n'ont su répondre qu'à trois d'entre elles, et cela sous une forme tellement insuffisante, que j'ai pu laisser passer la critique sans en tenir aucun compte. — Il n'est pas inutile, il est, au

---

(1) Voyez notamment : LA CINÉTIQUE MODERNE ET LE DYNAMISME DE L'AVENIR ; 1887 (Paris, Gauthier-Villars).

contraire, très intéressant d'examiner quelles conséquences entrainerait cette théorie cinétique dans l'ordre de faits que nous étudions particulièrement dans cet ouvrage.

Supposons l'Espace interstellaire occupé par un gaz constitué cinétiquement, c'est-à-dire formé de molécules indépendantes entre elles et cheminant en ligne droite avec une vitesse qui, au cas particulier, serait très petite, puisque la température de l'Espace est fort voisine du zéro absolu. Supposons toujours que ces molécules, ou plutôt maintenant ces atomes, soient ceux de l'hydrogène primordial, ancêtre de tous les éléments chimiques connus.

Je montrerai dans le paragraphe suivant les conséquences étranges qu'entrainerait l'existence d'un pareil gaz par rapport aux atmosphères de nos Planètes. Tenons-nous, pour le moment, à un Astre dénué d'atmosphère, comme l'est la Lune. Les atomes de notre *proto-hydrogène* étant, de par la théorie cinétique même, doués d'une élasticité parfaite et se trouvant frappés par la surface en amont de la Lune dont la vitesse est de 29508^m, en moyenne, rebondiront avec une vitesse qui aura pour expression :

$$u = 2\,U \cos \lambda,$$

U étant la vitesse de translation de la Lune dans la direction de la tangente à l'orbite de la Terre et λ étant l'angle que fait avec cette même direction le rayon mené du centre de la Lune au point frappé. Pour $\lambda = 0$ (et aux *environs,* très sensiblement), on a donc simplement :

$$u = 2\,U.$$

Notre équation de la théorie cinétique devient, en remplaçant u par cette valeur,

$$u = 2\,U = 59016^m = 1844^m \sqrt{\frac{T}{273}} ;$$

d'où l'on tire :

$$T = 279650^o.$$

La vitesse que prennent les atomes par leur rencontre avec la Lune au

. point $\lambda = 0$ répond donc à une température de près de 300 000 degrés. Il
se trouverait, en amont, sur la Lune une certaine étendue où la température
représentée par la vitesse des atomes serait prodigieusement élevée. On est
donc, au nom même de la théorie cinétique, obligé de reconnaitre qu'il ne
peut se trouver dans l'Espace aucune trace de matière pondérable simulant
un gaz; mais alors que deviennent la Chaleur, la Lumière, l'Attraction
newtonnienne, etc., que les Doctrines matérialistes ont la prétention de
rapporter aussi à des mouvements de la Matière pondérable ?

SECTION SECONDE

EFFETS D'UN GAZ INTERSTELLAIRE SUR LES ATMOSPHÈRES DES PLANÈTES ET SUR CELLE DU SOLEIL.

Nous venons d'examiner quelle serait l'action d'une Planète sans
atmosphère, ou de notre Satellite, sur un gaz interstellaire. Au point de vue
où nous nous sommes placés, la présence d'une atmosphère ne changerait
rien du tout aux résultats que nous avons obtenus; mais au point de vue
où nous allons nous placer maintenant, nous sommes en présence d'une
question des plus intéressantes et des plus décisives, quant à notre discussion
générale.

Nous devons ici faire deux suppositions quant à la constitution du gaz
interstellaire :

1° Admettre qu'il soit formé d'atomes absolument indépendants entre eux,
et d'ailleurs en repos relatif par rapport aux Planètes. (Nous aurons à
examiner, plus tard, une autre hypothèse, où les atomes sont, au contraire,
sensés se mouvoir avec des vitesses extraordinaires) ;

2° Admettre que les atomes sont rendus dépendants d'une façon quelconque et sont, en tous points, analogues sous ce rapport à ceux qui forment
nos gaz ordinaires.

§ I

ACTION D'UN MILIEU GAZEUX DISCONTINU SUR LES ATMOSPHÈRES DES PLANÈTES.

Dans la première supposition, qui est encore une fois celle de la théorie cinétique des gaz, les atomes, relativement immobiles, qui sont heurtés par une Planète, par la Terre, par exemple, devraient pénétrer plus ou moins profondément dans l'atmosphère planétaire, jusqu'à ce qu'ils aient pris la vitesse de translation commune à tout le système. Ceci produirait inévitablement un accroissement continu de la masse atmosphérique et, de plus, une élévation continue aussi de température, si faibles qu'on veuille d'ailleurs. Dans cette supposition, on est, de plus, obligé d'admettre que les atomes interstellaires éparpillés dans l'Espace sont, chimiquement, identiques à ceux de notre atmosphère en particulier, c'est-à-dire que ceux d'oxygène et d'azote sont précisément dans les mêmes rapports que dans notre atmosphère, autrement la composition de celle-ci serait lentement modifiée. — Ce seul exposé de conditions à remplir condamne à fond notre première supposition. Quand on admettrait même que notre atmosphère, par exemple, est elle-même constituée cinétiquement, comme beaucoup, que dis-je, comme la presque totalité des physiciens de notre temps l'ont accepté, il n'y aurait rien de changé aux conclusions précédentes. Les atomes interstellaires, en se précipitant parmi ceux de l'atmosphère, les heurteraient en toutes directions et augmenteraient graduellement leur vitesse en perdant une partie de leur propre vitesse relative. Il y aurait encore, en ce cas, augmentation continue de la masse et de la température ; et il y aurait changement gradué de composition, si les atomes interstellaires étaient d'autre espèce que ceux de l'atmosphère à laquelle ils s'ajoutent. L'existence d'un gaz interstellaire constitué cinétiquement est donc rigoureusement impossible.

§ II

ACTION D'UN MILIEU GAZEUX CONTINU SUR LES ATMOSPHÈRES
DES PLANÈTES.

Passons à la seconde supposition, à celle qui consiste à regarder les gaz comme formant des Touts continus dans lesquels les atomes sont rendus solidaires les uns des autres par une force interatomique, de telle sorte que, quelque écartés qu'ils puissent être entre eux, le déplacement de l'un amène le déplacement graduel de tous les autres.

L'une des propriétés les plus caractéristiques des gaz, c'est la tendance qu'ils ont à se pénétrer, à remplir réciproquement le volume qu'ils occupent, comme si cet espace était libre. Ce n'est point l'excessive ténuité du prétendu gaz interstellaire qui pourrait faire disparaître cette propriété. A un mètre cube d'air, par exemple, nous pouvons ajouter un millimètre cube d'hydrogène et la diffusion s'opère rigoureusement dans toute l'étendue du volume d'air. La densité de l'hydrogène y est donc réduite au milliardième. Il suit de cette considération :

1° Que, pour que la composition de notre atmosphère ne fût pas altérée à la longue, il faudrait que le gaz interstellaire eût identiquement cette même composition et fût formé de 21 en volume d'oxygène et de 79 d'azote ;

2° Que toutes les atmosphères des Planètes fussent identiques chimiquement, autrement elles s'altéreraient aussi à la longue.

La bizarrerie d'une telle conséquence ne serait pas une objection sans réplique à la supposition dont nous partons ; toutefois l'identité de composition du gaz interstellaire et de toutes les atmosphères planétaires serait la réfutation éclatante de l'hypothèse de l'hydrogène primordial, du *proto-hydrogène*, ancêtre de tous les éléments de la Chimie actuelle. — Mais continuons notre examen.

34

On a comparé souvent, et avec justesse, l'atmosphère terrestre à une mer gazeuse; on l'a appelée Océan aérien. La ressemblance existe sur un grand nombre de points, qu'il n'est pas même nécessaire de signaler. Comme l'Océan, la mer gazeuse, qui sert au globe terrestre et aux autres Planètes de manteau protecteur, a des mouvements réguliers et irréguliers ou accidentels; comme lui, elle est limitée d'une façon assez nette à sa couche supérieure. Les observations faites à l'aide du télescope nous montrent, en effet, que les atmosphères de Mars, de Jupiter, de Saturne, ont des limites assez distinctes pour nous permettre de mesurer les diamètres de ces sphéroïdes, et les diamètres qu'on trouve dans nos ouvrages d'Astronomie sont, en réalité, ceux du corps solide augmentés de l'épaisseur de la couche gazeuse qui le recouvre. Cette circonstance rend assez incertaine l'évaluation de la densité de la partie solide.

Toutefois, entre ces deux genres de mers, il existe aussi des différences capitales.

Par suite de sa faible compressibilité, l'eau de la mer a partout, à très peu près, la même densité et, si l'on prend pour unité celle qu'elle a à la surface, on a, presque exactement,

$$p = \Delta H$$

pour la pression par unité de surface à une distance H de sa nappe supérieure. L'air, au contraire, est, comme chacun sait, parfaitement élastique et extrêmement compressible; sa densité va donc en diminuant à mesure qu'on s'élève et, en une couche quelconque, la pression a pour valeur :

$$dp = -\delta \, dh,$$

h étant la hauteur de la couche à partir du sol et δ étant la densité variable. Rigoureusement parlant, la loi qui lie h et δ varie continuellement en raison du degré d'humidité et de la température, qui varient continuellement aussi tous deux. Mais, quelle que soit cette loi, il y a un fait qui demeure évident : les atmosphères planétaires étant limitées, la dernière couche supérieure n'est retenue que par sa pesanteur propre, qui, en toute hypothèse, est excessivement faible, et dont, par suite, la densité est, en quelque sorte, nulle.

Qu'adviendrait-il si, par une raison ou une autre, les couches supérieures d'une atmosphère ainsi constituée venaient à être enlevées ? — Toutes les couches inférieures étant désormais moins chargées, le gaz se détendrait, augmenterait de volume ; les couches situées au-dessous de celles qu'on fait disparaître s'élèveraient pour devenir couches-limites à leur tour, pour perdre leur densité.

Voyons maintenant quelles seraient les conséquences de la présence d'un gaz interstellaire sur l'atmosphère planétaire, voyons si elle n'aurait pas pour résultat immédiat d'enlever ainsi successivement les couches supé·rieures. -— Donnons la forme la plus frappante à la réalité des choses.

Au lieu que la Terre, par exemple, se meuve dans l'Espace avec sa vitesse moyenne de 29508^m, nous pouvons la supposer immobile et attribuer au gaz interstellaire sa vitesse en sens opposé. Rien absolument ne sera changé à *l'espèce* du phénomène qui va se passer sur notre Terre ; mais ce phénomène apparaîtra à chacun dans toute sa clarté. Nous aurons créé une effroyable tempête de 29508^m dans laquelle sera plongé notre globe entier.

Chacun connaît, sinon de vue, du moins de description, les effets désastreux des tornados ou typhons, si fréquents dans les régions tropicales. La vitesse de l'air, dans ces courants impétueux, ne dépasse pourtant guère 100^m. Un ouragan de 200^m ne laisserait plus rien sur place à la surface terrestre. La densité de l'air, sans doute, est très considérable ; à la température habituelle des tropiques, le mètre cube d'air peut peser 1^{kgr},16, et les effets du vent sont proportionnels à cette densité. Mais ces effets le sont aussi au rapport du carré des vitesses ; on a donc :

$$\left(\frac{200}{29508}\right)^2 \cdot 1,16 = 0^k,0000533$$

pour la densité du gaz interstellaire qui produirait les mêmes effets qu'un ouragan de 200^m. Par un tel vent venant de l'Espace, et, par conséquent,

partout parallèle à lui-même en direction, les eaux de la mer seraient
balayées de dessus la Terre en peu d'instants. Si, à l'eau, qui pèse $1000^{\text{kgr.}}$
le mètre cube, nous substituons l'atmosphère gazeuse dont les couches
supérieures ne pèsent plus même un millième de milligramme le mètre
cube (et peut-être beaucoup moins), nous pourrons réduire la densité du
gaz interstellaire à :

$$0{,}0000533 \left(\frac{0{,}000000001}{1000} \right) = 0{,}000\,000\,000\,000\,000\,0533$$

sans rien diminuer des effets produits. Par un tel vent, les couches supérieures de notre atmosphère seraient rapidement projetées dans l'Espace ; et
comme, ainsi que nous l'avons dit, elles seraient successivement remplacées
par d'autres couches de même densité, notre atmosphère entière serait, en
peu d'instants, dissipée dans l'Espace.

Au premier abord, on pourrait être porté à croire que les parties gazeuses
ainsi projetées en arrière de notre Planète, disons maintenant, que les
parties *laissées ainsi en arrière* d'elle (puisque c'est, en réalité, la Terre
qui se meut et non, comme nous l'avons dit pour plus de clarté, le gaz
interstellaire), on pourrait, dis-je, être porté à croire que ces parties
retombent finalement sur la Terre en vertu de leur pesanteur propre ou de
l'attraction du globe. Un calcul aisé nous montre qu'il n'en saurait être
ainsi. Désignons, en effet, par g la gravité et par r une distance quelconque
au centre de la Terre. Le rayon terrestre étant R, la force accélératrice
due à l'attraction sera, à la distance r,

$$\frac{d^2 r}{dt^2} = - g \frac{R^2}{r^2};$$

d'où :

$$\frac{dr^2}{dt^2} = 2 g \frac{R^2}{r} + \text{const.}$$

La vitesse d'un corps tombant de la hauteur r à la surface de la Terre sera donc :

$$u^2 = -2\,g\,\frac{R^2}{r} + 2\,g\,R,$$

et la hauteur r à laquelle s'élèvera un corps projeté verticalement depuis la surface terrestre, avec la vitesse U, sera donnée par l'équation :

$$U^2 = 2\,g\,R - \frac{2\,g\,R^2}{r}.$$

Pour $r = \infty$, nous avons donc :

$$U^2 = 2\,g\,R;$$

ce qui nous montre que, pour qu'un corps projeté verticalement ne revienne plus sur la Terre, il suffit de lui donner une vitesse :

$$U = \sqrt{2 \cdot 9{,}80896\,\frac{40000000}{2\,\pi}} = 11175^{m''}.$$

Cette vitesse n'est, comme on voit, pas la moitié de celle de la Terre relativement au gaz interstellaire. Aucune des parties atmosphériques arrêtées par ce gaz ne pourrait donc plus retomber sur la Terre.

Nous venons de supposer implicitement que la nappe-limite des atmosphères planétaires forme une couche régulière partout de niveau. Ceci est absolument impossible. Ainsi que l'a très bien montré M. Faye, les vents réguliers et irréguliers, les ouragans, les cyclones, qui troublent à tous moments l'équilibre de notre atmosphère, doivent s'étendre, et probablement avec une énergie croissante, jusqu'aux limites supérieures de l'atmosphère.

Bien loin de former une surface de niveau, ces dernières couches doivent, au contraire, former par moment des vagues immenses, des dénivellements auprès desquels les vagues des mers ne sont que des infiniments petits; des parties considérables d'air doivent même parfois être projetées au-dessus du niveau moyen. Ces portions d'air atmosphérique, d'une rareté excessive, d'une densité presque nulle, possèdent la vitesse de translation même de la Terre. Si, dans l'Espace où elles sont lancées, elles ne rencontrent aucune résistance, elles retombent, nécessairement, au bout d'un temps plus ou moins long, en un point de la surface atmosphérique qui, d'ailleurs, peut être fort éloigné du point de départ. Si, au contraire, elles rencontrent une résistance, *quelque minime* qu'on la suppose, elles éprouveront nécessairement un retard relativement au mouvement de la Terre et une portion plus ou moins grande de leur masse se perdra dans l'Espace. C'est précisément ce qui aurait lieu, si l'Espace céleste était rempli d'un gaz, si rare qu'on veuille. Les parties aériennes projetées au-dessus du niveau général se mêleraient, peu à peu, d'une manière intime avec ce gaz et se sépareraient définitivement de l'atmosphère.

En un mot, et pour nous résumer, sous quelque face qu'on envisage le problème, l'existence et la durée des atmosphères planétaires sont absolument inconciliables avec la présence d'un gaz quelconque dans l'Espace. Il est vraiment inconcevable que ces considérations presque élémentaires aient, jusqu'ici, échappées aux physiciens.

§ III

EFFETS D'UN GAZ INTERSTELLAIRE SUR L'ATMOSPHÈRE SOLAIRE.

Le Soleil, pas plus que les autres Étoiles, n'est immobile dans l'Espace; il est animé d'une vitesse de translation, soit rectiligne, soit, beaucoup plus probablement, curviligne et autour d'un centre de gravité général dont la position est encore inconnue. Cette vitesse est peut-être très considérable, supérieure, par exemple, à celle de la Terre, de Vénus ou de Mercure autour du Soleil. Tout ce que nous avons dit de l'action d'un gaz interstellaire sur l'atmosphère de la Terre et des autres Planètes s'applique donc rigoureusement à l'atmosphère solaire, et l'on peut ajouter, s'y applique sous forme singulièrement amplifiée. Tandis qu'on peut soutenir que les parties supérieures de l'atmosphère terrestre ont encore une densité appréciable, en raison des pertes de chaleur qu'elles éprouvent par la radiation vers l'Espace, il n'en est plus ainsi des parties supérieures de l'atmosphère solaire. Celles-ci, en raison de leur température propre et en raison de la radiation prodigieusement intense qui les traverse, ne peuvent arriver à une densité comparable à celle des parties supérieures de notre atmosphère; elles doivent être d'une rareté excessive. Il suit de là qu'elles subiraient d'une façon bien plus énergique l'action du choc d'un fluide matériel relativement immobile dans l'Espace; elles resteraient en arrière du Soleil, dont l'atmosphère, comme nous l'avons dit de celle de la Terre, se dissiperait peu à peu dans l'Espace. Mais il est un phénomène solaire sur lequel je dois particulièrement appeler l'attention du lecteur et dont la manifestation exclut encore bien plus la possibilité de la présence d'un fluide matériel dans l'Espace.

La surface externe du Soleil, on le sait, est loin d'être tranquille; elle est dans un état d'agitation et de changements continus; par suite des phénomènes de troubles intérieurs de la masse, il doit s'y produire des ondes immenses, auxquelles s'applique encore, et avec bien plus de justesse, ce que nous avons dit des ondes de notre sphère à ses limites supérieures. Mais l'un des phénomènes les plus frappants qui se présentent à la surface de l'Astre géant, ce sont les immenses gerbes de gaz qui sont lancées parfois à des hauteurs de plusieurs milliers de kilomètres et dont la matière ensuite retombe sur la surface, après s'être, à leur plus grande hauteur, épanouies sur une grande étendue. Il est clair que ces gerbes, en quittant l'Astre, possèdent la même vitesse de translation que lui. Elles se trouvent donc, par rapport à un gaz interstellaire immobile, dans les mêmes conditions que si, étant elles-mêmes immobiles, ce gaz soufflait contre elles avec leur vitesse propre. Celles qui, par suite du lieu où elles se forment sur le Soleil, font un angle droit avec la direction du mouvement de translation, seraient frappées par le gaz de telle sorte qu'elles perdraient de leur vitesse ou seraient même tout à fait arrêtées. Elles resteraient donc en arrière du Soleil. La matière qui les constitue se disperserait dans l'Espace.

Or, parmi le grand nombre de gerbes de ce genre qui ont été observées déjà, il n'y en a aucune qui ait pu même faire soupçonner l'existence du phénomène dont nous parlons, l'existence d'un ralentissement, dans un sens déterminé, de la matière qui forme ces étranges jets de gaz s'échappant de l'intérieur du Soleil. Cette remarque est des plus significatives; elle rend absolument insoutenable l'hypothèse de l'existence d'un milieu gazeux et matériel dans l'Espace.

CHAPITRE CINQUIÈME

Dans les Chapitres I, II et III nous avons étudié en détail les effets que produirait sur les Corps de notre système solaire un gaz interstellaire constituant un Tout dont les parties, si rares qu'elles seraient, se trouveraient dans un état de *solidarité réciproque*. Nous avons, de plus, admis que ce gaz interstellaire se trouve partout à l'état de repos relatif. Les conclusions auxquelles nous sommes arrivés ne laissent aucun doute dans l'esprit : un tel gaz n'existe pas, quelque peu dense qu'on veuille le concevoir.

Dans un ouvrage comme celui-ci, toutes les objections, si bizarres, si insoutenables qu'il puisse s'en trouver, doivent être examinées. La tendance presque générale des esprits, à notre époque, est de considérer, non seulement les gaz, mais encore les liquides et les solides, comme des collections d'atomes indépendants entre eux et groupés seulement par suite de mouvements propres à chacun d'eux. Bien que cette conception des choses, réellement absurde quant aux solides et aux liquides, ne puisse se soutenir que quant aux gaz et aux vapeurs, et que, pour ceux-ci mêmes, elle soit devenue inadmissible, comme je l'ai démontré dans plusieurs de mes travaux, nous devons encore une fois l'examiner sous une tout autre face. Nous pouvons supposer :

1° Que le gaz interstellaire, formé de parties solidaires ou indépendantes entre elles, tourne autour du Soleil comme centre, dans la même direction que les Planètes ;

2° Ou que, formé de parties indépendantes, il se trouve à l'état de repos relatif;

3° Ou enfin que, formé de parties indépendantes, celles-ci soient douées, en tous sens possibles, de mouvements rectilignes indéfiniment rapides.

Toutes ces suppositions ont été faites et ont été considérées comme valables pour l'explication de phénomènes cosmiques les plus divers. Nous devons donc leur donner notre attention et voir ce qu'elles renferment de plausible ou de faux. Notre tâche toutefois, au point où nous sommes parvenus, est devenue des plus faciles.

SECTION PREMIÈRE

HYPOTHÈSE
D'UN GAZ TOURNANT AUTOUR DU SOLEIL DANS LA MÊME DIRECTION QUE LES PLANÈTES.

---

§ I

GAZ SUPPOSÉ CONTINU.

Si nous concevons, non plus l'Espace interstellaire, mais l'Espace inter-planétaire comme rempli d'un gaz formant, en quelque sorte, corps avec le système solaire, et animé d'un même mouvement de rotation autour de l'Astre central, il est évident que nous abolissons d'un coup toute résistance de la part de ce milieu aux mouvements des Planètes; mais alors nous sommes obligés d'adjuger à cette masse gazeuse la forme d'un ellipsoïde de révolution, fortement aplati, dont le petit axe répond à l'axe moyen de rotation de tout le système planétaire ; nous sommes obligés d'isoler cette masse de tout l'ensemble du système stellaire, car, autrement, le frottement

continu du gaz contre les parties de celui qu'on voudrait supposer partout
répandu finirait par détruire le mouvement général. Mais, dès lors, il devient
évident aussi que cette masse de gaz ne peut plus nous servir à expliquer la
propagation de la lumière, de la chaleur, etc., d'un système stellaire à un
autre, et au nôtre en particulier. L'assimilation de ce qu'on a si longtemps
appelé l'Éther à un gaz très rare devient absolument impossible; et cette
conception d'un gaz interplanétaire devient absolument inutile.

Voyons cependant s'il n'y a pas d'autres raisons encore de rejeter cette
conception.

En tout premier lieu, nous reconnaissons aisément que le mouvement de
giration général, que nous adjugeons à la masse gazeuse, n'abolit que la
résistance de ce gaz aux mouvements des Planètes, mais nullement sa résistance aux mouvements des Comètes rétrogrades. Pour celles-ci, les vitesses
(contraires) du milieu et de la Comète s'ajoutent pour accroître la résistance.
Cela est manifeste quant aux Comètes à mouvement rétrograde ; mais cela
reste encore clair quant à celles à mouvement direct. L'orbite de certaines
Comètes étant extrêmement excentrique, ces Corps ne peuvent avoir, en
aucun point de leur course, la même vitesse que la masse gazeuse. Une
Comète dont la distance périhélie serait, par exemple, égale à celle de
Mercure, mais dont la distance aphélie serait le décuple, le centuple, aurait
au périhélie une vitesse considérablement supérieure à celle de cette Planète
et, par conséquent, du gaz interplanétaire; dès lors ce gaz opposerait une
résistance au mouvement de la Comète.

La présence d'un milieu gazeux comme celui dont nous parlons rendrait,
d'ailleurs, inexplicable aussi la projection si prodigieusement rapide de la
matière des queues cométaires. — Mais je passe à une objection bien plus
puissante.

Pour que le gaz interplanétaire n'oppose aucune résistance au mouvement des Planètes, il faut qu'il ait toujours et à toute distance du Soleil, la
même vitesse que chaque Planète, en particulier. Il faut, en un mot, que le
mouvement de chaque couche de gaz satisfasse à l'équation :

$$\omega^2 r = G \frac{R^2}{r^2};$$

d'où :

$$\omega = \frac{R}{r} \sqrt{\frac{G}{r}},$$

ω désignant la vitesse angulaire ; r la distance au Soleil et G l'attraction solaire à la distance R. Il résulte de là immédiatement que la vitesse linéaire de chaque couche gazeuse irait en diminuant, à partir du Soleil. Cette vitesse, en effet, aurait pour expression :

$$V = \omega r = R \sqrt{\frac{G}{r}};$$

c'est-à-dire qu'elle diminuerait en raison inverse des racines carrées des distances des couches au Soleil.

Toutes ces couches gazeuses *frotteraient* donc les unes sur les autres, du centre aux limites du système planétaire, et ce frottement, qui tendrait à niveler toutes les vitesses en une moyenne, finirait par *détruire* ces vitesses. Une production de chaleur serait le résultat de cette destruction du mouvement giratoire initial.

L'hypothèse énoncée comme titre de ce paragraphe est donc réellement insoutenable.

§ II

GAZ DISCONTINU EN REPOS OU TOURNANT AUTOUR DU SOLEIL.

Cette hypothèse ne changerait absolument rien aux résultats que nous avons obtenus en considérant le gaz interstellaire comme un Tout continu, excessivement rare, dont les parties seraient solidaires entre elles. La forme de l'équation :

$$\rho = \alpha s^m \delta V^2$$

exprimant la résistance du gaz serait autre, mais les résultats numériques auxquels conduirait l'équation nouvelle resteraient les mêmes. La cause de la résistance opposée par un gaz, continu ou discontinu, est la même. Cette résistance, en effet, naît de ce fait : que le mouvement du corps se communique plus ou moins complètement aux particules du gaz d'abord en repos. L'unique différence existant entre l'effet des deux espèces de gaz, c'est que pour le gaz discontinu, le mouvement se communique successivement à chaque molécule considérée isolément, tandis que pour le gaz continu, pour celui dont les atomes sont solidaires, le mouvement peut se communiquer à un grand nombre de molécules à la fois, par suite de leur dépendance.

Les considérations précédentes sont si naturelles et si claires, qu'il n'y a, je pense, pas lieu de s'y arrêter plus longtemps.

SECTION SECONDE

HYPOTHÈSE D'UN GAZ
INTERSTELLAIRE FORMÉ DE PARTIES INDÉPENDANTES ANIMÉES,
EN TOUTES DIRECTIONS POSSIBLES, DE VITESSES
PLUS OU MOINS GRANDES.

§ I

EXAMEN D'UNE EXPLICATION PROPOSÉE POUR LA GRAVITATION.

Contrairement à ce que nous avons pu nous permettre quant à l'hypothèse du paragraphe précédent, celle-ci mérite toute notre attention. Avec quelques modifications ou additions indispensables elle a été invoquée audacieusement comme une explication mécanique et, en quelque sorte, palpable, de la Gravitation universelle. A ce titre elle a marqué dans l'histoire des Sciences physiques et constitue bien certainement ce que l'esprit humain a pu enfanter de plus ambitieux, mais aussi de plus vain.

Bien que ce qui va suivre puisse, au premier abord, sembler une digression, c'est comme hypothèse explicative des phénomènes de la pesanteur que je vais commencer par l'examiner. J'ai déjà eu lieu de le faire dans plusieurs de mes travaux; je reprendrai la question à quelques points de vue nouveaux que je n'avais fait qu'effleurer.

Admettons que l'Espace soit sillonné, en toutes directions possibles, par des atomes matériels doués d'une élasticité parfaite, et animés d'une vitesse U que nous supposerons de suite très grande. Désignons par μ la masse de chacun de ces atomes.

Dans le milieu stellaire ainsi constitué, concevons un disque A, solide, indéfiniment résistant, imperméable aux atomes μ, et en repos. Par suite des percussions, en nombre *indéfiniment* grand, qu'il reçoit sur toute sa surface et sous tous les angles possibles, ce disque éprouvera une pression, dont la valeur numérique dépendra de celle des μ et de U; mais ce qui est visible, c'est que la pression sera égale sur les deux faces et que, par conséquent, le disque restera en repos.

Vis-à-vis ce disque, concevons-en un second B, absolument semblable et parallèle. Il est évident que ces deux disques vont se servir réciproquement d'écrans *protecteurs* contre les chocs de certains μ : chaque élément *ds* du disque A sera protégé contre les chocs des atomes arrivant à l'arrière de B et compris dans l'angle θ. Le disque B se trouvera absolument dans les mêmes conditions. La pression exercée sur les disques, par suite du choc des μ, sera donc moindre sur les deux faces en regard que sur les faces opposées. Nos deux disques *tendront* l'un vers l'autre; ils sembleront *s'attirer*. — L'angle θ est fonction de la distance D qui sépare les disques; la valeur de la *protection* exercée par un disque sur l'autre est donc fonction aussi de cette distance et il suffit d'un peu de réflexion pour reconnaître que cette protection, et, par suite, que *l'attraction apparente,* diminuent comme croît le carré de la distance. Nous avons, en un mot, la loi d'Attraction newtonienne :

$$a = \Lambda \frac{D_u^2}{D^2}.$$

A nos deux disques, nous pouvons, sans rien changer aux choses, substituer deux sphères égales, pourvu que nous fassions leur rayon très petit par rapport à la distance. Et à nos deux sphères, nous pourrons en substituer une infinité que nous supposerons très petites et initialement séparées par de très grands intervalles. Elles seront poussées les unes vers les autres par les atomes propulseurs μ et finiront par se joindre, *si* nulle autre raison n'intervient pour s'y opposer. En effaçant ce *si*, nous constituerons ce que nous appelons un corps, par l'agrégation d'une infinité d'atomes, matériels aussi, et primitivement en repos. En effaçant toujours ce *si*, nous parvenons à expliquer l'attraction apparente des corps ainsi constitués et séparés par telle distance qu'on voudra. — Mais l'abolition de ce *si* suppose une condition *sine qua non*, que l'aveuglement des systèmes et le désir d'expliquer d'une manière palpable ce qui est au-dessus de toute explication de cette nature ont seuls pu faire méconnaitre aux yeux d'hommes intelligents.

La seconde loi de Newton, parallèle à celle de l'attraction en raison inverse du carré des distances, nous dit que les corps s'attirent réciproquement en raison composée de leur masse. α étant un coefficient constant en tous les points possibles de l'Univers et M_0, M_1 deux masses séparées par la distance D, on a, en un mot, pour la valeur numérique de la tendance de M_0 vers M_1,

$$\alpha\, M_0\, M_1\, \frac{1}{D^2}.$$

Ce n'est donc point d'une action purement périphérique qu'il s'agit ici, comme, par exemple, dans ce qui se passe dans la répulsion des parties externes et gazeuses d'une Comète, servant à produire l'appendice caudal de l'Astre. Il s'agit d'une action intime, concernant chaque atome en particulier. Si l'Attraction newtonienne résulte de chocs invisibles, il faut que, dans le même moment, chaque atome d'un corps attiré par un autre reçoive un même nombre de chocs que s'il était absolument isolé dans l'Espace vis-à-vis du corps attirant. Mais alors, puisque les atomes de B protègent A contre les chocs des μ arrivant dans certaines directions, pourquoi ces mêmes atomes ne se protègent-ils pas réciproquement contre les mêmes μ allant vers A? — Pour spécifier, pourquoi l'atome a de B n'est-il pas protégé lui-même par tous les atomes placés en arrière, comment les μ passent-ils outre comme si ceux-ci n'existaient pas?

Toute l'explication matérielle et mécanique de la Gravitation universelle s'écroule devant cette objection et il est vraiment inconcevable qu'une interprétation aussi forcée ait pu avoir un instant crédit dans le domaine de la Science.

§ II

SUITE DE L'EXAMEN PRÉCÉDENT FAIT A UN POINT DE VUE NOUVEAU.

Rentrons dans notre sujet et voyons incidemment si cette interprétation ne tombe pas devant une autre objection plus puissante encore, s'il est possible.

Voyons quelle est l'action qu'auraient, sur un corps doué d'une vitesse constante V, les chocs de particules de masse μ douées d'une vitesse très grande U et parcourant l'Espace en toutes directions imaginables.

Au lieu d'un corps, supposons d'abord, encore une fois, une plaque mince, de surface (∂x), *imperméable* aux μ, se mouvant parallèlement à elle-même dans une direction normale à son propre plan. Nous pouvons diviser en trois catégories les atomes μ qui rencontrent le plan (∂x) sur ses deux faces :

1° En amont, les uns marchent vers la surface;

2° Les autres, au contraire, la *fuient ;*

3° Et, en aval, tous la *poursuivent.*

1° En amont, ceux de la première catégorie frapperont tous avec une vitesse relative qui a pour expression :

$$(U \sin \theta + V),$$

θ étant l'angle d'incidence. Ces atomes rebondiront avec une vitesse qui, dans le sens normal à la plaque, sera :

$$u_0 = (U \sin \theta + 2 V).$$

2° En amont aussi, parmi les atomes qui *fuient* la plaque, ceux-là seuls seront atteints qui auront une direction telle qu'on ait $V > U \sin \theta$. La percussion aura lieu avec une vitesse relative :

$$(- U \sin \theta + V);$$

ils rebondiront avec une vitesse absolue :

$$u_1 = (- U \sin \theta + 2 V).$$

3° Enfin les atomes de la troisième catégorie, qui, en aval, poursuivent la plaque, ne l'atteindront que si l'on a $U \sin \theta > V$. Leur vitesse de percussion sera donc :

$$(U \sin \theta - V);$$

et ils rebondiront avec une vitesse :

$$u_2 = (U \sin \theta - 2 V).$$

Il est bien entendu, je le répète, que c'est de la vitesse dans la direction normale au plan qu'il est question et non de la vitesse dans le sens même de la réflexion. Celle-ci a pour valeur :

$$u^2 = (\pm U \sin \theta + 2 V)^2 + U^2 \cos^2 \theta.$$

Mais alors c'est U^2 qu'il faut retrancher de la somme et non $U^2 \sin^2 \theta$. Le résultat final, comme de raison, n'est pas altéré de la sorte.

En désignant par μ la masse d'un atome, on a donc, pour la valeur de la force vive gagnée ou perdue par chacun, ou pour le travail perdu ou gagné par suite du mouvement du plan :

Première catégorie

$$\mu\,[(\mathrm{U}\sin\theta + 2\,\mathrm{V})^2 - \mathrm{U}^2\sin^2\theta];$$

Deuxième catégorie

$$\mu\,[(-\mathrm{U}\sin\theta + 2\,\mathrm{V})^2 - \mathrm{U}^2\sin^2\theta];$$

Troisième catégorie

$$\mu\,[(\mathrm{U}\sin\theta - 2\,\mathrm{V})^2 - \mathrm{U}^2\sin^2\theta].$$

Il semble à première vue que, pour avoir le travail dépensé pour le maintien de la vitesse V de la plaque, il nous suffise de faire convenablement la somme de ces trois genres de force vive. Ce serait là, pourtant, une grosse erreur : la pression exercée sur les deux faces de (δx), par suite des chocs, dépend, en effet, non seulement de l'intensité de chaque percussion, mais encore du nombre de percussions qui ont lieu dans l'unité de temps. Déterminons ce nombre.

Autour de (δx) (que nous avons fait extrêmement petit) concevons une nappe sphérique idéale dont le rayon soit 1.

Pour des atomes arrivant ou fuyant en une même direction, le nombre cherché serait visiblement (D étant la distance de deux atomes consécutifs) :

1° En amont

$$\frac{1}{\mathrm{D}}(\mathrm{U}\sin\theta + \mathrm{V});$$

2° En amont

$$\frac{1}{\mathrm{D}}(-\mathrm{U}\sin\theta + \mathrm{V}),$$

3° En aval

$$\frac{1}{\mathrm{D}}(\mathrm{U}\sin\theta - \mathrm{V}).$$

Mais nous avons admis que les atomes marchent en toutes directions imaginables (disons maintenant : *après leur percussion contre d'autres atomes*). Le nombre de ceux qui, suivant un même angle θ, s'approchent ou s'éloignent de (∂x) sera donc proportionnel à la surface d'une zone élémentaire tracée par l'extrémité du rayon incliné de θ.

En partant de là, nous avons pour le nombre réel de percussions :

Première catégorie

$$\frac{2\pi}{D}(U \sin\theta + V)\cos\theta \, d\theta;$$

Deuxième catégorie

$$\frac{2\pi}{D}(-U \sin\theta + V)\cos\theta \, d\theta;$$

Troisième catégorie

$$\frac{2\pi}{D}(U \sin\theta - V)\cos\theta \, d\theta;$$

et c'est par ces trois nombres que nous devons respectivement multiplier nos trois catégories de force vive ci-dessus. — Il vient ainsi :

Première catégorie

$$\frac{2\pi\mu(\partial x)}{D}\int [(U \sin\theta + 2V)^2 - U^2 \sin^2\theta](U \sin\theta + V)\cos\theta \, d\theta;$$

Deuxième catégorie

$$\frac{2\pi\mu(\partial x)}{D}\int [(-U \sin\theta + 2V)^2 - U^2 \sin^2\theta](-U \sin\theta + V)\cos\theta \, d\theta;$$

Troisième catégorie

$$\frac{2\pi\mu(\partial x)}{D}\int [(U \sin\theta - 2V)^2 - U^2 \sin^2\theta](U \sin\theta - V)\cos\theta \, d\theta.$$

Il est aisé de reconnaitre entre quelles limites nous devons prendre ces intégrales pour avoir la dépense de force vive opérée par suite du mouvement de notre plaque.

Nous disons que tous les atomes de la première catégorie peuvent frapper le plan en amont. La première intégrale doit donc être prise depuis $0°$ à $90°$ ou $\frac{1}{2}\pi$.

Les atomes en amont que *poursuit* la plaque ne peuvent être atteints que si $V > U \sin \theta$; la seconde intégrale doit donc être prise de 0 ou $\sin \theta = 0$ à $\sin \theta = \left(\frac{V}{U}\right)$.

Enfin les atomes qui *poursuivent* (∂x) ne l'atteignent qu'à partir de $U \sin \theta > V$. La troisième intégrale doit donc être prise de $\sin \theta = \left(\frac{V}{U}\right)$ à $\sin \theta = 1$.

Il vient ainsi, en achevant les calculs et réunissant en un seul terme A les divers facteurs constants :

Première catégorie

$$\int_0^{\frac{1}{2}\pi} A V (U \sin \theta + V)^2 \cos \theta \, d\theta = A V \left[\frac{1}{3} U^2 + U V + V^2\right];$$

Deuxième catégorie

$$\int_0^{\sin \theta = \left(\frac{V}{U}\right)} A V (- U \sin \theta + V)^2 \cos \theta \, d\theta = A V \left[\frac{1}{3} \left(\frac{V}{U}\right) V^2\right];$$

Troisième catégorie

$$\int_{\sin \theta = \left(\frac{V}{U}\right)}^{\sin \theta = 1} A V (U \sin \theta - V)^2 \cos \theta \, d\theta = A V \left[\frac{1}{3} U^2 - U V + V^2 - \frac{1}{3} \left(\frac{V}{U}\right) V^2\right].$$

En faisant la somme de ces trois valeurs, il vient pour le travail dépensé dans l'unité de temps par suite du mouvement de la surface :

$$F = \frac{1}{2}\left[2 A V \left(\frac{V}{U}\right) \left(U^2 + \frac{1}{3} V^2\right)\right]. \quad \ldots \ldots \ldots \quad \text{(XCI)}$$

D'où il résulte pour la valeur de la résistance qui naît du mouvement de (∂x) :

$$R = A \left(\frac{V}{U}\right)\left(U^2 + \frac{1}{3} V^2\right). \qquad \ldots \ldots \ldots \text{(XCII)}$$

Si, dans cette équation, on fait V très petit par rapport à U, le terme $\frac{1}{3}\left(\frac{V}{U}\right) V^2$ devient négligeable ; d'un autre côté, il est clair que la masse des μ et la surface du plan (∂x) se trouvent implicitement renfermées dans le coefficient A. A la place de A nous pouvons donc écrire B (∂x) μ ; et il vient ainsi :

$$R = B(\partial x)\,\mu\,U\,V. \qquad \ldots \ldots \ldots \ldots \text{(XCIII)}$$

Telle serait donc la résistance éprouvée par notre plan (∂x) *forcé* de se mouvoir avec une vitesse constante V dans notre milieu formé des μ en mouvement. Il est clair qu'au plan (∂x), nous pouvons maintenant substituer un corps, une Planète, par exemple, douée de la vitesse initiale V. Cette substitution, toutefois, conduit à des conséquences capitales quant à l'interprétation relative à la Gravitation universelle, que nous examinons ici. Nous devons les faire ressortir avec soin. Elles semblent avoir échappé à toutes les personnes, fort nombreuses de nos jours, qui ne veulent reconnaître au mouvement d'autre cause que le mouvement lui-même.

1° Nous avions admis que le plan (∂x) était, d'une façon ou d'une autre, forcé de se mouvoir avec la vitesse constante V. La Planète que nous substituons à ce plan ne se trouve plus dans les mêmes conditions, elle ne se meut que par suite d'une provision initiale de travail ayant pour expression :

$$\frac{P\,V^2}{2\,g},$$

par suite de la résistance R, ce travail tendra donc à s'épuiser et s'épuisera, en effet. La cause que nous avions imaginée pour expliquer la Gravitation universelle devient ainsi, en même temps, une cause de destruction de tous les mouvements. Les μ dirigés suivant le rayon vecteur, qui, par leurs chocs, poussent la Planète vers le Soleil, simulent l'Attraction ; mais ceux qui sont dirigés selon la tangente à la courbe décrite, diminuent, au contraire, le mouvement primitif. Ils détermineraient, sous une *forme nouvelle,* le phénomène que nous avons examiné sous toutes les formes dans ce travail. Ils détermineraient la chute de la Planète, disons, de toutes les Planètes, vers le Soleil.

2° Je dis, sous une forme nouvelle. La résistance R a, effectivement, un caractère tout à fait spécifique. Chaque atome d'un corps, chaque atome de la Planète étant sollicité vers le Soleil comme si tous les autres atomes n'existaient pas, il s'ensuit que la résistance R est absolument indépendante de la surface ; elle est la même pour chaque atome de la Planète, elle est proportionnelle à la masse ; et, par conséquent, la perturbation qu'elle détermine dans l'orbite de la Planète est absolument indépendante de la masse de celle-ci.

3° L'un des faits les mieux acquis, c'est que l'attraction est uniquement proportionnelle aux masses en regard, et n'est nullement dépendante de la nature des corps. Les expériences de BESSEL ne laissent aucun doute à cet égard. L'espace apparent qu'occupent les corps, leur volume spécifique, leur densité n'entre pour absolument rien dans leur attraction réciproque. Si la densité du Soleil, par exemple, était un million de fois supérieure à ce qu'elle est, et si, par suite, la masse restant la même, le diamètre, au lieu d'être 108,558 fois celui de la Terre, était réduit à $108{,}558 : \sqrt{1000000} = 1{,}08558$, il n'y aurait rien de changé à l'intensité de l'attraction solaire et, par conséquent, dans l'hypothèse que nous examinons, il n'y aurait rien de changé au nombre de percussions des μ arrivant dans la direction du rayon vecteur, contre lesquelles les atomes du Soleil protègent les atomes de la Terre ou de toute autre Planète.

Il suit de là qu'on est obligé de regarder comme infini le nombre des μ qui, dans l'unité de temps, passent en toutes directions, par chaque point géométrique de l'Espace.

Si nous désignons par N_0 le nombre de percussions que reçoit, dans l'unité de temps, chaque atome de la Terre dans la direction du Soleil à la Terre, et par N_1 celui des percussions qu'il reçoit dans la direction de la Terre au Soleil, la différence $(N_0 — N_1)$ exprimera le nombre de percussions contre lesquelles le protègent tous les atomes du Soleil. La tendance totale de la Terre vers le Soleil aura donc pour expression :

$$\varphi = \alpha\,\mu\,U^2\,(N_0 — N_1),$$

α étant un terme qui dépend du nombre total des atomes des deux sphères en regard.

L'Attraction newtonienne est, en général, appelée *une force très faible*. Dans l'expérience, justement célèbre, de CAVENDISH, il a fallu recourir à deux sphères de plomb très considérables et à un pendule de l'espèce la plus délicate, pour démontrer que la Matière attire effectivement la Matière. En partant de l'équation précédente, ce fait peut s'expliquer de diverses façons, à ce qu'il pourrait sembler à première vue ; en réalité, ce nombre d'explications est fort limité.

En premier lieu, l'arbitraire n'existe pas quant à la valeur à assigner à U. LAPLACE, sans partir d'aucune hypothèse, a démontré que si *ce qui fait tendre* deux corps l'un vers l'autre a une vitesse de propagation et n'agit pas partout simultanément, cette vitesse est du moins de plusieurs millions de fois supérieure à celle de la lumière. Ce résultat peut être considéré comme l'un des plus beaux que la Science doive au génie de LAPLACE, et, qu'il me soit permis de l'ajouter en passant, comme l'un de ceux qui montrent le mieux la haute impartialité des chercheurs de la fin du siècle dernier. Pour tout esprit non prévenu et non imbu d'un système arrêté, cette affirmation de LAPLACE, en effet, signifie que l'Attraction universelle *n'a pas de vitesse de propagation*, que sa cause se trouve partout simultanément entre les parties disjointes de la Matière, et que, par conséquent, elle ne peut être attribuée à un mouvement de la Matière. Il n'est pas besoin de grands efforts d'esprit pour reconnaître combien une telle conséquence est en opposition avec toutes les théories matérialistes possibles, et ainsi en opposition avec les idées qu'on prête ordinairement à LAPLACE.

En second lieu, U étant désormais, en quelque sorte, indéfiniment grand, nous sommes obligés de faire α et μ indéfiniment petit, puisque, si faible qu'on veuille l'appeler, l'attraction a une valeur finie. Mais ici encore l'arbitraire est moins grand qu'il ne semble. Dans la théorie que nous examinons, on admet forcément que les atomes μ sont absolument de même espèce que les atomes des corps qui tombent sous nos sens. Il ne peut y avoir de différence que la vitesse colossale que posséderaient les uns et dont seraient temporairement dénués les autres. La valeur de N_0 dépend visiblement et de U et de la valeur que nous attribuons à la distance moyenne qui sépare les μ. Il n'en est pas de même de la valeur de N_1. Celle-ci dépend uniquement de la surface protectrice des atomes du Soleil, par exemple, qui empêchent les μ d'aller en ligne droite frapper les atomes de telle ou telle Planète. Plus nous diminuons cette surface, et, par suite, le volume atomique, plus nous sommes obligés de supposer grand le nombre des μ, puisque pour satisfaire aux conditions physiques du problème, il faut toujours que chaque point géométrique de l'Espace soit à chaque instant traversé par les μ. En un mot, et quoi qu'on imagine, le produit $\alpha\mu$ reste toujours un nombre fini notable. Mais ce que nous disons de l'équation exprimant la grandeur de l'Attraction newtonienne, s'applique à bien plus forte raison à l'équation exprimant la résistance tangentielle qu'oppose le milieu des μ au mouvement des Corps célestes. Alors, le nombre de percussions que reçoit chaque atome, en amont et en aval, devient une fonction directe de U, et nous devons écrire :

$$R = \alpha' \mu \, U V (\beta U);$$

d'où il résulte simplement :

$$R = \gamma \mu \, V U^2;$$

et, quelque petit que nous fassions les μ, le produit complet exprimant R garde nécessairement une valeur finie considérable. En d'autres termes, la résistance éprouvée par les Planètes, les Satellites, les Comètes, par suite des chocs des atomes propulseurs, aurait des résultats qui ne pourraient échapper à l'observation. Lorsque nous discutions l'existence d'un gaz interstellaire, on pouvait, à plaisir, diminuer la densité de ce milieu de façon à amoindrir son action perturbatrice. Il n'en est plus du tout de même quant au milieu constitué par les μ animés de la vitesse indéfinie U. Ce qu'il nous plaît d'enlever à chaque masse isolée μ, nous sommes obligés de le compenser par le nombre de ces μ, et la résistance, en dernière analyse, reste, comme l'intensité de l'attraction, un nombre fini appréciable.

Nous avions admis que les μ se meuvent en toutes directions dans l'Espace, en suivant toujours des *lignes droites indéfiniment longues*. Je n'ai pas besoin de faire remarquer que rien n'est changé à la question, si l'on admet que ces μ se heurtent à tous instants entre eux, de telle sorte que chacun éprouve des mouvements de va-et-vient continus, en se réfléchissant sur les autres; tous les raisonnements que nous avons faits, quant à l'action de tels atomes sur les atomes des corps, restent intacts et corrects. Qu'on modifie comme on voudra la forme de l'hypothèse considérée dans ses détails, rien, en un mot, n'est altéré dans les résultats finaux de notre analyse. Il en découle toujours que la cause de l'Attraction universelle, lorsqu'on la rapporte à des mouvements de la Matière pondérable, devient, en même temps, une cause d'altération et de destruction finale des mouvements des Corps célestes. Cette interprétation, déjà absolument insoutenable en elle-même, le devient encore sous une face nouvelle et inattendue, à laquelle personne jusqu'ici n'avait prêté attention.

En dehors de toute interprétation relative à la cause de la pesanteur, ou de l'attraction de la Matière par la Matière, nous reconnaissons sous une face nouvelle qu'il n'existe dans l'Espace céleste aucune trace de Matière continue ou discontinue, en repos ou en mouvement.

CHAPITRE SIXIÈME

DE L'AVENIR PROBABLE DE NOTRE SOLEIL ET DES AUTRES ÉTOILES.

Des conclusions de la plus haute importance découlent de l'ensemble de
l'analyse présentée dans les chapitres qui précèdent. L'étude approfondie
des mouvements des Planètes, des Satellites, des Comètes, l'étude des
phénomènes physiques et mécaniques, que nous observons sur ces Corps,
nous démontrent que l'Espace interstellaire *n'est plus aujourd'hui* un milieu
matériel diffus, formé d'atomes indépendants, en repos ou en mouvement,
ou d'atomes solidaires entre eux, en repos ou en mouvement; ou du moins,
pour nous exprimer sous une forme plus réservée, que s'il reste dans
l'Espace de la matière diffuse et autrement qu'à l'état *sporadique* (Aérolithes,
Étoiles filantes, Nuées cosmiques), cette matière, par sa quantité et moins
encore par sa qualité, ne saurait rendre compte du plus minime des
phénomènes dynamiques qui établissent les relations des Astres entre eux.

Ni l'Attraction newtonienne ou la Gravitation universelle, qui rend les
Astres dépendants les uns des autres, et qui réunit en corps leurs parties
matérielles, ni les radiations lumineuses ou calorifiques, ni les actions
magnétiques (perturbations de nos boussoles relevant de leurs rapports
avec les taches solaires, par exemple) ne peuvent plus être, à aucun titre,
attribuées à des mouvements de l'atome matériel.

Ainsi que je l'ai montré longuement dans l'Introduction, l'ancien Éther
de la Physique doit recevoir une dénomination tout autre, qui évite désormais les méprises, les malentendus et finalement les erreurs où l'on est
tombé tant de fois, quand on recourait à cette dénomination. En principe,

on en faisait, en effet, d'abord, un milieu absolument autre que la Matière, un milieu élastique dans ses subdivisions infinitésimales; puis peu à peu, et pour l'approprier à l'Analyse mathématique, on en faisait un gaz extrêmement rare; et puis enfin, comme en vertu de la théorie cinétique, les gaz ne sont que des atomes matériels indépendants les uns des autres et en mouvement, l'Éther aussi devenait, à son tour, un assemblage d'atomes matériels indépendants et capables de mouvements extrêmement rapides : il devenait ce qui, pour vrai, n'a jamais été admissible même pour les gaz. — Personne, sans doute, ne s'étonnera si je m'exprime d'une façon aussi catégorique sur ce dernier sujet. Parmi les arguments nombreux que, dans mes derniers travaux, j'ai opposés à la cinétique des gaz et que, je le dis très haut, personne n'a su réfuter correctement, il s'en trouve un qui tombe, en quelque sorte, sous le sens et qui a le caractère d'un axiome ou d'une vérité évidente par elle-même. Dans un milieu formé de parties matérielles indépendantes les unes des autres et séparées par des intervalles *vides* sensibles, la propagation des ondes sonores, lumineuses ou calorifiques serait forcément une fonction de la vitesse d'impulsion et cesserait d'être une constante, ce qui est absolument contraire aux faits.

L'analyse attentive des phénomènes, disons-nous, démontre qu'*il ne reste plus de quantités sensibles de matière diffuse* dans l'Espace et que, par conséquent, le milieu interstellaire est d'une nature absolument autre que la Matière, dite pondérable. J'ai montré, comme il convient, dans l'Introduction les conséquences d'une pareille constatation. On peut le dire sans exagération, elle change la face de la Physique générale. Dans ce dernier chapitre, je vais encore me tenir exclusivement sur le terrain de la Physique et de l'Analyse mathématique. Le sujet que nous avons à examiner nous est tout indiqué par les mots en italiques et c'est certainement un des plus beaux et des plus importants qui puisse s'offrir à nous : *Il ne reste plus de matière diffuse.....* Il s'en trouvait donc autrefois et cette épuration de l'Espace a été l'œuvre du temps. Nous avons à chercher si cette œuvre ne se continue pas, sous une autre forme; si le temps, après avoir isolé la Matière en masses distinctes dans l'Espace, ne finira pas par éteindre les manifestations de l'Élément dynamique partout répandu, la lumière, la chaleur, les phénomènes magnétiques, électriques, qui donnent presque l'animation au Monde inanimé lui-même, au Monde physique. C'est l'idée prédominante aujourd'hui. Nous devons chercher dans quelles limites elle est fondée et si elle ne dérive pas bien plutôt d'une conception systématique que de la discussion des faits.

Les subdivisions de notre exposé, que j'ai déjà esquissé sous forme élémentaire dans l'Introduction, sont tellement naturelles, qu'il est tout inutile de les indiquer à l'avance.

§ I

TEMPÉRATURE DE L'ESPACE.

Le problème de la définition et de la détermination de la température de l'Espace est à ranger parmi les plus importants et, en même temps, les plus délicats qui se puissent présenter en Cosmogonie.

Les physiciens, en général, ont toujours plutôt senti que défini ce que c'est que la température. Ainsi que je l'ai montré depuis longtemps, on peut dire très justement que la température est *l'intensité de la Force calorique dans les corps.* La température d'un corps correspond à ce que l'on peut nommer la *température électrique* d'un corps chargé d'électricité statique, à ce que l'on appelait très expressivement la *tension* de l'électricité statique ; terme auquel on substitue aujourd'hui le mot potentiel, dont l'origine est toute mathématique et dont, pour vrai, peu de personnes comprennent le vrai sens. La température d'un corps peut encore se comparer de loin à ce que nous appelons la tension d'une vapeur ou d'un gaz. La comparaison est exacte en ce sens que c'est précisément de l'intensité de la Force calorique dans un gaz que relève cette tension ; il existe toutefois, comme je vais le montrer, une différence capitale entre ces deux espèces de tensions.

L'intensité de la Force calorique, la température, tend toujours à s'égaliser partout ; et elle ne peut, *spontanément,* que s'égaliser ; elle ne peut pas diminuer en un corps pour s'élever en un autre plus chaud, sans une compensation ou sans un travail mécanique. C'est CLAUSIUS qui le premier a posé nettement ce principe et qui en a montré toutes les conséquences.

Il résulte de ce qui précède que chaque température a, en quelque sorte, un caractère spécifique. Il existe, par conséquent, entre les températures et ce que nous appelons quantités de chaleur une différence radicale, sur laquelle on n'insiste pas assez en Physique. Deux corps, l'un à 100 degrés, l'autre à 50, peuvent représenter les mêmes *quantités* de chaleur, mais la puissance thermique du premier est autre et plus grande que celle du second.

Nous disons que la température, que l'intensité de la Force calorique tend toujours et partout à s'égaliser. Cet équilibre peut s'établir de deux façons différentes entre deux corps : par contact direct *apparent ;* par radiation à travers un espace, soit vide de matière, soit rempli d'un autre corps diathermane. C'est l'examen de ce dernier mode qui fait le mieux ressortir le caractère spécifique de la température. — Il résulte d'abord de la définition même de la température, disons bien plutôt, il résulte des faits que le vide (*de matière*) ne peut avoir de température proprement dite. Un thermomètre que nous suspendons dans un ballon vide, nous donne la température des parois du ballon ; il marque 0° ou 100°, si le ballon est plongé dans de la glace ou de l'eau bouillante. Si, les parois étant à 0°, nous exposons le ballon, supposé de verre ou de cristal bien pur et propre, aux rayons solaires, nous voyons le liquide du thermomètre monter immédiatement, sans que le verre ou le cristal lui-même s'échauffent sensiblement. L'espace vide du ballon n'a donc d'autre température que celle que représente la radiation qui le traverse ; dès que cette radiation cesse, le thermomètre revient à la température que représente la radiation des parois du ballon. Ce que nous disons du vide, *artificiel, imparfait*, d'un ballon de verre, s'applique rigoureusement au vide (*de matière*) interstellaire. Mais avant d'aborder la question de ce côté, d'autres considérations sont nécessaires pour nous guider.

L'intensité de la lumière émanant d'un foyer limité est soumise à la loi

bien connue de la raison inverse des carrés des distances. On pourrait être
porté à conclure de là, et beaucoup de physiciens l'ont conclu en effet, que
la radiation calorifique suit, sans aucune *modification*, la même loi ; que
l'intensité, que la température que représente un rayon calorifique diminue
aussi comme croit le carré de la distance. Ce serait là cependant une conclusion tout à fait fautive. Ce qui diminue, et uniquement, c'est la *quantité*
de la chaleur reçue par unité de temps par une surface donnée, que l'on
éloigne successivement d'un foyer de chaleur. Si, par exemple, nous supposons un foyer calorifique, limité et défini, placé au centre d'une sphère
creuse et vide dont nous faisons croître le rayon, il est visible que la *quantité*
de chaleur et de lumière reçue dans l'unité de temps par unité de surface de
la sphère diminuera comme croit le carré du rayon, puisque la surface
interne de la sphère croit elle-même comme ce carré. Mais cette diminution
de *quantité* de chaleur n'implique en rien une diminution de la *température*
que représentent virtuellement les rayons calorifiques. Cette température, au
contraire, reste inaltérée, quelles que soient les distances au foyer, et elle ne
dépend absolument que de la température propre du foyer lui-même. Ce
fait, qu'on ne saurait trop mettre en relief et qu'au contraire on ne signale
que rarement dans les traités élémentaires de Physique, ce fait est capital et
établit nettement la différence qui existe entre deux quantités égales de
chaleur prises à deux températures différentes. Il nous montre aussi très
nettement la différence qui existe, même comme simple comparaison, entre
l'intensité de la Force calorique, entre la température, et ce que nous nommons la tension d'un gaz. Si nous laissons un volume d'hydrogène, par
exemple, à la pression 1 passer brusquement, *et sans rendre aucun travail
externe*, d'un volume 1 à un volume 10, la tension du gaz tombe de 1 à $^1/_{10}$;
et nous ne pouvons plus par aucun moyen imaginable ramener le gaz à sa
pression et à son volume primitifs, sans dépenser du travail. La dispersion, ici
spontanée, des atomes d'un gaz modifie donc d'une façon indélébile la tension
du fluide, tandis que la dispersion des rayons calorifiques ne modifie en rien
la température qu'ils représentent. Ainsi que je l'ai dit plus haut, toute
comparaison cesse à ce point de vue entre l'intensité de la Force calorique,
entre la grandeur de la température, et la tension d'un gaz ou d'une vapeur.

Le fait que je signale, et sur lequel j'insiste à dessein, semble étrange au premier abord. Il en découle, en effet, que la température des rayons solaires, par exemple, est absolument indépendante de la distance au Soleil, qu'elle est aussi grande sur Neptune que sur la Terre, que sur Mercure, qu'elle répond partout à la température même du Soleil et, par conséquent, à des millions de degrés aujourd'hui encore, peut-être. Si un corps que nous exposons aux rayons solaires concentrés par un miroir concave ou par une lentille convexe s'échauffe si prodigieusement, c'est parce qu'il reçoit une quantité de chaleur beaucoup plus grande dans l'unité de temps, et non pas du tout parce que la concentration augmente la température des rayons solaires. Un thermomètre que nous exposons au Soleil finirait, si nous pouvions, par impossible, l'empêcher de perdre aucune trace de chaleur, par nous donner rigoureusement la température solaire; la concentration des rayons à l'aide d'une lentille ne ferait qu'accélérer la marche de l'instrument. — Ce fait, disons-le encore une fois, semble baroque, absurde même à première vue. C'est pourtant bien le contraire qui serait étrange, qui serait, disons-le aussi, impossible. CLAUSIUS a démontré mathématiquement, et c'est un de ses plus beaux titres, que la chaleur rayonnante ne peut être relevée en température par concentration; qu'avec tous les rayons réunis d'un corps à 100 degrés, nous ne pouvons obtenir que 100 degrés. Pour vrai, le fait ainsi mis en relief par CLAUSIUS eût depuis longtemps dû paraître évident à tous les physiciens. Si les rayons calorifiques, en se dispersant, perdaient en virtualité leur température, il est clair qu'ils en gagneraient aussi par la concentration. Il résulterait de là ce fait certainement plus que bizarre et qui eût en tous cas été constaté depuis longtemps expérimentalement : c'est qu'au centre d'une sphère creuse de glace, la température, par suite de la concentration des rayons des parois, devrait s'élever *au-dessus de zéro*, et d'autant plus que le rayon de la sphère serait plus grand, puisque la surface rayonnante croît comme le carré de ce rayon; qu'au centre d'une telle sphère suffisamment grande, nous devrions pouvoir fondre le platine! Est-il nécessaire de dire qu'au centre, tout comme partout ailleurs dans cette sphère, un thermomètre ne marquerait que zéro? Un physicien qui trouverait le contraire serait certainement stupéfié.

Avec les principes et avec les données que je viens de développer, nous pouvons aisément aborder la grande question qui forme l'objet de ce paragraphe.

L'Espace interstellaire, étant vide de matière pondérable à l'état diffus, ne peut avoir de température proprement dite. Un thermomètre formé d'un liquide ou d'un gaz, par impossible non congelable, ne s'y élèverait au-dessus du zéro absolu (273° au-dessous de notre zéro centigrade) qu'en vertu de la radiation des Soleils, en nombre infini, répandus dans l'Espace. — Mais quelle est la valeur de cette radiation ?

Un premier point est à élucider.

La quantité de lumière et de chaleur qui frappe une surface donnée est, disons-nous, proportionnelle à la raison inverse du carré de la distance de cette surface au foyer lumineux et calorifique. La lumière et la chaleur rayonnante du Soleil et des Étoiles doivent suivre cette loi comme celles qui partent de toute autre source. Quelques astronomes ont avancé que la lumière des Étoiles diminue plus rapidement que suivant cette loi et en ont conclu qu'il existe un gaz interstellaire absorbant une faible partie des rayons envoyés par les Étoiles.

Il n'est pas difficile de reconnaître que cette assertion est sans fondement. Pour résoudre, même seulement par approximation, un pareil problème, il faudrait connaître : 1° la distance des Étoiles; 2° leur grandeur ; 3° leur intensité lumineuse et calorifique. Or, nous ne connaissons absolument aucun de ces éléments. Comme l'absence de tout gaz, de toute matière diffuse dans l'Espace stellaire nous est maintenant démontrée, nous pouvons affirmer de plein droit que nulle trace de lumière ni de chaleur ne peut être arrêtée en route, quelle que soit la distance qui nous sépare d'une Étoile. J'ajoute que, s'il existait un milieu capable d'absorber la plus faible trace de lumière, ce milieu aussi *réfracterait* la lumière, en changerait la direction, partout où sa densité serait autre, partout où il se déplacerait, si peu que ce puisse être : les Étoiles changeraient par suite de position les unes par rapport aux autres. Or, d'une part, il est inadmissible que la densité d'un milieu capable d'agir de la sorte soit la même partout; d'autre part, nous n'apercevons cependant aucun déplacement quelconque de cette nature. Nous sommes donc par une autre voie amenés à rejeter encore une fois l'existence d'un milieu qui puisse absorber ou réfracter la lumière des Étoiles.

La lumière de l'Étoile la plus rapprochée de nous met près de trois ans à nous arriver. Ceci nous donne, pour sa distance, environ deux cent mille fois celle de la Terre au Soleil. Si l'on suppose cette Étoile semblable à notre Soleil en éclat et en température, la chaleur qu'en reçoit, dans l'unité de temps, une même surface est réduite, par conséquent, à 1 divisé par le carré de deux cent mille, soit par quarante milliards; en d'autres termes, elle est réduite de 40 000 000 000 à 1.

La température que représente la chaleur rayonnante est la même que celle de l'Étoile et ne peut diminuer graduellement qu'avec elle. Un thermomètre que, ce qui est rigoureusement impossible, nous protégerions contre toute perte par rayonnement finirait par atteindre cette température-limite. Mais si, exposé à notre Soleil, il lui faut, par exemple, une seconde pour monter d'un degré dans les premiers moments, il lui faudra quarante milliards de secondes pour monter d'un degré sous la radiation de l'Étoile; il lui faudra 1267 années! On voit que la chaleur ainsi reçue est, en quelque sorte, infiniment petite. Dans la réalité, et s'il n'existait d'autre Astre envoyant de la chaleur à notre thermomètre, la température marquée par l'instrument ne s'élèverait que d'une fraction de degré imperceptible au-dessus du zéro absolu.

Passons davantage encore à la réalité. Le nombre des Étoiles est probablement illimité. On pourrait donc croire que l'ensemble des Étoiles, par rapport au thermomètre placé dans l'Espace à équidistance des plus rapprochées, doit former une surface radiante continue, et que, par conséquent, la chaleur reçue à chaque instant par l'instrument pourrait être très considérable. Cette supposition qui, si je ne me trompe, a été proposée en effet, est fautive au point de vue de la Métaphysique ou plutôt de la Philosophie mathématique tout comme à celui de la Physique et des faits purs et simples.

En tout premier lieu, les Étoiles, qui nous semblent toutes placées sur une même nappe sphérique, ne nous présentent cet aspect que par un effet de perspective et parce que nous ne pouvons pas juger de leur position relative réelle. Deux Étoiles qui nous semblent tout à fait voisines peuvent être aussi éloignées l'une de l'autre que la plus proche l'est de nous : l'une se trouvant, pour fixer les idées, à 100 000 000 000 de fois la distance de la Terre au Soleil, l'autre peut se trouver *en arrière* d'elle à mille et mille fois cette distance. Nous ne pouvons donc, sans commettre une erreur très grave de Mathématiques, considérer les Étoiles comme formant, en quelque sorte, les éléments différentiels d'une nappe sphérique continue. Nous ne pouvons comparer leur ensemble à une intégrale réelle. Cette remarque demeure correcte et garde sa force, bien que les Étoiles ne soient pas des points géométriques proprement dits, bien qu'elles ne le soient que pour nous, par suite de la faiblesse de nos instruments d'amplification, bien qu'en un mot, elles aient une ouverture angulaire réelle, si petite qu'elle soit.

Pour nous résumer, disons que, quoique l'on puisse supposer illimité le nombre des Étoiles, leur ensemble a aussi l'Espace infini pour contenant et qu'il peut et doit exister entre elles des espaces immenses qu'un rayon de lumière et de chaleur peut traverser en ligne droite sans rencontrer aucun Astre ; que, de plus, ces espaces, projetés sur une nappe sphérique dont nous occupons le centre, peuvent être comme infinis en surface, par rapport à chaque Étoile, en particulier. L'étendue de l'espace vers laquelle notre thermomètre peut rayonner sans rien recevoir en échange, peut, en un mot, être immense par rapport à l'étendue occupée pour lui par toutes les Étoiles. En raison de l'immensité des distances qui le séparent des Étoiles les plus rapprochées, ce thermomètre peut perdre par radiation des quantités de chaleur telles que sa température ne s'élève que fort peu au-dessus du zéro absolu.

Si maintenant nous nous plaçons au point de vue de la Physique et des faits les plus élémentaires, nous reconnaissons promptement que ce qui précède est parfaitement correct et conforme à la réalité des choses.

Quelque limpide que soit l'atmosphère, les nuits où nous ne sommes éclairés que par les Étoiles sont d'une obscurité presque complète par rapport à celles où nous sommes éclairés par la pleine lune. Lorsque le ciel est couvert de nuages, ou par un brouillard même médiocrement épais, les nuits sans lune sont parfaitement noires pour les meilleures vues ; tandis que la pleine lune nous donne alors encore une lueur très sensible.

La totalité de lumière et de chaleur rayonnante envoyée par les Étoiles en un point quelconque de notre Terre est donc incomparablement plus petite que celle que nous envoie dans le même temps notre Satellite. D'autre part, on sait qu'il a fallu à MELLONI un instrument d'une sensibilité sans pareille pour constater que la Lune nous envoie réellement de la chaleur. En ce qui concerne la lumière de la Lune, on sait aussi que son éclat est à peine le trois-cent-millième de celui du Soleil. La lumière et la chaleur rayonnante envoyées par la Lune étant des grandeurs excessivement petites par rapport à celles que nous envoie le Soleil, et la totalité de la lumière et de la chaleur envoyées par les Étoiles étant elles-mêmes, en quantité, extrêmement petites par rapport à ce que nous réfléchit la Lune, nous pouvons conclure que, considérées en elles-mêmes, la lumière et la chaleur rayonnante des Étoiles sont, en quantité, des infiniment petits par rapport à la chaleur et à la lumière solaires.

Un thermomètre placé librement dans l'Espace à équidistance des Étoiles les plus rapprochées de lui, marquerait, par conséquent, une température qui ne s'élèverait que d'une faible fraction de degrés au-dessus du zéro absolu, soit $273°$ au-dessous du point de la glace fondante.

Cette conclusion qui, si j'ai su m'exprimer clairement, aura presque le caractère de l'évidence pour le lecteur, est en contradiction avec les assertions présentées, il y a un bon nombre d'années déjà, par POUILLET. Notre grand physicien, à la suite d'expériences des plus originales d'ailleurs, et j'ajoute des mieux conduites, avait affirmé que la température de l'Espace est probablement de $142°$ degrés au-dessous de notre zéro, et qu'en tout cas, elle ne peut être inférieure à — $172°$. Quelque admiration qu'on doive aux expériences entreprises pour la première fois par POUILLET, on ne peut s'empêcher de convenir qu'il a tenté en ce sens l'impossible.

Pour parvenir à déterminer la température à laquelle s'abaisserait un thermomètre placé à la surface de la Terre et rayonnant librement vers l'Espace stellaire, il faudrait pouvoir, ou supprimer la couche aérienne qui le recouvre, ou déterminer par un calcul digne de confiance l'effet produit réellement par cette couche. Or, comme l'a fort bien montré M. LANGLEY, l'un et l'autre sont, pour le moment, absolument impossibles et le resteront probablement toujours. Quand bien même nous parviendrions à établir nos instruments d'observation à sept ou huit mille mètres de hauteur, ce qui est déjà en dehors de nos moyens, l'action de la couche d'air encore superposée resterait toujours un facteur des plus difficiles à déterminer. Mais je vais montrer par une tout autre voie, sans objection possible, que le nombre de POUILLET ne peut plus être regardé comme répondant à la vérité.

A l'époque où POUILLET a fait ses belles expériences, la Thermodynamique n'était pas née ; les magnifiques lois de la Dynamique des gaz étaient encore absolument inconnues. Si l'on avait demandé aux physiciens ce qu'il adviendrait dans le cas où, avec un *immense râble*, on mêlerait les couches inférieures de l'atmosphère aux couches supérieures, et inversement, les neuf-dixièmes d'entre eux certainement eussent répondu que cette opération mécanique aurait pour résultat immédiat *l'égalisation parfaite* des températures des couches inférieures et des couches supérieures. Or, ceci n'aurait nullement lieu en réalité. Un gaz qui, sans recevoir de chaleur du dehors, passe d'une pression à une autre plus faible, en donnant du travail mécanique, se *refroidit*. Ce refroidissement est exprimé par la loi bien connue :

$$T = T_0 \left(\frac{p}{p_0} \right)^{\gamma},$$

dans laquelle, pour l'air atmosphérique sec, l'exposant a pour valeur $\gamma = 0,2908$; T étant la température absolue, c'est-à-dire la température en degrés centigrades au-dessus du zéro absolu. Si nous supposons que les couches d'air à la surface du sol soient à $+ 30°$, ou, en température absolue, à $(273° + 30°) = 303°$, et que, par un mouvement imprimé à la masse, ces couches montent à une hauteur où leur pression n'est plus que $0^m,0076$, au lieu de $0^m,76$, l'équation ci-dessus nous apprend que la température baissera de $303°$ à $79°$; en d'autres termes, elle tombera de $+ 30°$ à $(273° — 79°) = — 194°$. Dans la réalité, nous n'avons nullement besoin d'invoquer l'intervention d'un râble gigantesque pour provoquer ces mélanges d'air des couches inférieures avec les couches supérieures et réciproquement. Par suite de l'agitation continue de notre atmosphère, ces mélanges s'opèrent sans cesse avec plus ou moins de rapidité. On voit que bien loin de produire une égalisation de température, ils déterminent, au contraire, un abaissement considérable pour les couches ascendantes, et, par conséquent, un échauffement tout aussi considérable pour les couches descendantes. On voit que la température de chaque couche est une fonction du rapport de la pression initiale à la pression finale, et, par suite, une fonction de la hauteur. On voit, enfin, que même dans les localités où la température de l'air est actuellement fort élevée au-dessus de notre zéro, le transport de l'air des parties inférieures aux parties supérieures détermine la production d'une température bien inférieure à celle que POUILLET considérait comme une limite. Mais allons plus loin; nous trouverons des résultats plus remarquables encore.

Dans ces dernières années M. FAYE a montré, sous la forme la plus frappante, qu'il faut chercher en *haut* et non à la surface de la Terre, la cause des phénomènes météorologiques les plus intenses : cyclones, orages, grêle..... Arrêtons-nous à ce dernier phénomène. D'après M. FAYE, la congélation si rapide de l'eau dans les nuages orageux serait due à ce que l'air froid des régions tout à fait élevées de l'atmosphère est amené par un tourbillon dans les couches inférieures et provoque ainsi l'abaissement de température nécessaire pour la congélation. Comme jusqu'ici personne n'a présenté d'explication admissible quant au phénomène de la grêle, et comme, au contraire, l'interprétation de M. FAYE est parfaitement rationnelle, nous pouvons dire que si elle n'est pas *toujours* applicable, elle l'est du moins dans un très grand nombre de cas (1). Voyons ce qui en découle.

---

(1) Les calculs donnés dans le texte se rapportent à la détente de l'air sec. La présence de la vapeur d'eau modifie notablement les résultats ; beaucoup plus toutefois en ce qui concerne la détente qu'en ce qui concerne la compression. Pendant la détente, en effet, une portion de la vapeur se condense et produit un trouble visible dans le gaz atmosphérique. Le froid produit est, dès lors, moins considérable. Pendant la compression, au contraire, comme l'air s'échauffe, la vapeur d'eau qui s'y trouve reste gazeuse et se surchauffe. Les raisonnements présentés par M. FAYE restent donc tout à fait corrects et les calculs qui les concernent, dans le texte, sont plus que suffisamment exacts. — Dans les

Nous avons vu que de l'air qui se détend de $0^m,76$ à $0^m,0076$ de pression tombe de 303° à 79°, ou, en degrés ordinaires, de $+$ 30° à $-$ 194°. Réciproquement donc, de l'air que nous amènerions des régions où il est à $0^m,0076$ à la surface du sol où il serait à $0^m,76$, s'élèverait de $-$ 194° à $+$ 30°. Pour que de l'air, amené des régions tout à fait supérieures à celles où se trouve actuellement une nuée orageuse, y détermine la congélation de l'eau, il faut donc que, primitivement, sa température ait été notablement inférieure à $-$ 194°. Cherchons à estimer de combien.

Les nuées orageuses ont habituellement une grande épaisseur, à en juger par la diminution qu'éprouve la lumière du jour quand la nuée passe sur nos têtes. D'après mes observations, il s'écoule de trois à dix secondes entre

---

perturbations atmosphériques qui amènent vers le bas les couches atmosphériques supérieures, il peut d'ailleurs intervenir un phénomène qu'aucun calcul ne peut ni prévoir ni exprimer en nombres. Je veux parler des nuées formées d'aiguilles de glace se soutenant et flottant, sous l'action d'une force encore indéterminée, dans les hautes régions de l'atmosphère. Il est évident que si un tourbillon amène au milieu d'un nuage orageux ces nuées dont les parties constituantes aqueuses sont déjà solidifiées et peut être à $-$ 40 ou $-$ 50 degrés au-dessous de zéro, le refroidissement dont M. Faye a indiqué le point de départ pourra être extrêmement considérable.

J'ai donné dans mon ouvrage de Thermodynamique tous les détails nécessaires, concernant la détente de l'air humide; et j'y ai montré, ainsi que dans d'autres de mes travaux, qu'un courant d'air ascendant, chargé de vapeur d'eau, doit, par la détente du gaz, donner lieu à une condensation plus ou moins énergique d'eau, soit à l'état liquide, soit même à l'état de glace. Il n'y a aucune contradiction entre l'interprétation de M. Faye et cette dernière, quant à la production du froid dans certaines régions de l'atmosphère. Un courant ascendant et un courant descendant peuvent produire une condensation de vapeur et même une congélation. Le résultat final dépend uniquement de la température initiale de l'air qui s'élève et de l'air qui descend. Les tourbillons qui amènent au milieu de nuages inférieurs de l'air à $-$ 150° ou $-$ 200°, chargé souvent déjà de cristaux de glace, peuvent y déterminer un refroidissement violent, tout comme un courant d'air humide, initialement à $+$ 30° et même à $+$ 40° peut, par une détente suffisante, donner lieu aux mêmes phénomènes de réfrigération énergique.

A l'époque où j'ai publié mes premiers travaux sur ces belles questions, j'étais porté à croire que l'interprétation proposée par moi et presque en même temps par M. Peslin, ingénieur des mines, avait un caractère tout à fait général. En examinant depuis les faits de plus près et en partant des considérations que j'expose dans ce chapitre sur la température réelle de l'Espace, j'ai été amené à modifier mes idées premières, et à conclure que l'interprétation de M. Faye s'applique probablement beaucoup plus souvent que la mienne.

l'éclair et l'arrivée du bruit du tonnerre. Ceci nous donne pour la hauteur où
a lieu l'éclair un minimum de mille mètres et un maximum de 3300^m. Il est
entendu que je parle ici des orages violents de nos contrées, de ceux qui sont
accompagnés de grêle ou de torrents de pluie; la hauteur des nuées est
souvent notablement plus grande, mais alors l'intensité de l'orage est toujours
peu marquée. La hauteur moyenne où éclate l'étincelle électrique répondrait
ainsi à une hauteur barométrique de 0^m,65. Pour que l'air, ramené par un
tourbillon des régions supérieures à la hauteur des nuages orageux, puisse
produire des effets frigorifiques rapides et considérables, il faut lui supposer
une température inférieure à notre zéro d'au moins vingt à trente degrés,
soit, en température absolue, de $(273° — 20°) = 253°$ ou $(273° — 30°)$
$= 243°$. Supposons, pour ne rien exagérer, que cet air arrive de régions
où il avait encore une pression de 0^m,04. Le changement de pression, la
compression aura lieu dans le rapport de 1 à 65 ; ou ce qui est absolument
la même chose comme résultat numérique, quoique peut-être plus conforme
à ce qui se passe réellement, cet air, dans le tourbillon, *tombera* d'une hauteur
telle que le travail représenté par sa chute équivaudra exactement à celui
d'une compression effective. Notre équation ci-dessus nous donne donc, pour
la température initiale répondant à 0^m,04 de pression,

$$T = \frac{243}{(65)^{0,1906}} = 72°,$$

ou

$$(— 273° + 72°) = — 201°.$$

On voit donc que l'air amené par le tourbillon devrait avoir une température initiale de 201° au-dessous de notre zéro.

Ainsi, que nous partions des idées de M. FAYE sur la formation de la
grêle, idées si neuves et, selon toute probabilité, fort souvent réalisées dans
la Nature, ou que nous partions de ce que j'ai dit plus haut sur les conséquences d'un mouvement atmosphérique capable de mêler les diverses
couches de bas en haut et de haut en bas, nous arrivons à cette conclusion
bien positive : c'est qu'à une certaine hauteur notre atmosphère a déjà une

température bien inférieure à celle que Pouillet a fixée comme limite de ce qu'il appelait la température de l'Espace; or, ceci est une impossibilité absolue. Les dernières couches supérieures de l'air ne peuvent, en aucune hypothèse, avoir une température inférieure à celle que pourrait leur donner tout l'ensemble des radiations stellaires. Il faut donc que cette dernière ait une valeur *considérablement* inférieure à celle qu'avait assignée Pouillet, inférieure même à — 201°.

Pour nous résumer, nous pouvons conclure qu'un thermomètre placé dans l'Espace, à équidistance des Étoiles les plus rapprochées de lui, marquerait une température d'une très petite fraction de degré au-dessus du zéro absolu.

<h1 style="text-align:center">§ II</h1>

PERTES CONTINUES DE CHALEUR DE NOTRE SOLEIL,
EXPRIMÉES EN DEGRÉS.

Étant connue la valeur de la radiation du Soleil exprimée en calories ou unités de chaleur, il faudrait, pour pouvoir dire quelle chute thermométrique représente cette émission, connaître :

1° le poids de l'Astre;

2° sa capacité calorifique moyenne.

Le poids du Soleil nous est connu avec une approximation plus que suffisante. La densité moyenne est :

$$\Delta = 1592^{\text{kgr.}};$$

le diamètre est 108,558 fois celui de la Terre, soit, en mètres,

$$\frac{40\,000\,000 \cdot 108,558}{\pi};$$

on a donc, pour le poids,

$$P = \frac{1392\,(40\,000\,000 \cdot 108,558)^3}{6\pi^2}.$$

La capacité calorifique moyenne, au contraire, nous est inconnue. Toutefois, pour l'approximation que nous cherchons, il nous est facile de fixer deux limites, l'une supérieure, l'autre inférieure, entre lesquelles la vraie capacité se trouve certainement, et ces limites ne sont pas très écartées.

On admet aujourd'hui généralement avec M. Faye, et d'ailleurs avec toute raison, que le Soleil constitue une masse encore en grande partie à l'état gazeux. Pour que l'Astre puisse avoir la densité 1392, énorme si l'on a égard à cette considération, il faut qu'à son centre se trouvent des éléments liquides ou même solides extrêmement denses, tels que l'or, le platine.... C'est, d'ailleurs, ce qui doit avoir eu lieu pendant la condensation de la nébuleuse même, et ce qui s'est produit ensuite pour les Planètes : les matériaux les plus denses ont gagné le centre des Sphères. Nous pouvons partir de cette considération pour arriver, quant à la capacité moyenne du Soleil à un nombre peu éloigné de la vérité.

Le tableau suivant, que j'ai présenté dans mon ouvrage de Thermodynamique (3ᵉ édition, tome II, page 146), va nous aider à fixer les idées à ce sujet. La colonne C_v donne les capacités que j'ai nommées *vulgaires,* celles qui sont données directement par l'expérience ; la colonne K indique les capacités absolues ou véritables, c'est-à-dire C_v diminuées de la chaleur $(AH + AF)$ que représente le travail interne et externe de dilatation des corps. Dans les corps solides et liquides, le travail interne est considérable. Ce sont les nombres de la colonne C_v qu'il faut prendre alors pour les calculs comme celui que nous poursuivons. Dans les corps gazeux, que ce soient l'or, le platine,..... réduits en vapeurs, le travail interne devient, au contraire, très faible et c'est le travail externe de la dilatation seul qui est à ajouter à K dans les calculs.

**Capacités calorifiques absolues et vulgaires des différents
corps simples.**

	C_v	K	AH
Lithium	0,9408	0,37330	0,5675
Magnésium	0,2499	0,10000	0,1499
Soufre	0,2026	0,07457	0,1280
Silicium	0,1760	0,08523	0,0908
Potassium	0,1696	0,08840	0,0813
Manganèse	0,1217	0,04616	0,0755
Fer	0,1138	0,04422	0,0696
Cobalt	0,1070	0,04065	0,0664
Nickel	0,1086	0,04057	0,0680
Cuivre	0,0952	0,03790	0,0573
Zinc	0,0956	0,03720	0,0584
Arsenic	0,0814	0,03189	0,0495
Sélénium	0,0837	0,03033	0,0534
Palladium	0,0593	0,02255	0,0368
Argent	0,0570	0,02220	0,0348
Cadmium	0,0567	0,02153	0,0352
Étain	0,0563	0,02040	0,0359
Iode	0,0541	0,01899	0,0351
Tellure	0,0516	0,01870	0,0329
Antimoine	0,0508	0,01860	0,0322
Platine	0,0324	0,01216	0,0202
Or	0,0324	0,01206	0,0203
Mercure	0,0333	0,01185	0,0215
Plomb	0,0314	0,01158	0,0198
Bismuth	0,0308	0,01127	0,0195

De tous les corps connus, l'hydrogène est celui dont la capacité absolue
est la plus élevée. Le platine, l'or, occupent l'extrémité opposée de l'échelle.
Quoique l'hydrogène entre pour une part notable dans la constitution chi-

mique du Soleil, on ne peut pourtant pas soutenir un instant qu'il en forme
la partie prépondérante, et, si l'on a égard à la densité moyenne de l'Astre,
c'est, au contraire, à l'extrémité opposée de notre tableau qu'on cherchera
les éléments dominants. A une distance peut-être relativement petite du
centre de gravité, la plupart des éléments du Soleil sont déjà à l'état fluide; à
une plus grande distance encore, ils sont à l'état de vapeur et de dissociation
chimique. Leur densité y est donc très réduite aussi. Il suit de là, visiblement, que ce n'est pas au sommet de notre tableau que peut se trouver
un nombre répondant à la capacité vulgaire moyenne du Soleil; c'est, au
contraire, à la fin du tableau qu'il faut la chercher. Si donc, au lieu d'aller
aux extrêmes, nous prenons un nombre déjà éloigné de ceux de la fin du
tableau, si nous prenons 0,1, nous pouvons être assurés que nous ne nous
trompons plus *en trop*, que nous aboutissons, au contraire, à un nombre
trop faible pour la température que représente le Soleil.

Les considérations que je viens de présenter sont si claires et si simples,
que ce serait, ce me semble, aller droit contre la vérité que d'en rejeter les
conséquences. Voyons quelles sont celles-ci.

D'une suite d'expériences très bien conduites et discutées, POUILLET avait
conclu que la quantité de chaleur que reçoit une surface d'un mètre carré
exposée normalement à la radiation est de $17^c,633$, soit, en nombre rond,
18 calories par minute, cette surface étant supposée placée dans l'Espace
stellaire à la distance moyenne de la Terre au Soleil. En raison de l'absorption considérable de chaleur qui se produit dans l'atmosphère de nos climats
septentrionaux, et en raison de l'immense difficulté qu'on éprouve à déterminer cette quantité absorbée, on pouvait présumer que le nombre trouvé
par notre grand physicien doit être en tous cas trop faible. Très récemment,
M. LANGLEY, l'éminent directeur de l'Observatoire d'Allegheny, s'étant placé
sous un beau ciel dans les meilleures conditions possibles d'observation (1),

---

(1) *Professional papers of the Signal service* (U. S. A.), n° XV. RESEARCHES ON SOLAR HEAT
AND ITS ABSORPTION BY THE EARTH'S ATMOSPHERE; *a report of the Mount Whitney expedition;*
by S. P. LANGLEY, director of the Allegheny Observatory. — Washington : Government
printing office ; 1884.

a trouvé que la radiation solaire s'élève à 30 calories par minute. Bien que le nombre donné par M. LANGLEY soit certainement plus approché de la vérité que celui de POUILLET, personne ne s'étonnera si, dans les calculs qui vont suivre, je donne les résultats auxquels conduisent les deux nombres 18 et 30. On reconnaîtra ainsi le mieux toute l'importance des recherches inaugurées par POUILLET et portées à un si haut degré de précision par M. LANGLEY. Les expériences de POUILLET mériteront toujours l'admiration des physiciens, quelles que puissent être les modifications qu'on pourra introduire encore dans les nombres finaux.

Avec les diverses valeurs dont nous disposons, notre problème est facile à résoudre. Donnons-lui d'abord une forme générale.

Soient :

D la distance moyenne de la Terre au Soleil ;

N le nombre de minutes écoulées pour une radiation Q.

Nous avons :

$$\text{POUILLET.} \quad \ldots \quad 18 \cdot 4 \pi D^2 N = Q_p ;$$

$$\text{LANGLEY.} \quad \ldots \quad 30 \cdot 4 \pi D^2 N = Q_L$$

Soient :

R le rayon du Soleil ;

Δ sa densité moyenne ;

(δt) le changement de température, réel ou virtuel, auquel répond Q.

Nous avons :

$$\frac{4}{3} \pi R^3 \Delta \, 0{,}1 \, (\delta t) = Q.$$

En égalant les deux membres gauches de ces équations, il vient :

$$\frac{1}{3} \cdot 0,1 \; R^3 \, \Delta \, (\delta t)_P = 18 \; D^2 N ;$$

$$\frac{1}{3} \cdot 0,1 \; R^3 \, \Delta \, (\delta t)_L = 30 \; D^2 N ;$$

d'où :

$$(\delta t)_P = 540 \, \frac{D^2 \, N}{\Delta \, R^3} ;$$

$$(\delta t)_L = 900 \, \frac{D^2 \, N}{\Delta \, R^3} .$$

En partant de la parallaxe $8'',86$, on a, en valeurs métriques,

$$D = 23280 \, \frac{20\,000\,000}{\pi} .$$

On a aussi :

$$R = 108,558 \, \frac{20\,000\,000}{\pi} .$$

Mettant pour Δ sa valeur connue 1392^{kgr} et effectuant tous les calculs, il vient :

$$(\delta t)_P = 0,000\,025\,814 \; N ;$$

$$(\delta t)_L = 0,000\,043\,023 \; N.$$

Si nous prenons nos années sidérales pour unité, et si nous remarquons que le nombre de minutes d'une année est $1440.365,256374$, il vient enfin :

$$(\delta t)_P = 13°,58 \, n ;$$

$$(\delta t)_L = 22°,63 \, n.$$

L'abaissement de température du Soleil sera donc de $13°,58$ ou $22°,63$ par an, *s'il ne reçoit rien en retour de ses pertes par radiation*. Ce premier résultat, tout brut, jette déjà un jour remarquable sur nos connaissances quant à l'état physique du Soleil.

Dans ces dernières années, plusieurs physiciens ont avancé que la température de notre Soleil est beaucoup moins élevée qu'on n'est amené à l'admettre en s'appuyant sur la synthèse de M. Faye, qu'elle s'élève à peine à 1500 ou 2000 degrés. On reconnaît immédiatement que cette assertion est insoutenable. En effet, si la radiation solaire reste à peu près constante pendant une période de 4000 ans, et si le Soleil ne reçoit rien en compensation de ses pertes, l'abaissement de température sera de 54320° ou, en partant des nouvelles données de M. Langley, de 90520°; la température de l'Astre, de 56320° ou 92520°, serait tombée à 2000°, c'est-à-dire de 28 ou de 46 à 1. D'une part, il est clair que le Soleil serait alors bien près de s'éteindre; et, d'autre part, une radiation constante serait impossible avec un pareil abaissement. Or, comme je l'ai fait voir dans l'Introduction, en partant de la discussion d'Arago, on ne peut pas admettre que le nombre de 18 calories par mètre carré et par minute, trouvé par Pouillet, ou celui de 30, trouvé par M. Langley, ait été même d'une calorie plus élevé à l'époque des Égyptiens. — Nous devons maintenant attaquer le problème par un côté tout autre.

§ III

TEMPÉRATURE QU'IL FAUT SUPPOSER AU SOLEIL

POUR QUE LA VITESSE DE REFROIDISSEMENT RESTE A PEU PRÈS INVARIABLE

PENDANT UNE PÉRIODE DONNÉE.

Il est évident par soi-même que la valeur que nous cherchons dépend directement de la loi de refroidissement du Soleil.

Newton avait admis que la loi de refroidissement d'un corps placé dans une enceinte vide d'air est :

$$v = \alpha\,(T - T_0),$$

$(T - T_0)$ étant la différence des températures du corps et des parois de l'enceinte et α un facteur convenable dépendant des surfaces rayonnantes, etc. Comme le Soleil se trouve, de fait, dans une enceinte dont les parois, autrement dit, l'Espace infini, sont à très peu près au zéro absolu, on a :

$$v = V_0 \left(\frac{T}{T_0} \right);$$

$$\frac{v}{V_0} = \frac{T}{T_0};$$

V_0 étant la vitesse de refroidissement qui répond à la température T_0. Avec cette loi, le temps que mettrait un corps à tomber de T_0 à T devient :

$$\pm \Theta = \frac{T_0}{V_0} \log \left(\frac{T_0}{T} \right) = \frac{T_0}{V_0} \log \left(\frac{V_0}{v} \right).$$

La loi de Newton ne répond pas rigoureusement aux faits, même dans des limites de températures très rapprochées. Dulong et Petit, qui ont repris le problème avec tous les soins possibles, ont trouvé que les résultats expérimentaux sont représentés fidèlement par la loi exponentielle :

$$v = V\, a^s (a^\tau - 1),$$

S étant la température des parois de l'enceinte vide, T étant l'excès de température du corps chaud et V étant la vitesse absolue répondant à $T = 0$. Quant à la durée du refroidissement, d'une température T_0 à une autre T, on la trouve en partant de l'équation :

$$- \frac{dT}{d\Theta} = V\, a^s (a^\tau - 1);$$

et en intégrant T_0 à T. Il vient ainsi :

$$\pm \Theta = \frac{1}{V\, a^s \log a} \log \left[\frac{a^\tau (a^{\tau_0} - 1)}{a^{\tau_0} (a^\tau - 1)} \right].$$

Pour le cas qui nous occupe, et pour lequel on a sensiblement $S = 0$, l'équation de Dulong et Petit prend une simplicité remarquable. On a, en effet,

$$a^{s=0} = 1,$$

et si nous désignons par V_0 la vitesse de refroissement qui correspond à T_0, il vient :

$$V_0 = V_0 (a^{T_0} - 1);$$

d'où :

$$2 = a^{T_0};$$

$$a = 2^{\frac{1}{T_0}};$$

$$\log a = \frac{1}{T_0} \log 2;$$

et

$$v = V_0 \left(2^{\frac{T}{T_0}} - 1 \right).$$

L'équation relative au temps devient ainsi, toute réduction faite,

$$\pm \Theta = \frac{T_0}{V_0 \log 2} \log \left[\frac{2^{\frac{T}{T_0}}}{2 \left(2^{\frac{T}{T_0}} - 1 \right)} \right].$$

Elle prend une forme encore plus commode et plus simple, si nous remarquons que :

$$\left(\frac{v}{V_0} + 1 \right) = 2^{\frac{T}{T_0}}.$$

On obtient ainsi :

$$\pm \Theta = \frac{T_0}{V_0 \log 2} \log \left(\frac{V_0 + v}{2 v} \right);$$

équation qui nous donne le temps en fonction de la diminution de la vitesse de refroidissement du Soleil.

Une remarque n'est pas inutile ici. Dans l'équation de Dulong, la constante a dépend visiblement de la nature du corps rayonnant soumis à l'expérience ; cette constante varie donc d'un corps à un autre. Dans l'équation précédente, elle a disparu, en *apparence*. On pourrait donc se demander de quel droit on applique au Soleil, dont nous ne connaissons nullement la surface rayonnante réelle, une équation devenue ainsi, en quelque sorte, arbitraire. Cette critique pourtant serait mal fondée. J'ai dit que la constante a n'a disparu qu'en apparence. Elle est déterminée, en effet, pour n'importe quel corps, quand nous connaissons la vitesse de refroidissement pour une température donnée T_0. Or, c'est ici le cas. La vitesse de refroidissement à température constante nous est donnée, quant au Soleil, par les expériences de Pouillet et puis de Langley, employées comme nous l'avons fait, en y transformant les calories en degrés de température. Si même le Soleil se refroidit effectivement de $13°,58$, ou surtout de $22°,63$ en une année, cette chute peut être regardée comme nulle par rapport à la température colossalement élevée de l'Astre. Si donc la loi de Dulong et Petit était juste pour des températures aussi élevées que celle du Soleil, l'emploi que nous en faisons, en procédant comme nous venons de le montrer, serait tout à fait correct.

La loi de Dulong est, par sa nature même, beaucoup plus rapide que celle de Newton. Avant d'en faire des applications, donnons-nous, fort *arbitrairement* d'ailleurs, deux autres lois, l'une encore plus rapide que celle de Dulong, l'autre plus lente que celle de Newton; posons :

$$\text{Troisième loi.} \quad \ldots \ldots \quad v = V_0 \sqrt{\frac{T}{T_0}} \, ;$$

$$\text{Quatrième loi.} \quad \ldots \ldots \quad v = V_0 \left(\frac{T}{T_0}\right)^2 .$$

On tire de là :

$$\text{Troisième loi} \quad \ldots \quad \pm \Theta = \frac{2\,T_0}{V_0}\left(1 - \sqrt{\frac{T}{T_0}}\right) = \frac{2\,T_0}{V_0}\left(1 - \frac{v}{V_0}\right) ;$$

$$\text{Quatrième loi} \quad \ldots \quad \pm \Theta = \frac{T}{V_0}\left(\frac{T_0}{T} - 1\right) = \frac{T_0}{V_0}\left(\sqrt{\frac{V_0}{v}} - 1\right) .$$

Comme première application, admettons que la vitesse de refroidissement

ait réellement diminué de $0°,5$ dans la période historique discutée par
ARAGO; admettons qu'au lieu de 18 ou 30 calories par mètre carré de
surface, le Soleil nous en ait alors envoyé :

$$\text{POUILLET} \quad . \quad . \quad . \quad 18^{\text{cal.}} \left(\frac{14,08}{13,58}\right) = 18^{\text{cal.}},663;$$

$$\text{LANGLEY} \quad . \quad . \quad . \quad 50^{\text{cal.}} \left(\frac{23,13}{22,63}\right) = 30^{\text{cal.}},663.$$

En posant, dans nos quatre équations :

$$\Theta = 4000;$$

$$V_0 = 13°,58; \qquad V_0 = 22°,63;$$

$$v = 14°,08; \qquad v = 23°,13;$$

en résolvant par rapport à T_0 et en remarquant que Θ est compté en arrière
ou négativement, nous obtenons les valeurs suivantes :

$$\text{POUILLET} \quad . \quad . \quad \begin{cases} \text{(I)} \quad \text{Loi de NEWTON} \quad . \quad . \quad . \quad . \quad T_0 = 1302368°; \\ \text{(II)} \quad \text{Loi de DULONG et PETIT.} \quad . \quad T_0 = 2101658°; \\ \text{(III) Troisième loi} \quad . \quad . \quad . \quad . \quad T_0 = 757666°; \\ \text{(IV) Quatrième loi.} \quad . \quad . \quad . \quad . \quad T_0 = 3031897°. \end{cases}$$

$$\text{LANGLEY} \quad . \quad . \quad \begin{cases} \text{(I)} \quad \text{Loi de NEWTON} \quad . \quad . \quad . \quad . \quad T_0 = 4142065°; \\ \text{(II)} \quad \text{Loi de DULONG et PETIT.} \quad . \quad T_0 = 5773632°; \\ \text{(III) Troisième loi} \quad . \quad . \quad . \quad , \quad , \quad T_0 = 2048468°; \\ \text{(IV) Quatrième loi.} \quad . \quad . \quad . \quad . \quad T_0 = 8329403°. \end{cases}$$

D'après la loi de NEWTON on a :

$$\frac{v}{V_0} = \frac{T}{T_0};$$

d'après celle de DULONG et PETIT :

$$\log\left(\frac{v}{V_0} + 1\right)\frac{1}{\log 2} = \frac{T}{T_0};$$

d'après la troisième loi :

$$\frac{v^2}{V_0^2} = \frac{T}{T_0};$$

d'après la quatrième loi :

$$\sqrt{\frac{v}{V_0}} = \frac{T}{T_0}.$$

Il suffit de multiplier par ces rapports les valeurs respectives de T_0, pour avoir la température initiale T. On trouve ainsi :

$$
\text{POUILLET} \quad
\begin{cases}
(I) \quad . \quad . \quad . \quad T = 1502568 \left(\frac{14,08}{13,58}\right) = 1557685°; \\[2ex]
(II) \quad . \quad . \quad . \quad T = 2101658 \log\left(\frac{14,08}{13,58} + 1\right)\frac{1}{\log 2} = 2156969°; \\[2ex]
(III). \quad . \quad . \quad T = 737666 \left(\frac{14,08}{13,58}\right)^2 = 792986°; \\[2ex]
(IV). \quad . \quad . \quad T = 3031807 \sqrt{\frac{14,08}{13,58}} = 3087208°.
\end{cases}
$$

$$
\text{LANGLEY} \quad
\begin{cases}
(I) \quad . \quad . \quad . \quad T = 4142065 \left(\frac{23,13}{22,63}\right) = 4233582°; \\[2ex]
(II) \quad . \quad . \quad . \quad T = 5773632 \log\left(\frac{23,13}{22,63}\right)\frac{1}{\log 2} = 5865146°; \\[2ex]
(III). \quad . \quad . \quad T = 2048468 \left(\frac{23,13}{22,63}\right)^2 = 2139988°; \\[2ex]
(IV). \quad . \quad . \quad T = 8329403 \sqrt{\frac{23.13}{22,63}} = 8420918°.
\end{cases}
$$

D'où, pour la chute de température,

$$\text{POUILLET} \quad \begin{cases} \text{(I)} \quad \ldots \ldots \quad (T - T_0) = 55315°; \\[1em] \text{(II)} \quad \ldots \ldots \quad (T - T_0) = 55311°; \\[1em] \text{(III)} \quad \ldots \ldots \quad (T - T_0) = 55320°; \\[1em] \text{(IV)} \quad \ldots \ldots \quad (T - T_0) = 55311°. \end{cases}$$

$$\text{LANGLEY} \quad \begin{cases} \text{(I)} \quad \ldots \ldots \quad (T - T_0) = 91517°; \\[1em] \text{(II)} \quad \ldots \ldots \quad (T - T_0) = 91514°; \\[1em] \text{(III)} \quad \ldots \ldots \quad (T - T_0) = 91520°; \\[1em] \text{(IV)} \quad \ldots \ldots \quad (T - T_0) = 91515°. \end{cases}$$

On voit que, quelle que soit la loi de refroidissement, la chute de température, en un temps Θ, est presque la même. La différence des nombres, d'une loi à une autre, ne porte que sur la somme de degrés qu'il faut attribuer au Soleil.

Cherchons ce qu'était il y a mille siècles et ce que sera, dans mille siècles, le rapport des vitesses de refroidissement V_0 et v.

En résolvant nos quatre espèces d'équations par rapport à $\frac{v}{V_0}$, après y avoir écrit :

$$\Theta = 100\,000 \text{''};$$

$$v = 15°,58;$$

$$V_0 = 22°,63;$$

et après avoir substitué à T_0 les valeurs respectives trouvées ci-dessus, en remarquant que le signe — doit être donné au temps, compté en arrière, on trouve, pour le rapport des vitesses de refroidissement :

		Il y a mille siècles.	Dans mille siècles.
POUILLET	(I)	$\frac{v}{U_0} = 2,47015;$	$\frac{v}{U_0} = 0,40485;$
	(II)	$\frac{v}{U_0} = 3,59770;$	$\frac{v}{U_0} = 0,46948;$
	(III)	$\frac{v}{U_0} = 1,92047;$	$\frac{v}{U_0} = 0,07985;$
	(IV)	$\frac{v}{U_0} = 5,28074;$	$\frac{v}{U_0} = 0,47700.$
LANGLEY	(I)	$\frac{v}{U_0} = 1,72693;$	$\frac{v}{U_0} = 0,57906;$
	(II)	$\frac{v}{U_0} = 1,90769;$	$\frac{v}{U_0} = 0,61565;$
	(III)	$\frac{v}{U_0} = 1,55256;$	$\frac{v}{U_0} = 0,44764;$
	(IV)	$\frac{v}{U_0} = 1,88525;$	$\frac{v}{U_0} = 0,61856.$

En traduisant ces nombres en calories reçues par un mètre carré à la distance de la Terre au Soleil, en d'autres termes, en multipliant par nos rapports, le nombre 18, trouvé par POUILLET, ou le nombre 30, trouvé par M. LANGLEY, on a :

		Il y a mille siècles.	Dans mille siècles.
POUILLET	(I)	$q = 44,465$ cal.;	$q = 7,287$ cal.;
	(II)	$q = 64,759;$	$q = 8,451;$
	(III)	$q = 34,568;$	$q = 1,432;$
	(IV)	$q = 59,055;$	$q = 8,586.$
LANGLEY	(I)	$q = 51,808$ cal.;	$q = 17,372$ cal.;
	(II)	$q = 57,231;$	$q = 18,469;$
	(III)	$q = 46,571;$	$q = 15,429;$
	(IV)	$q = 56,557;$	$q = 18,551.$

Ces nombres ont un caractère frappant. Aucune de nos quatre lois, certainement, n'est correcte, absolument parlant; mais elles nous donnent pourtant une idée nette de la nature des phénomènes. Quelle que soit la loi plus correcte qu'on y substituera, on trouvera toujours que, si la radiation solaire avait effectivement varié, ne fût-ce que d'un demi-degré en quatre mille années, que si, par conséquent, le Soleil ne recevait rien en retour des pertes qu'il éprouve continuellement, la température de la Terre se modifierait profondément au bout d'un millier de siècles; elle se modifierait tellement que l'existence de l'homme et d'autres espèces d'êtres vivants, d'un ordre élevé, deviendrait probablement impossible.

On pourrait dire, sans doute, et on l'a dit, que la provision de chaleur présente dans le Soleil est plus grande que nous ne l'avons supposé implicitement, et que, par suite, une perte même notable n'est pourtant qu'une petite fraction de cette totalité, qu'ainsi la radiation, en quatre mille ans, pourrait sembler une constante. Si, par exemple, on n'admet qu'une variation de $0°,2$ depuis quatre mille ans, on trouve, en partant de la loi de DULONG et en adoptant le nombre $30^{cal.}$, donné par M. LANGLEY, que la température actuelle du Soleil serait de plus de quatorze millions de degrés, et alors il faudrait remonter ou descendre de beaucoup plus de mille siècles pour trouver une modification considérable dans la radiation solaire. Toute la question est donc de savoir si nous pouvons ainsi, arbitrairement, adjuger au Soleil une température telle qu'elle satisfasse aux exigences du problème. C'est là ce que je vais essayer de discuter dans les pages suivantes, et la discussion est plus facile qu'il ne semble.

§ IV

TEMPÉRATURE LA PLUS ÉLEVÉE QUE L'ON PUISSE ATTRIBUER AU SOLEIL.

Il est bien entendu que dans ce qui va suivre, je partirai de l'interprétation généralement admise aujourd'hui, après LAPLACE, et de celle qui s'est beaucoup plus récemment greffée sur elle; j'admettrai que notre système solaire et, d'ailleurs, tous les autres se sont formés par la condensation de nébuleuses, ou amas de matière cosmique incandescente se refroidissant graduellement par radiation vers l'Espace infini; j'admettrai, de plus, que l'incandescence de ces nébuleuses était due au rapprochement des atomes matériels primitivement éparpillés dans l'Espace et arrivant, les uns vers les autres, sous l'action de la Gravitation ou Attraction newtonienne.

Il y aurait, sans doute, plus d'une objection sérieuse à faire à cette seconde partie de l'interprétation. Disons-le cependant, elle a du moins l'avantage d'être logique, et, quand il s'agit de remonter à l'origine des choses, de ne pas mettre trop violemment en contradiction avec eux-mêmes ceux qui l'acceptent. C'est ce que j'ai fait suffisamment ressortir déjà dans l'Introduction.

L'incandescence de la nébuleuse solaire, et de toutes les autres, dérive, dit-on, de la vitesse acquise par les atomes accourant de tous les points de l'Espace sous l'action de leur attraction réciproque, vitesse *annulée* ensuite en chocs ou en conflits de toute nature, et produisant ainsi de la chaleur.

Désignons par M la masse de la nébuleuse aux dépens de laquelle s'est formé *notre* système solaire. Cette masse est, au plus haut, d'un six-centième supérieure à celle du Soleil à lui seul. En faisant la somme des masses de toutes les Planètes connues, on arrive, en effet, au sept cent trente-huitième de la masse solaire. A la surface du Soleil, l'attraction est 27,625 fois celle de la gravité sur notre Terre. En y ajoutant même un cinq-centième, elle n'est portée qu'à 27,68. Supposons que la répartition des atomes ait été telle que, pour chacun d'eux en particulier, on puisse considérer cette attraction comme partant d'un même point : du centre de gravité commun. Il est clair que cette supposition déjà conduira à un maximum pour les vitesses que prendront les atomes. — Désignons par :

R_s le rayon du Soleil;

G l'attraction que nous faisons égale à 27,68 g.

A une distance quelconque, l'intensité de l'attraction sera :

$$G \left(\frac{R_s}{r}\right)^2,$$

et nous aurons, pour l'expression de la force accélératrice exercée sur chaque atome,

$$\frac{d^2r}{dt^2} = -G \frac{R_s^2}{r^2}.$$

En prenant l'intégrale de cette équation entre les limites R_0 et R_1, on a :

$$\frac{dr^2}{dt^2} = v^2 = 2 G R_s^2 \left(\frac{1}{R_0} - \frac{1}{R_1}\right).$$

Si, sans faire R_1 infini, nous le faisons seulement très grand par rapport à R_0, le terme $\frac{1}{R_1}$ devient absolument négligeable, et l'on a :

$$v^2 = 2 G \frac{R_s^2}{R_0}.$$

Si la vitesse v est annulée en choc à la distance D_0 du centre de gravité commun, nous aurons, pour la chaleur développée pour chaque masse $\frac{P}{g}$ (E étant l'équivalent mécanique de la chaleur),

$$q = \frac{v^2 P}{2 E g} = \frac{G R_s^2 P}{E g R_0}.$$

En désignant par C_m la capacité calorifique moyenne de tout l'ensemble de la masse M, on a, pour la température produite, en partant du zéro absolu :

$$P \, C_m \, T = \frac{G \, R_s^2 \, P}{E \, g \, R_0},$$

Au lieu de nous donner une valeur arbitraire de R_0 répondant à la distance moyenne au centre de gravité à laquelle toutes les vitesses auraient été remplacées par de la chaleur, renversons le problème ; donnons-nous une température maxima admissible, et partons de là pour déterminer R_0. — Il vient ainsi, sous forme générale, en résolvant par rapport à R_0 :

$$R_0 = \frac{G \, R_s^2}{E \, g \, T \, C_m} = \frac{27,68 \, R_s^2}{425 \, T \, C_m}.$$

On a :

$$R_s = 108,558 \, R_T,$$

R_T étant le rayon terrestre ; et si nous exprimons aussi R_0 en rayons terrestres, en faisant $R_0 = D_0 \, R_T$, il vient :

$$D_0 = \frac{27,68 \, (108,558)^2 \, R_T}{425 \, T \, C_m}.$$

En remplaçant R_T par sa valeur (maxima) $\frac{20\,000\,000}{\pi}$ et C_m par 0,1, valeur que nous avions adoptée déjà, on a enfin, tous calculs achevés,

$$D_0 = \frac{48863092000}{T}.$$

Admettons maintenant que la nébuleuse solaire tout entière se soit trouvée primitivement, et quand toute sa masse avait pris une forme limitée, à $T = 5\,000\,000°$; il vient :

$$D_0 = 9773 ;$$

c'est-à-dire que la moyenne totale des atomes formant notre système solaire serait tombée de l'infini jusqu'à 9773 rayons terrestres de distance au centre de gravité commun, ou à environ 0,4198, la distance de la Terre au Soleil étant prise pour unité : c'est un peu plus de la distance moyenne de Mercure au Soleil.

Il est évident qu'à l'origine le rayon moyen de la nébuleuse, aux dépens de laquelle s'est formé notre système solaire devait être immensément supérieur, non pas seulement à ce rayon 0,4198, mais même à la distance de la Planète la plus éloignée du Soleil. La température de la totalité de la nébuleuse *n'a donc pu être de cinq millions* de degrés, ainsi que nous l'avions admis comme point de départ. Ce ne sont que les parties plus rapprochées du centre de gravité qui ont pu prendre une température plus élevée, en raison d'une plus grande vitesse acquise et puis annulée en chocs. Cette vitesse, toutefois, n'est pas non plus celle qu'assigne notre équation générale, construite en admettant que toute la masse ait été, en quelque sorte, concentrée en ce point.

Je n'ai pas besoin de dire que je ne donne les appréciations numériques qui précèdent que comme des approximations, ou même seulement comme des images éloignées de la réalité. Elles suffisent pourtant pour nous montrer, sans réplique, que l'on ne peut pas admettre pour le Soleil des températures arbitrairement et indéfiniment élevées pour expliquer la durée de son incandescence.

Le problème de l'explication de cette durée reste donc debout dans toute sa force et dans sa difficulté. Il n'est pas étonnant qu'on ait cherché à le résoudre par des procédés tout autres que l'interprétation qui consiste à ne faire du Soleil qu'une provision, qu'un magasin de chaleur devant s'épuiser tôt ou tard. Je vais indiquer, avec quelques détails, les deux solutions principales qui ont été proposées, et qui ont laissé quelques traces dans la Science.

§ V

EXPLICATIONS QUI ONT ÉTÉ PROPOSÉES POUR RENDRE COMPTE DE LA DURÉE
DE LA CHALEUR DU SOLEIL.

La première explication consiste à attribuer une partie de la chaleur
solaire au travail de la contraction de l'Astre par le refroidissement. Par
suite de la diminution du volume, toutes les parties périphériques se rapprochent du centre de gravité; elles se refoulent ainsi les unes les autres à
peu près comme un piston chargé de poids refoule un gaz qui se refroidit
dans le cylindre où joue ce piston. Je dis : à peu près. La comparaison est
même tout à fait exacte. Si l'on désigne par :

K la capacité calorifique absolue d'un gaz;

L le travail moléculaire qui s'exécute quand le volume du gaz diminue
de V_0 à V_1;

F le travail externe, celui qui résulte de la marche de notre piston pendant la diminution $(V_0 - V_1)$;

on a, pour la chaleur rendue,

$$q = K\,(T_0 - T_1) + \frac{L + F}{E} = K\,(T_0 - T_1) + A\,L + A\,F$$

Pour les gaz très éloignés de leur point de liquéfaction, le terme L est
négligeable, et il reste simplement :

$$q = K\,(T_0 - T_1) + A\,P\,(V_0 - V_1);$$

P étant la pression que supporte le gaz pendant le changement de volume.

Tel doit être précisément le cas des gaz qui forment la périphérie du
Soleil. La densité moyenne est 1392 par rapport à l'eau ; elle est encore
assez considérable comme on voit ; mais, en réalité, la densité est très
inégalement répartie dans la masse ; c'est vers le centre qu'elle est nécessairement le plus considérable ; les parties externes, au contraire, doivent
être, relativement, très légères, et c'est sur elles que porte principalement la
contraction due au refroidissement. Cette considération est très importante,
comme on va voir.

En y regardant de près, on reconnaît que la traduction mathématique
des phénomènes de contraction revient à faire simplement varier les limites
de notre intégrale première :

$$v^2 = 2\,G\,\alpha \int \frac{R_s^2}{r^2}\,dr,$$

à cette différence près, toutefois, que, dans le cas général d'où nous sommes
partis, le coefficient α se rapporte à la masse entière de la matière qui
forme notre système solaire, tandis qu'au cas présent le terme α ne concerne
que les parties de la périphérie solaire qui se rapprochent effectivement
du centre. Il vient ici, en un mot, pour la chaleur due au travail de
contraction :

$$q = \frac{G\,P}{g\,E}\,R_s^2 \left(\frac{1}{R_0} - \frac{1}{R_1} \right);$$

R_0 étant le rayon du Soleil à une époque donnée ;

R_1 le rayon à une autre époque ;

$\frac{P}{g}$ la masse totale du gaz dont le centre de gravité s'est rapproché du
centre du Soleil de la différence $(R_0 - R_1)$.

On ne pourrait, sans tomber dans l'arbitraire, attribuer une valeur numérique déterminée à P ; ce qui est pourtant évident, c'est que cette valeur ne
peut être que très petite relativement. Si nous supposons, en effet, que la
température du Soleil ait baissé, par exemple, de mille degrés d'une époque

à l'autre, il est clair que la contraction qui résultera de ce refroidissement sera beaucoup moindre pour les parties centrales déjà liquéfiées ou même solidifiées que pour les parties externes, encore gazeuses et même extrêmement raréfiées.

La chaleur due au travail de contraction du Soleil par suite d'une diminution de rayon de R₀ à R₁ sera donc, en définitive, beaucoup moindre qu'on n'aurait pu le supposer d'abord, et que ne l'ont supposé, en effet, les physiciens qui avaient proposé cette explication pour rendre compte de la lenteur du refroidissement du Soleil.

On voit qu'au fond le moyen proposé revient à supposer beaucoup plus grande la capacité calorifique moyenne de l'Astre. Ce moyen, que l'on me pardonne l'expression, n'est qu'un *palliatif*. La contraction, la diminution du rayon solaire est due à un refroidissement : cette contraction *n'empêche donc pas le refroidissement*, puisqu'elle n'est due qu'à celui-ci.

Je passe à une autre explication qui est due, si je ne me trompe, au savant éminent qui le premier a employé le terme d'équivalent mécanique de la chaleur, à Robert Mayer.

Selon cette interprétation, le maintien de la chaleur solaire serait dû à la chute continue de météorites pénétrant avec une vitesse considérable dans la masse et y développant ainsi la chaleur à laquelle répond leur force vive. Prenons le cas le plus favorable, celui où la chaleur ainsi produite est un maximum.

Désignons par P_a le poids total de météorites qui devrait tomber en une année sur le Soleil, pour que la chaleur produite compensât exactement les pertes par radiation. A la surface du Soleil ce poids aurait pour valeur αP, s'il est P à la surface de la Terre. A une distance quelconque r du centre de gravité, la tendance vers le Soleil, exprimée en kilogrammes, serait :

$$p = \alpha\, P_a \frac{R_s^2}{r^2}.$$

Si l'on suppose que ce poids parte, *sans vitesse*, d'une distance R, le travail mécanique que représentera sa chute $(R - R_s)$ aura pour expression :

$$f = - \int_R^{R_s} p\,dr = - \alpha\, P_a\, R_s^2 \int_R^{R_s} \frac{dr}{r^2} = \alpha\, P_a\, R_s^2 \left(\frac{1}{R_s} - \frac{1}{R} \right)$$

Il est clair que le travail maximum ainsi produit répondra à $R = \infty$; d'où il résulte :

$$f = \alpha\, P_a\, R_s.$$

En divisant cette somme par l'équivalent mécanique de la chaleur, nous aurons la quantité de chaleur produite annuellement par la chute de la somme de météorites P_a; en d'autres termes, on a :

$$q = \frac{\alpha\, P_a\, R_s}{E}.$$

Désignons par :

N le nombre de minutes de l'année ;

D la distance moyenne de la Terre au Soleil ;

Φ la quantité de chaleur que reçoit, par minute, sur la Terre un plan d'un mètre carré exposé normalement aux rayons solaires.

Il suit de là, comme nous l'avons vu aussi, que la quantité totale de chaleur rayonnée par l'Astre est celle que recevrait une surface sphérique d'un rayon D au centre de laquelle se trouverait le Soleil, soit une surface ayant pour expression $4\,\pi\, D^2$. Nous avons donc aussi :

$$q = \Phi\, N\, (4\,\pi\, D^2) ;$$

d'où il résulte :

$$\frac{\alpha\, P_a\, R_s}{E} = \Phi\, N\, (4\,\pi\, D^2) :$$

et

$$P_a = \frac{\Phi \, N \, E \, (4 \, \pi \, D^2)}{\alpha \, R_s} \quad (1)$$

La densité du Soleil étant Δ, le poids total de l'Astre en kilogrammes est :

$$P_s = \frac{4}{3} \, \pi \, R_s^3 \, \Delta.$$

Divisant P_a par P_s, il vient :

$$\frac{P_a}{P_s} = \frac{3 \, \Phi \, N \, E \, D^2}{\alpha \, R_s^4 \, \Delta}.$$

Tel est donc le rapport de la masse du Soleil au poids de météorites qui

---

(1) Il est aisé d'évaluer le poids absolu de météorites qui devrait tomber par mètre carré de surface sur le Soleil.

La chaleur reçue par mètre carré à la distance de la Terre au Soleil étant supposée de 18^{cal} par minute, on a, pour la chaleur émise par mètre carré de la surface solaire,

$$q = 18 \, \frac{A^2}{R^2},$$

R étant le rayon. — Il vient ainsi pour une année :

$$q = 18 \cdot 60 \cdot 24 \cdot 365{,}256374 \left(\frac{23280}{108{,}858} \right)^2.$$

D'un autre côté, en désignant le poids de météorites par p_0, on a, pour la quantité de chaleur que représente le choc,

$$q = \frac{\alpha \, p_0 \, R_0}{425}.$$

Il résulte de là, en nombres,

$$\frac{18 \cdot 60 \cdot 24 \cdot 365{,}256374 \, (23280)^2}{(108{,}858)^2} = 27{,}65 \, \frac{20\,000\,000 \cdot 108{,}858}{3{,}1415927 \cdot 425} \, p_0;$$

d'où l'on tire :

$$p_0 = 9700^k.$$

Au bout de 4000 ans, on aurait donc le poids colossal

$$p_i = 38800000^k.$$

En adoptant le nombre 30 trouvé par M. LANGLEY, on trouve :

$$p_0 = 16200^k;$$
$$p_i = 64800000^k.$$

devraient le frapper annuellement pour compenser les pertes de chaleur. Les valeurs numériques de nos diverses lettres sont :

$$D = 23280 \frac{20\,000\,000}{\pi};$$

$$R_s = 108,558 \frac{20\,000\,000}{\pi};$$

$$N = 1440 \cdot 565,256374;$$

$$E = 425;$$

$$\alpha = 27,625;$$

$$\Delta = 1592^k;$$

$$\Phi_p = 18;$$

$$\Phi_L = 30.$$

En substituant ces nombres dans notre équation, on obtient :

$$\frac{P_a}{P_s} = 0,0000000302246;$$

$$\frac{P_a}{P_s} = 0,0000000503743;$$

c'est-à-dire que la masse du Soleil s'accroîtrait chaque année de plus de trois cent-millionièmes, au minimum, ou de plus de cinq cent-millionièmes. Cet accroissement, très petit en lui-même, est, au contraire, énorme comme importance, quant à la stabilité de notre système planétaire. Nous croyons, en effet, qu'au bout de quatre mille années, l'accroissement de la masse solaire s'élèverait déjà à :

$$4 \cdot 0,0000302246 = 0,0001208984;$$

$$4 \cdot 0,0000503743 = 0,0002014972.$$

Or, il n'est nécessaire de recourir à aucune analyse pour comprendre que même le plus petit de ces accroissements amènerait dans les mouvements des Planètes des modifications telles qu'elles n'eussent pu échapper aux observations les plus grossières. C'est ce qu'il est aisé de voir.

La vitesse moyenne d'une Planète est, toutes choses égales, proportionnelle à la racine carrée de la force accélératrice dérivant de l'attraction solaire ; la durée de révolution est donc, toutes choses égales aussi, en raison inverse de cette racine. On a, en un mot,

$$\frac{\mathfrak{T}}{\mathfrak{T}_0} = \sqrt{\frac{G_0}{G}}.$$

La durée d'une révolution sidérale pour notre Terre est : $31558150^{\text{sec.}},7136$. En supposant que, depuis quatre mille ans, la masse du Soleil se soit effectivement accrue de $0,0001208984$, on aurait donc, pour la durée de l'année à cette époque,

$$31558150,7136 \sqrt{1,0001208984} = 31560058^{\text{sec.}},3208,$$

c'est-à-dire une différence de plus de $1907^{\text{sec.}},6072$. Il est visible qu'un pareil changement est inadmissible. — Je n'ai pas besoin de faire remarquer que le mode de calcul précédent suppose que le grand axe de l'ellipse terrestre est resté invariable. Ceci n'aurait pas lieu, si effectivement l'intensité de l'attraction solaire allait en croissant. En réalité, dans ce cas, la Terre et toutes les Planètes se rapprocheraient continuellement du Soleil, et c'est cette *chute* qui déterminerait leur accélération. La valeur indiquée pour la diminution de l'année ne peut donc être qu'approximative ; toutefois, il est facile de s'assurer qu'elle serait, non plus faible, mais, au contraire, un peu plus forte.

L'analyse précédente suffit parfaitement pour réfuter et faire rejeter l'explication proposée. Dans l'Introduction même j'ai cependant déjà complété ce travail de réfutation en montrant que sur des millions et des millions de météorites soumis à l'attraction solaire, il en tombe, en réalité, un nombre à peu près insignifiant sur cet Astre et que tous les autres ne font que s'en approcher et s'en éloigner alternativement.

§ VI

CONCLUSIONS GÉNÉRALES DE CE CHAPITRE.

En résumé, nous pouvons dire :

D'une part, que la constance de la radiation solaire, bien constatée pour une période de quatre mille ans au minimum, ne peut s'expliquer en ne considérant le Soleil que comme un réservoir de chaleur destiné à s'épuiser un jour ;

D'autre part, qu'aucune des interprétations proposées jusqu'ici, pour expliquer quel est le mode de compensation des pertes de chaleur du Soleil, n'est admissible.

Le plus imposant des problèmes concernant l'existence des Mondes reste donc à résoudre encore. Mais ce qu'il est permis aussi d'affirmer bien positivement, c'est que les Mondes ne sont pas destinés fatalement et nécessairement à s'éteindre un jour : si éloigné que soit ce jour.

A l'origine et lorsque notre nébuleuse solaire, au cas particulier, était encore en entier une masse de matière répandue dans un espace immense, le refroidissement a dû procéder avec une rapidité relative très grande. Il en est encore resté ainsi, même à une époque où le Soleil, les Planètes, les Satellites, étaient déjà devenus des corps distincts, mais encore à l'état de vapeur. Le refroidissement s'est ensuite ralenti progressivement, mais diversement d'une Planète à une autre, et des Planètes au Soleil. Pour les Planètes, pour notre Terre, entre autres, il est aujourd'hui admis que les effets du refroidissement sont devenus absolument insensibles. La constance de la radiation solaire, depuis l'existence des Sociétés humaines civilisées, nous conduit à admettre que le Soleil, après s'être énergiquement refroidi pendant une longue période, est arrivé lui-même à un état de radiation qui, s'il est variable, l'est du moins tellement peu que, jusqu'ici, on n'a pu constater la moindre modification. A la perte de chaleur par radiation, il s'est donc bien probablement superposé un phénomène de compensation, tel que la température de l'Astre central reste immobile, ou du moins ne varie que dans des limites restreintes absolument inconnues jusqu'ici.

Quelle est la nature de ce phénomène ? — Nous venons de reconnaître que les interprétations qui le rapportent à des mouvements de la Matière pondérable, à des chocs, etc., etc., échouent devant la discussion des faits. Disons, pour rester dans le langage sévère de la Science, que cette cause, dont l'existence est pourtant difficilement contestable, est encore inconnue. J'ai hasardé mon opinion à ce sujet dans l'Introduction ; je n'ai pas à y revenir. Je ne ferai qu'une remarque, en terminant. Cette affirmation, si généralement accréditée aujourd'hui, que les Soleils du firmament doivent nécessairement s'éteindre un jour, que la Vie organique, par conséquent, doit s'éteindre aussi, cette affirmation, dis-je, est bien plutôt la conséquence forcée, soit d'une Doctrine philosophique particulière de négation, soit d'une interprétation incomplète du mode de formation des Mondes, que de données scientifiques positives. Scientifiquement parlant, des observations actinométriques rigoureuses, et prolongées *pendant quelques siècles,* pourront, seules, indiquer si réellement la radiation solaire décline ou non.

FIN.

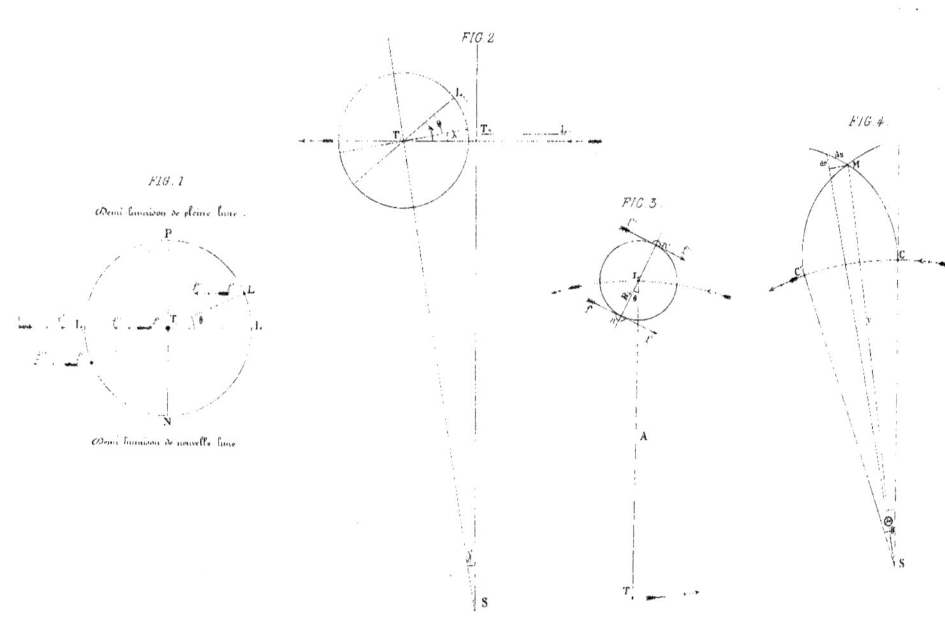

FIG. 1
Demi lunaison de pleine lune.
P
N
Demi lunaison de nouvelle lune
FIG. 2
S
FIG. 3
A
T
FIG. 4
S

9 782329 284200

PUBLICATIONS DE LA SOCIÉTÉ DES AMÉRICANISTES
DE PARIS.

LA LOUISIANE

HISTOIRE DE SON NOM

ET DE SES

FRONTIÈRES SUCCESSIVES

(1681-1849)

PAR

Le Baron MARC DE VILLIERS

ADRIEN-MAISONNEUVE

3, Rue de Tournon

PARIS (VIᵉ)

—

1929